中国生态文明建设发展报告2015

China Ecological Civilization Construction Progress Report 2015

主　编　严　耕

副主编　吴明红　樊阳程　陈　佳

作　者　严　耕　吴明红　樊阳程　陈　佳

　　　　杨智辉　金灿灿　杨昌军　杨志华

图书在版编目(CIP)数据

中国生态文明建设发展报告. 2015/严耕主编. —北京:北京大学出版社,2016.9
ISBN 978-7-301-27490-3

Ⅰ. ①中… Ⅱ. ①严… Ⅲ. ①生态环境建设—研究报告—中国—2015
Ⅳ. ①X321.2

中国版本图书馆 CIP 数据核字(2016)第 212923 号

书　　　名 中国生态文明建设发展报告 2015
ZHONGGUO SHENGTAI WENMING JIANSHE FAZHAN BAOGAO 2015
著作责任者 严　耕　主编
责 任 编 辑 黄　炜
标 准 书 号 ISBN 978-7-301-27490-3
出 版 发 行 北京大学出版社
地　　　址 北京市海淀区成府路 205 号　100871
网　　　址 http://www.pup.cn
电 子 信 箱 zpup@pup.cn
新 浪 微 博 @北京大学出版社
电　　　话 邮购部 62752015　发行部 62750672　编辑部 62752021
印 刷 者 北京大学印刷厂
经 销 者 新华书店
730 毫米×980 毫米　16 开本　14.5 印张　265 千字
2016 年 9 月第 1 版　2016 年 9 月第 1 次印刷
定　　　价 45.00 元

内 容 提 要

本书是连续出版的中国生态文明建设发展年度报告的第二部，突出以动态的视角，透视生态文明建设最新发展态势，与关于生态文明静态水平的评价有不同侧重。

课题组完善了生态文明建设与绿色生产、绿色生活三套发展评价指标体系。生态文明建设发展评价，从生态保护与建设、环境质量改善、经济社会发展对资源能源的消耗以及由此产生的污染物排放与地区生态、环境承载能力的关系三个维度，综合性量化评价分析中国生态文明进步趋势、驱动因素及与 OECD 国家比较的优势与不足。绿色生产发展评价，从生产领域的产业升级、资源增效、排放优化三个维度，透视我国绿色生产发展全貌，探寻症结与突破口。绿色生活发展评价，从生活领域的消费升级、资源增效、排放优化三个维度，剖析我国生活方式绿色转型所面临的机遇与挑战。

首次发布中国生态文明发展指数（ECPI 2015）、绿色生产水平指数（GPI 2015）与发展指数（GPPI 2015）、绿色生活水平指数（GLI 2015）与发展指数（GLPI 2015）。

课题研究发现，中国生态文明建设负重前行，发展进入降速通道，与 OECD 国家差距还在不断扩大，制约发展的环境短板依然突出，传统粗放的生产方式亟待绿色转型蜕变，绿色生活机遇与挑战并存。

全书以国家发布权威数据为支撑，体现学界第三方独立公正的评价分析。可供各界关心生态文明建设的人士阅读和参考。

目　　录

第一部分　生态文明建设发展评价报告

第二部分 绿色生产发展评价报告

第三部分 绿色生活发展评价报告

第一部分
生态文明建设
发展评价报告

第一章　中国生态文明建设发展年度评价报告

在中国"十二五"规划收官、"十三五"规划开局的承上启下关键时期，全国生态文明建设具体进展情况究竟如何？为检验前期生态文明建设成效，量化分析中国生态文明发展态势，本课题组以生态文明发展指数(Ecological Civilization Progress Index，ECPI)为工具，评价2014—2015年全国整体及各省级行政区(省份)[①]生态文明发展速度及速度变化趋势，区分发展类型，探索关键制约因素。本课题组还就中国和经济合作与发展组织(Organization for Economic Co-operation and Development，OECD)国家的生态文明建设进行了初步比较，找到中国的优势与不足，明确下一步重点突破方向，为切实推进生态文明建设提供理论依据与实践参考。

一、全国生态文明建设成效显著，各地区进度参差不齐

2015年度，中国生态文明建设事业取得了积极进展。由于全国整体生态文明水平还相对薄弱，尤其是环境短板明显，受到历史累积和发展惯性等原因的影响，生态文明建设所获得的积极进展，尚未能根本缓解影响群众健康的某些突出环境问题，还未能解除部分已经显露的环境隐患，局部地区经济社会发展与生态、环境改善之间的矛盾依然尖锐，实现绿色崛起之路依然任重道远。

1. 全国整体生态文明水平提升，具体领域发展速度不均衡

整体而言，中国生态文明水平在稳步提升，但各领域的速度发展并不均衡。具体表现为，生态、环境状况有所好转，但资源节约不力对生态文明水平持续提高产生制约。当前生态文明建设进步的主要驱动力，来自不断降低经济社会发展中污染物排放对生态、环境形成的负面影响，即排放效应的不断优化(表1-1)。

表1-1　全国生态文明建设发展速度　　单位：%

	生态保护	环境改善	资源节约	排放优化	整体发展速度
全国	0.39	3.69	—0.55	6.63	2.54

---

① 由于数据所限，本书所分析的各省份数据均为全国除港澳台以外的31个省级行政区的数据。

(1) 排放优化成效卓著,尚存短板仍需补齐。

排放效应的不断优化,不仅是中国现阶段生态文明建设的主要着力点,也是促进经济发展方式转型、优化国土空间开发格局的重要抓手。排放效应指标通过考察地区资源能源消耗所产生污染物排放对生态、环境的影响状况,反映当地经济社会发展与生态承载力和环境容量之间的关系。生态文明建设目标达成,不仅需要实施好退化生态系统的修复和环境污染存量治理,减少新的污染物排放,而且需要优化排放效应,从总量和强度两个方面促进经济社会发展与生态环境保护的协调。

随着中国节能减排力度持续加强,全国主要污染物排放得到初步控制,不堪重负的环境压力有所缓解,环境质量开始出现好转的趋势。具体从水体、大气、土壤污染物排放情况分析,水体污染物排放总量不断下降,大气污染物中 SO_2、氮氧化物排放逐年走低,但烟(粉)尘排放量大幅攀升,农药、化肥等土壤污染物施用量居高不下,成为制约排放效应全面优化的短板。

全国主要水体污染物化学需氧量、氨氮排放量均有效削减(图 1-1),对水体环境的影响效应逐步改善,地表水体质量已陆续好转,但受被污染地表水体长期下渗及土壤污染等影响,地下水体质量还有继续恶化的趋势,水体污染物排放效应优化仍将是一场持久战。

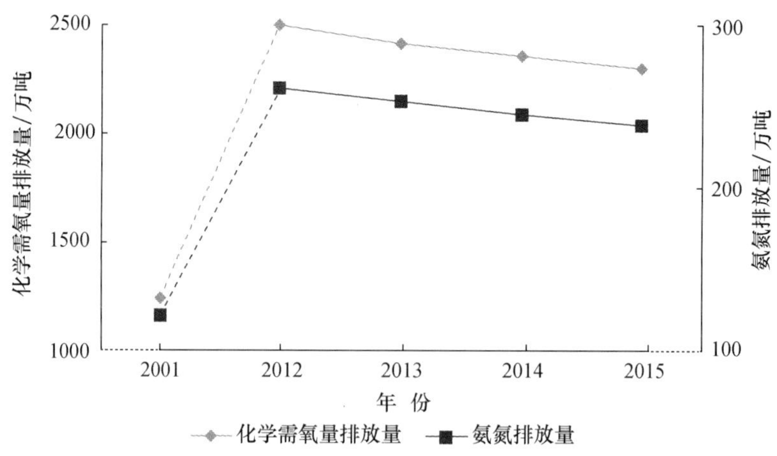

图 1-1 "十二五"期间全国化学需氧量、氨氮排放量[①]

主要大气污染物中,SO_2、氮氧化物排放控制较好,由此曾给中国带来过极大困扰的酸雨问题得到暂时解决,但近年烟(粉)尘排放量却逆势上升,挥发性有机

① 2012 年开始,全国化学需氧量、氨氮排放量统计口径调整,此前统计范围只包括工业废水和生活污水源,现增加了农业和集中式污染治理设施的化学需氧量和氨氮排放量。

物(VOCs)排放总量巨大且快速增长,对本已脆弱的大气环境造成恶劣影响(图 1-2～1-4)。各地 PM 2.5、PM 10 浓度普遍超标,距二级以上天气(PM 10 年均浓度需控制在 70 微克/立方米以下,PM 2.5 年均浓度不高于 35 微克/立方米)的要求有较大差距。城市雾霾天气大规模频繁发生,已成为当前影响居民健康的突出环境问题,未来改善城市空气质量形势颇为严峻。

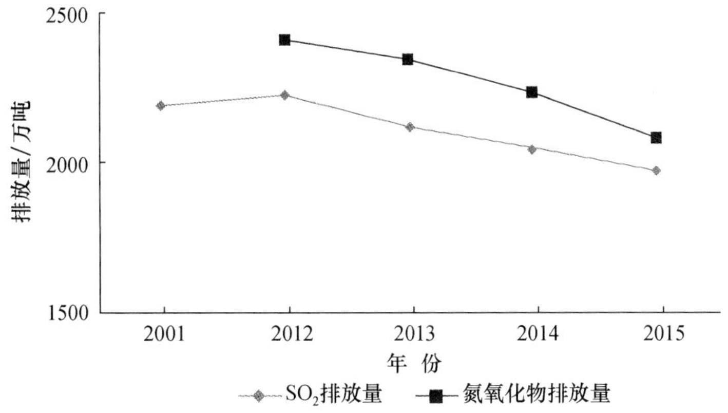

图 1-2 "十二五"期间全国 SO_2、氮氧化物排放量

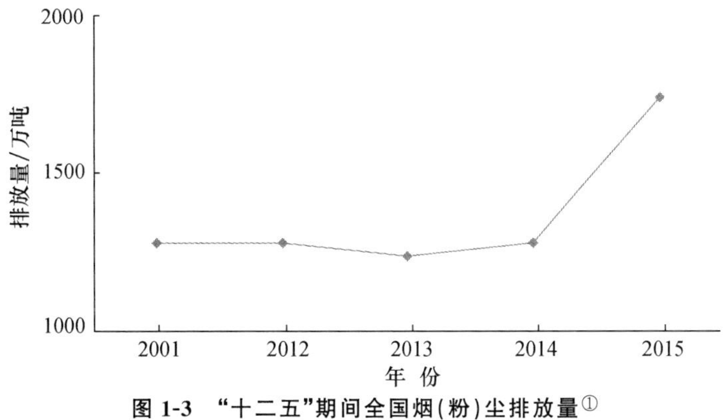

图 1-3 "十二五"期间全国烟(粉)尘排放量①

土地污染防治基础尤其薄弱,农业生产中化肥、农药施用量屡创新高(图 1-5),国内单位播种面积化肥施用量达 362 千克/公顷,已远高于国际公认安全施用上限(225 千克/公顷),单位播种面积农药施用量为 10.92 千克/公顷,也远超过国际平均水平。农药、化肥的过量使用,导致土壤污染强度不断加剧,引发土

① 2012 年开始,全国烟(粉)尘排放量统计范围变化,由此前统计工业烟尘、生活烟尘和工业粉尘排放量,调整为统计工业废气中烟(粉)尘排放量、生活烟(粉)尘排放量、机动车废气中烟(粉)尘(颗粒物)排放量和集中式污染治理设施(不含污水处理厂)烟(粉)尘排放量。

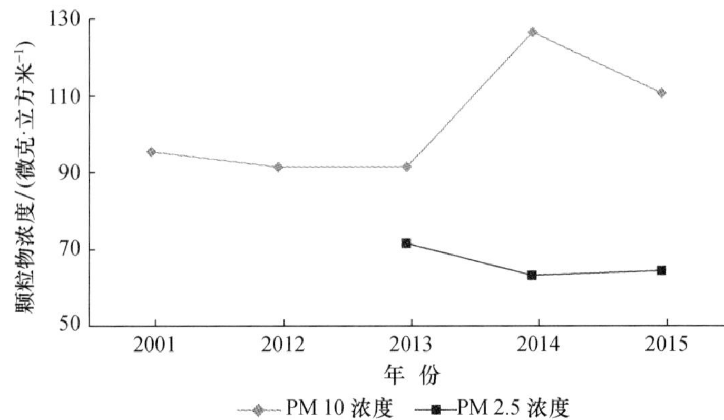

图 1-4 “十二五”期间全国省会城市 PM 10、PM 2.5 平均浓度

地质量退化，农产品食品安全等问题，并且其对生态、环境的负面影响将长期发酵，治理难度极大，甚至连带造成地下水质污染，后续形势堪忧。

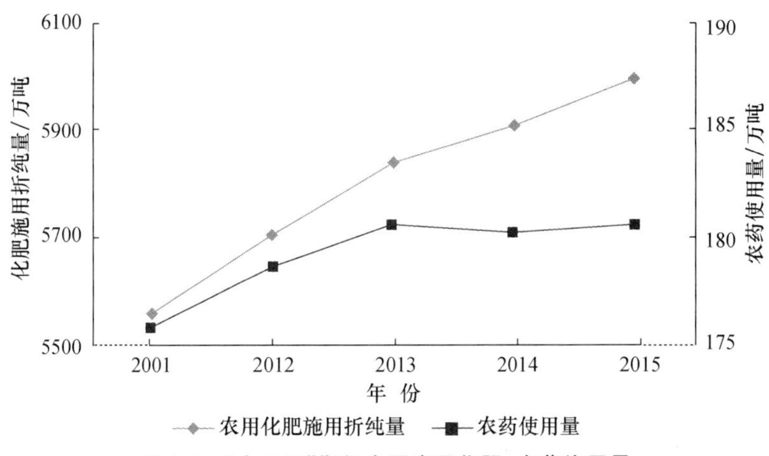

图 1-5 “十二五”期间全国农用化肥、农药施用量

（2）整体环境改善向好，局部恶化期盼逆转。

环境质量改善是生态文明建设的直接目标。环境作为人类的栖身之境，是生存发展所必需的物质条件。良好的环境是最公平的公共产品，是最普惠的民生福祉；环境就是民生，蓝天也是幸福。因此，生态文明建设应坚持环境质量改善的目标导向。

整体来看，全国环境质量不断改善向好，但离人民群众对良好宜居环境的要求尚有较大差距，环境短板仍是全面小康社会建设的关键瓶颈制约。由于中国环境保护工作一直在负重前行，历史遗留环境问题尚待解决，新的污染压力又接踵而至,即便环境治理体系已日益健全,环境治理能力得到提升,而环境质量提高幅度却依然有限,部分领域、局部地区环境质量甚至有继续恶化的态势。

水体环境质量变化有喜有忧。地表水体中,主要河流水体质量逐渐好转,已基本达到《水污染防治行动计划》所要求,重点流域水质优良(达到或优于Ⅲ类)比例达 70%以上。国家监控的重点湖泊(水库)水质无明显变化,水质优良比例为 61.3%。但是,城市建成区内黑臭水体还大量存在。尤其,地下水水质持续恶化,形势不容乐观,水质达到较好以上的监测点比例仅占 38.5%(图 1-6,图 1-7)。海洋环境状况总体较好,污染及富营养化问题主要分布在近岸海域,全国近岸海域国控监测点水质优良比例为 73.8%。

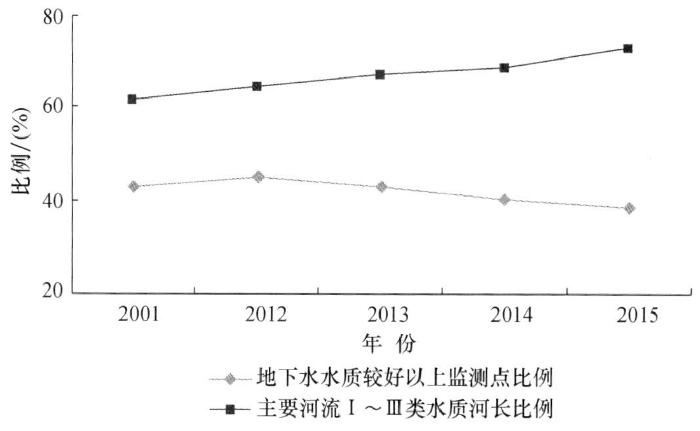

图 1-6 "十二五"期间中国主要河流和地下水水质情况

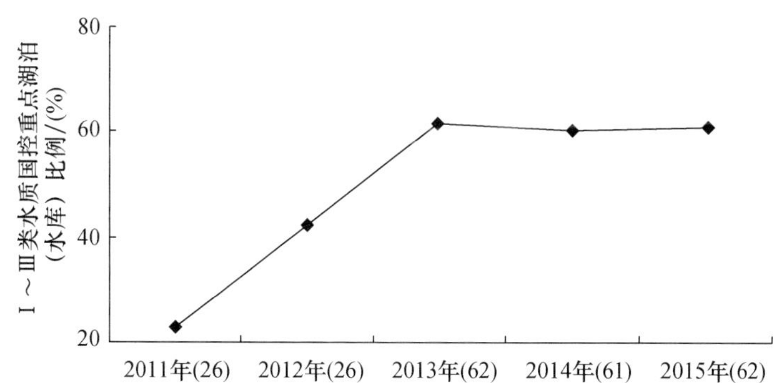

图 1-7 "十二五"期间国控重点湖泊(水库)水质优良比例情况

年份后面括号内数字,为当年国家监控的重点湖泊(水库)数量。

大气环境质量总体向好,但城市"气质"不佳,雾霾天气仍呈普遍频发态势,成为民众反映最强烈的突出环境问题。最新发布的环保重点城市空气质量数据显示,113 个城市中,空气质量优良天数占全年比例达到 80%以上的只有 21 个,最差地区的优良天数比例仅 1/5 略强，离中国“十三五”目标——实现所有地级以上城市优良天数比例超过 80%——差距甚远(图 1-8)。业已开展新空气质量标准监测的 161 个地级以上城市，仅有 16 个城市能够实现六类主要污染物浓度年均值全部达标(好于国家二级标准)，只占到 9.9%，其余城市各有超标。具体从 SO_2、NO_2、CO、O_3、PM 10、PM 2.5 等污染物的达标城市比例来看，PM 2.5 和 PM 10 的达标城市比例偏低，PM 2.5 是大部分地区的首要空气污染物(图 1-9)。作为当前环境保护工作的重点，大气污染防治需坚持重点突破与全面推进相结合的原则，以尽快见到成效，切实回应老百姓对良好环境质量的期待。

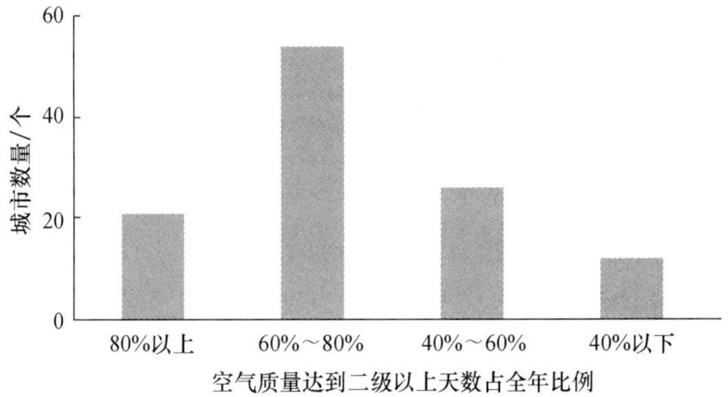

图 1-8　环保重点城市空气质量好于二级以上天气比例分布

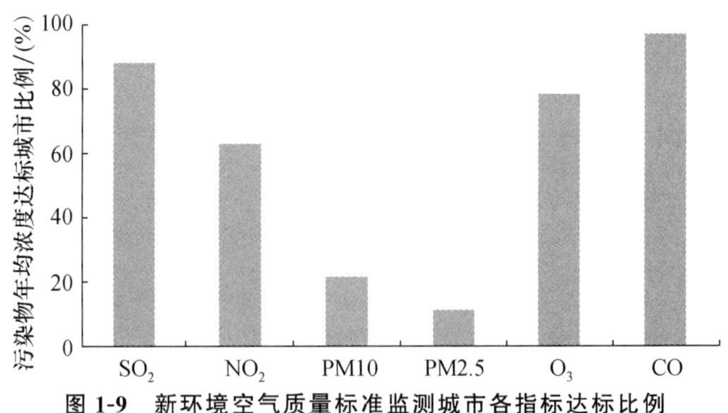

图 1-9　新环境空气质量标准监测城市各指标达标比例

土地环境污染超标率居高不下，农业面源污染不断加剧。《全国土壤污染状况调查公报》显示，中国土壤环境污染形势严峻，长期以来粗放的工矿业生产模式，以及农业生产中化肥、农药过量滥用，导致工矿业废弃地与耕地土壤环境污染问题尤其突出，各种利用类型土地的土壤点位超标率见图 1-10。此外，农村环境污染防治还相对滞后，治理体系不尽完善，生活垃圾的综合回收处理未全面覆盖，农村环境综合整治有待加强。

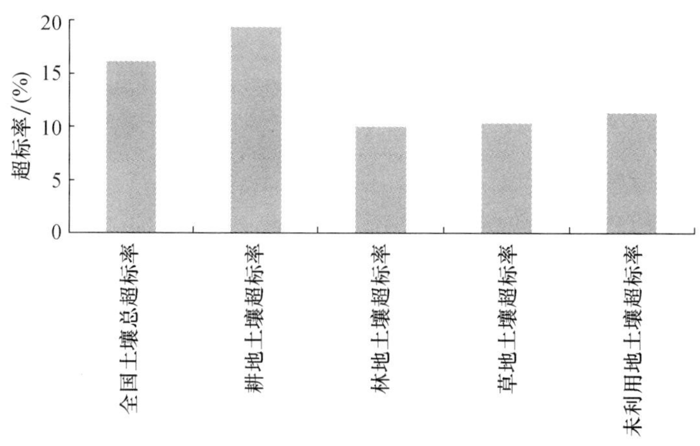

图 1-10　全国土壤污染点位超标率

(3) 生态保护稳步推进,后续建设贵在坚持。

生态保护与建设在整个生态文明建设战略中具有基础性的地位和作用。生态系统与自然环境和自然资源是"一体两用"的关系,生态系统为"体",是包括了自然界一切事物的全体、自然本体,环境和资源都只是人类出于生存发展需要对生态系统的两种用途。正如"十年方能树木",生态保护与建设见效周期较长,而这绝非说明其贡献可有可无,生态系统活力的增强,同时也意味着环境容量的扩充和自然资源丰度的增加。

近年来,中国相继实施了一系列重大生态保护与建设工程,整体自然生态系统活力恢复得以稳步推进,但提升速度相对缓慢,后续改善空间充足。局部地区生态环境还较为脆弱,面临湿地资源功能减退,生物多样性减少等问题,生态安全存在隐忧。

中国森林生态建设成效显著。森林作为陆地生态系统的主体,具有无可替代的生态功能,是人类生存发展的重要生态保障。随着天然林资源保护、退耕还林、重点防护林体系建设等工程持续推进,天然林商业性采伐也全面停止,国内森林面积与森林蓄积量都明显增加(图 1-11)。最近两次森林资源清查数据比较,森林面积扩大 6.26%,森林蓄积量增长 10.31%,单位森林面积蓄积量提高 3.82%,但全国总体森林覆盖率依然偏低,且目前的增长过多依赖重大生态工程实施,自然恢复贡献偏少。

自然保护区面积缩减,生物多样性保护遭遇严峻挑战。自然保护区作为生物多样性保护的重要载体,是为保护有代表性的自然生态系统、珍稀濒危野生动植物物种而划定给予特殊保护和管理的区域,其首要目的在于保护,其次才能兼顾社会、经济效益。而现阶段由于经济社会发展对土地资源需求上升,部分地区出

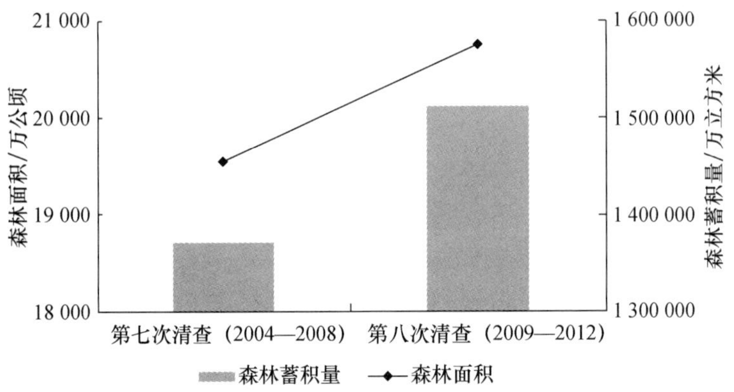

图 1-11　第七、第八次森林资源清查中国森林面积与蓄积量

现自然保护区让位于资源开发、农业生产或城市建设等现象，生物多样性减少趋势未得到根本遏制，需要引起全社会高度警觉(图 1-12)。

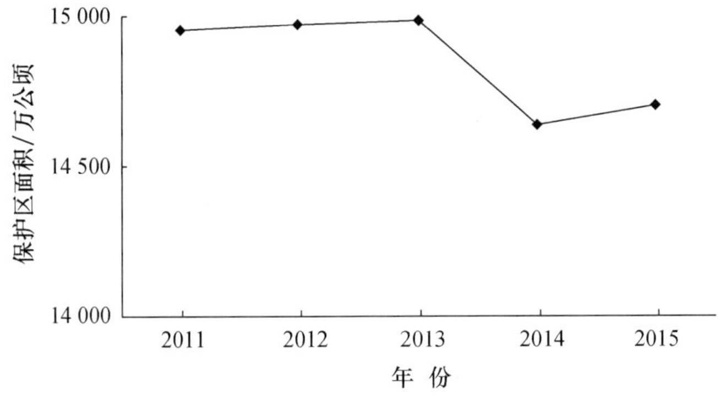

图 1-12　"十二五"期间全国自然保护区面积

湿地资源保护与经济社会发展矛盾依然突出，存在分布不均、功能减退、保护空缺较多等问题。两次全国湿地资源调查统计结果显示，中国湿地面积增加 39.28%，其中，人工湿地扩大近 2 倍，天然湿地增加了 28.93%，但相同统计口径数据比较，湿地面积非升反降，缩减 8.82%，尤其生态效益显著的自然湿地面积减少 9.33%，湿地资源保护形势不容盲目乐观(图 1-13)。

城市绿化建设取得积极成效。建成区绿化以及城市公园绿地建设与市区人居环境质量密切相关，也是民生改善的重要内容之一。各地在有序推进城镇化的进程中，配套绿化建设及时跟进，建成区绿化覆盖率和人均公园绿地面积连年增长(图 1-14)，但与国际公认的良好城市环境标准(建成区绿化覆盖率 50%以上)还有明显差距，未来仍有较大提升空间。

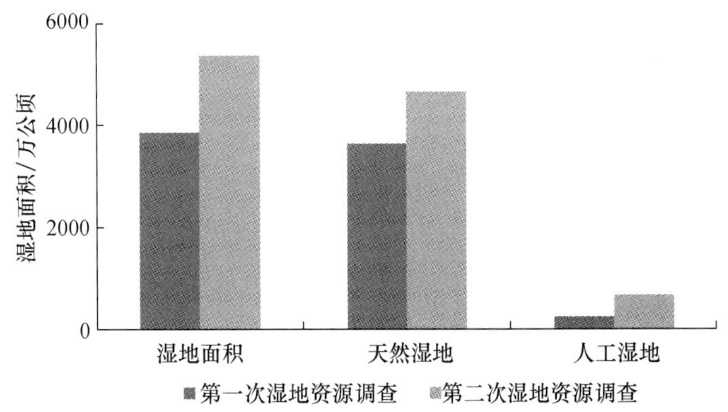

图 1-13　第一次、第二次湿地资源清查中国各类湿地面积

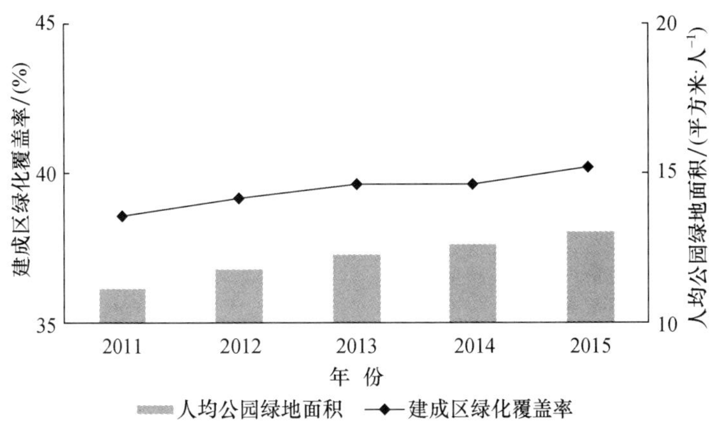

图 1-14　“十二五”期间中国建成区绿化覆盖率与人均公园绿地面积

(4) 资源节约遭遇瓶颈，减量增效亟待突破。

节约合理利用资源是缓解生态系统压力，优化污染物排放效应，减轻环境污染的必由之路。经济社会的发展离不开自然资源支撑，而自然资源主要取自于生态系统，大量攫取消耗资源必然对生态系统形成压力，资源被使用后产生的废弃物排放，也对生态、环境造成污染。提高资源利用效率，推进其减量化、清洁合理使用，不仅能够减少对生态系统的索取，同时也有利于降低污染物排放，从源头上防止环境污染发生，可谓一举多得。

“十二五”期间，中国推进资源节约利用力度空前，能源利用效率显著提高，但资源综合循环利用陷入瓶颈，资源、能源消耗总量仍高位运行，且能源消费结构不尽合理，以及粗放型的能源利用方式，直接导致污染物排放总量居高不下，生态、环境长期超负荷承载，经济社会发展与生态、环境改善之间的冲突依然激烈，经济增长的资源、环境代价过大。提高发展的质量和效益，将发展从依靠资源、要素投入驱动向创新驱动转变已刻不容缓。

作为能源消费的大国，随着中国转变发展模式、调整经济结构、淘汰落后产能不断深入，节能降耗效应日渐显现，每万元国内生产总值能耗持续下降，但仍远高于美国、日本等发达国家水平，尤其能源消费总量还在节节攀升，预计要到 2020 年前后才能陆续达到峰值(图 1-15)。能源消费构成“一煤独大”的格局延续依旧，煤炭占能源消费总量的比重高达 65.6%，而非化石能源所占比例的提升步履蹒跚，离中国《能源发展战略行动计划(2014—2020 年)》的目标(非化石能源占一次能源消费比重 15%)还有一定的距离(图 1-16)。正是由于巨大的能源消费总量和不合理的能源消费结构，导致现阶段大气污染物排放效应优化的复杂性和难度倍增。

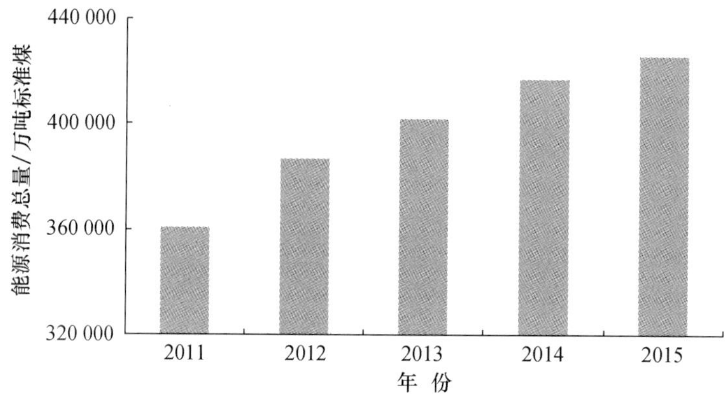

图 1-15 “十二五”期间中国能源消费总量

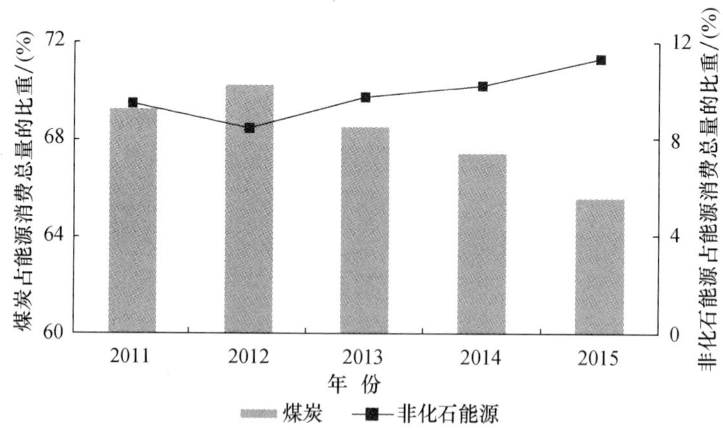

图 1-16 “十二五”期间中国煤炭和非化石能源占能源消费总量的比重

资源综合利用发展进入瓶颈期，循环经济规模、资源综合利用水平并未取得更大突破(图 1-17)。随着工业化、城镇化进程提速,社会对自然资源的刚性需求还会继续上升,进而导致生态、环境的压力进一步加大。加快推进对资源的综合循环使用,提高资源利用效率,成为当前生态文明建设的应有之意。

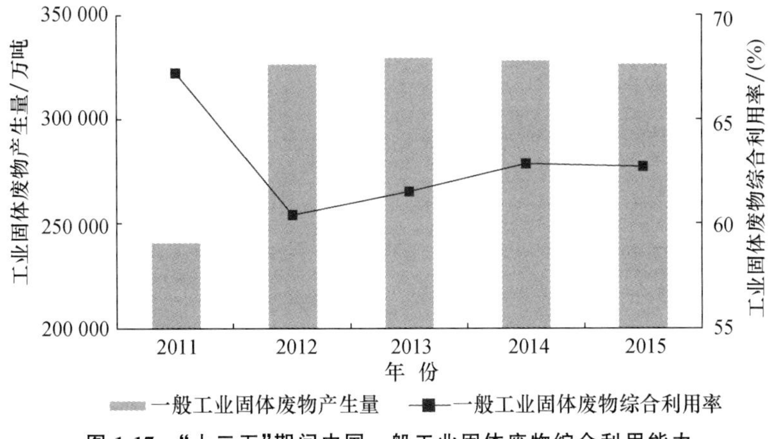

图 1-17 "十二五"期间中国一般工业固体废物综合利用能力

中国作为一个严重缺水的国家,可用淡水资源匮乏且时空分布不均,而国内经济社会发展对水资源需求量巨大,各地区水资源重复利用水平较低,导致水资源开发强度不断加大。水资源开发强度维持在较高水平(图 1-18)。全国近一半省份水资源开发强度超过国际公认的合适水平(用水量占水资源量的比例在 40%左右),部分地区用水总量甚至远高于当地水资源量,超出了地区水资源承载能力。虽然南水北调等重大水利工程建设使得跨区域水资源调配能力增强,有效缓解局部地区淡水资源紧缺的形势,但并未改变中国整体水资源贫乏的现实,要彻底解决水资源供需间的矛盾,唯有开源节流,物尽其用,提高水资源利用效率才是

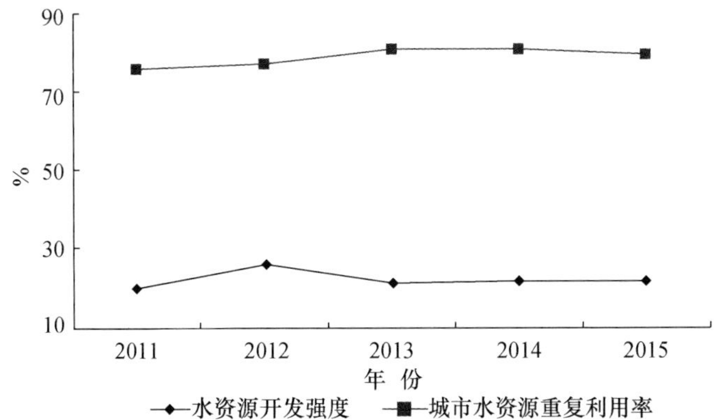

图 1-18 "十二五"期间中国城市水资源重复利用率与水资源开发强度

根本出路。

2. 省域生态文明发展速度各有差异

整体而言,中国生态文明建设形势向好,但生态文明建设基础薄弱,后续任务依然艰巨,尤其各省域生态文明发展的起点、进程、态势等情况各异,部分地区生态文明水平未见提升,反而有下滑趋势,亟须重点突破,以确保生态环境质量不断改善,共同促进全国生态文明水平的显著提升。

(1) 各省 ECPI 排名起伏未定。

根据国家最新发布的权威数据,利用完善后的生态文明发展指数评价指标体系及相应算法,测算出反映各省级行政区(未包含港澳台,下同),2015 年度生态文明发展速度相对快慢的生态文明发展指数(ECPI 2015)(表 1-2)。

表 1-2 各省级行政区生态文明发展指数(ECPI 2015)及二级指标得分 单位:分

排名	地区	ECPI	生态保护	环境改善	资源节约	排放优化	指数等级
1	上海	59.05	56.18	58.49	60.01	61.51	1
2	四川	54.19	47.22	53.79	52.19	63.55	1
3	河北	53.84	49.22	51.86	52.79	61.48	1
4	天津	52.75	49.33	53.21	51.03	57.43	2
5	贵州	52.53	49.24	53.95	57.28	49.65	2
6	山西	52.47	49.11	51.67	48.43	60.67	2
7	湖南	51.84	49.84	49.92	57.52	50.07	2
8	湖北	51.59	49.04	55.27	52.09	49.95	2
9	甘肃	51.34	53.97	51.70	47.79	51.90	2
10	重庆	51.09	48.75	52.27	49.97	53.36	2
11	江苏	50.91	49.17	50.63	53.73	50.11	2
12	云南	50.75	49.02	49.54	54.28	50.15	2
13	内蒙古	50.39	48.27	47.06	50.03	56.20	2
14	浙江	50.14	49.24	49.04	53.70	48.58	2
15	陕西	50.09	48.52	50.26	47.29	54.28	2
16	安徽	49.76	46.41	49.79	53.62	49.24	3
17	西藏	49.71	56.30	49.42	58.53	34.60	3
18	黑龙江	49.47	51.36	47.67	46.69	52.15	3
19	宁夏	49.28	49.03	50.49	50.88	46.73	3
20	青海	48.75	49.14	48.12	48.69	49.04	3
21	广东	48.55	49.19	49.34	47.48	48.20	3
22	江西	48.26	49.86	49.40	42.32	51.45	3

（续表）

排名	地区	ECPI	生态保护	环境改善	资源节约	排放优化	指数等级
23	吉林	48.08	50.57	48.17	47.24	46.32	3
24	福建	47.71	49.41	47.54	44.56	49.32	3
25	广西	47.52	48.96	47.57	45.35	48.20	3
26	山东	46.70	49.57	49.47	47.25	40.50	4
27	河南	46.24	49.37	48.65	50.96	35.99	4
28	北京	46.14	49.52	35.35	51.29	48.41	4
29	海南	46.06	48.74	47.93	43.41	44.19	4
30	新疆	45.56	49.51	45.09	42.58	45.06	4
30	辽宁	45.56	48.62	48.92	39.78	44.92	4

沪、川、冀构成引领生态文明发展的“铁三角”。上海作为东部经济发达城市，经济综合实力强劲，并积极反哺生态、环境，对生态文明建设各领域的投入及措施执行力度较大，开始朝着经济社会发展与生态、环境改善协调发展的方向迈进。四川的生态基础相对扎实，比较优势明显，如何将生态优势转化为经济社会发展动力，实现绿色崛起，成为今后一个时期需面对的首要课题。河北生态、环境基础脆弱，自然禀赋无比较优势，且经济结构偏粗放，生态文明建设底子差，但转变传统经济发展方式的决心和力度较大，促进了生态文明发展触底反弹。

ECPI 2015 排名中间的第二和第三等级省份分布，呈现区域连片、生态文明发展速度相当的特点。第二等级的省份，内蒙古、甘肃、陕西、山西、湖北、重庆、湖南、贵州、云南等九省份相连纵贯华夏，还包括了东部沿海的江苏、浙江和地处华北同样滨海的天津。位于第三等级的省份，宁夏与青海、西藏靠近，吉林、黑龙江两省相交，安徽、江西、福建、广东、广西相互毗邻（图 1-19）。省域间生态文明发展“一荣俱荣，一损俱损”的局面，再次印证了生态文明建设绝非局部地区的单独工作，而是中国一项系统的整体性工程，要更好推进生态文明建设，需加强顶层设计与统一指导，鼓励区域合作，实现协同进步、整体提升。

生态文明发展滞后省份，东西南北中均有分布，情况各不同。北京作为超大规模城市，历史遗存生态、环境欠账较多，赤字严重，环境问题进入集中爆发期，环境质量改善乏力。山东的资源减量增效、合理开发利用问题未妥善解决，以致资源消耗中产生的污染物对生态、环境的负面影响效应不断加剧，束缚了当地生态文明水平提升。海南、新疆、辽宁三省份生态文明本底差异较大，但都共同面临着如何加强资源减量增效的问题，优化资源开发利用方式尤为迫切，处理不当，将可能再步山东后尘。河南传统经济发展模式的影响效应仍在沿袭，污染物排放对生态、环境的影响效应恶化势头还未能遏制，生态文明发展在曲折中艰难前行。

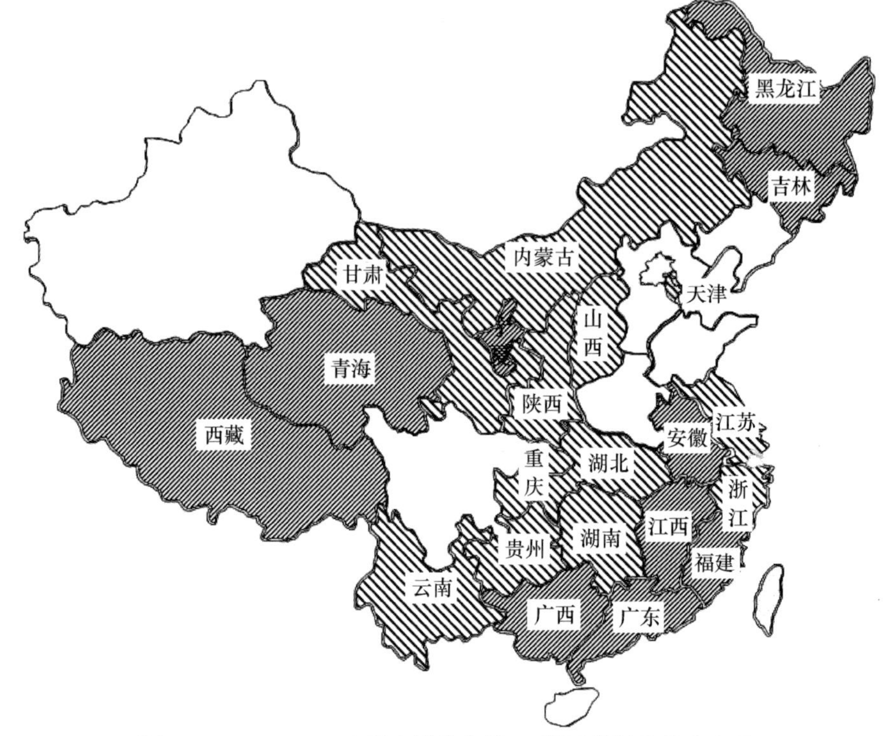

图 1-19　ECPI 2015 中国内地排名第二、第三等级省份分布图

说明：由于比例尺原因，图中未呈现港澳、南海和澎湖诸岛；由于数据所限，也未列出港澳台等地区的生态文明情况。

水平是常态，能保持相对稳定，而发展是动态，其速度快慢可能起伏波动，同时受统计数据发布及时性所影响，生态文明建设发展量化评价显示，各地生态文明发展速度年度间变化较大（表 1-3）。

表 1-3　与 2014 年度比较，各省级行政区生态文明发展指数排名变化　　单位：分

最新排名	地区	ECPI 2015	ECPI 2014	2014 年度排名
1	**上海**	**59.05**	**47.36**	27
2	**四川**	**54.19**	**49.35**	21
3	**河北**	**53.84**	**51.23**	12
4	**天津**	**52.75**	**46.77**	28
5	**贵州**	**52.53**	**49.38**	20
6	山西	52.47	52.55	5

（续表）

最新排名	地区	ECPI 2015	ECPI 2014	2014 年度排名
7	**湖南**	**51.84**	**49.03**	22
8	湖北	51.59	52.11	7
9	**甘肃**	**51.34**	**50.75**	14
10	**重庆**	**51.09**	**50.42**	16
11	江苏	50.91	52.08	8
12	**云南**	**50.75**	**47.52**	26
13	内蒙古	50.39	50.74	15
14	浙江	50.14	52.96	3
15	陕西	50.09	50.20	18
16	安徽	49.76	51.09	13
17	**西藏**	**49.71**	**44.87**	30
18	**黑龙江**	**49.47**	**48.37**	23
19	宁夏	49.28	53.43	1
20	**青海**	**48.75**	**46.15**	29
21	广东	48.55	52.37	6
22	江西	48.26	50.39	17
23	吉林	48.08	51.66	9
24	福建	47.71	48.12	25
25	广西	47.52	51.59	10
26	山东	46.70	52.75	4
27	河南	46.24	49.71	19
28	北京	46.14	51.35	11
29	海南	46.06	48.28	24
30	辽宁	45.56	53.07	2
30	新疆	45.56	43.93	31

各省 ECPI 2015 排名与 2014 年度比较，大致表现为后来居上、基本稳定、冲高回落三种情况。

ECPI 2015 排名后来居上的省份共九个，包括上海、天津两个经济社会发达的直辖市，经济反哺生态、环境力度较强；生态、环境基础脆弱的河北、甘肃，生态文明建设稍有成效，则显示度极高；还有西南片区相邻的云、贵、川、渝、湘等五省份，生态、环境基础相对较好。

内蒙古、山西、陕西、湖北、安徽、江苏等六省份，自北经中向东，形成大“C”状分布带，此外还有福建、海南、新疆等三个省份，ECPI 2015 排名变化不大，基本保持稳定。

由于个别领域的下滑，或者稳步推进，但相对速度慢于其他省份，浙江、宁夏、广东、江西、吉林、广西、山东、河南、北京、辽宁等 10 个省份，上年度快速发展的态势未能保持，生态文明发展速度冲高回落。

西藏、黑龙江、青海等三个省份，在维护中国生态安全的战略格局中举足轻重，它们的 ECPI 2015 排名较上年度大幅提高，但仍较为靠后，隐有后程发力之势。

（2）整体生态文明水平薄弱，各省提升空间充足。

静态水平与动态发展两个维度的信息相结合，更能反映出事物的真实状态。ECPI 2015 仅体现了各省生态文明发展的相对速度，为准确定位各地区生态文明建设现状，引入代表生态文明水平的绿色生态文明指数（GECI 2015）进行分析（表 1-4）。

表 1-4　2015 年各省级行政区绿色生态文明指数（GECI 2015）及二级指标得分①

单位：分

排名	地区	GECI	生态活力	环境质量	协调程度
1	海南	82.34	29.83	24.40	28.11
2	福建	77.20	27.77	22.00	27.43
3	广西	76.23	25.71	24.80	25.71
4	西藏	76.17	26.74	29.20	20.23
5	北京	74.80	27.77	19.60	27.43
6	云南	74.23	25.71	25.20	23.31
7	四川	74.06	33.94	19.20	20.91
8	江西	72.46	27.77	22.40	22.29
9	广东	70.86	28.80	20.80	21.26
10	湖南	70.80	23.66	22.80	24.34
11	青海	70.06	25.71	27.20	17.14
12	黑龙江	68.11	31.89	23.20	13.03
13	吉林	65.37	29.83	23.20	12.34
14	浙江	65.03	26.74	20.80	17.49
15	辽宁	64.69	31.89	20.80	12.00
16	贵州	64.57	23.66	24.80	16.11

① 严耕等. 生态文明绿皮书：中国省域生态文明建设评价报告（ECI 2015）[M]. 北京：社会科学文献出版社，2015.

（续表）

排名	地区	GECI	生态活力	环境质量	协调程度
17	重庆	64.29	27.77	20.40	16.11
18	江苏	62.91	25.71	20.40	16.80
19	陕西	62.46	24.69	19.60	18.17
19	新疆	62.46	22.63	22.00	17.83
21	内蒙古	61.26	24.69	20.80	15.77
22	安徽	60.97	24.69	18.80	17.49
23	上海	59.54	23.66	20.80	15.09
24	天津	59.49	24.69	18.00	16.80
25	湖北	59.37	25.71	19.60	14.06
26	宁夏	59.09	21.60	20.00	17.49
27	山东	58.97	24.69	16.80	17.49
28	甘肃	56.29	22.63	19.60	14.06
29	山西	54.23	21.60	17.20	15.43
30	河南	54.17	22.63	16.80	14.74
31	河北	47.71	20.57	14.80	12.34

随着全社会日益关注重视生态文明建设，相关的政策法规不断健全落实，促进中国生态文明建设取得了积极进展，但远未实现生态、环境质量的根本改善，生态文明发展空间依然很大。ECPI 2015 与 GECI 2015 相关性不显著（相关系数为－0.341），也表明虽然各省生态文明建设起点水平有别，但整体基础薄弱，目前生态文明发展中尚不存在“天花板现象”，水平的相对高低没有对发展速度产生明显影响。采用各省 GECI 2015 与 ECPI 2015 得分平均值为坐标原点，绘制出象限分布图，见图 1-20。

生态文明水平与发展指数均高于各省平均水平的四川、湖南、云南位于图中第Ⅰ象限。四川生态文明进步得益于主要污染物排放对生态、环境的影响效应优化，环境质量有所改善；湖南、云南缘于资源节约取得进展，污染物排放的影响效应好转。

分布于第Ⅱ象限的地区数量最多，占到全国 1/3 略强，包括上海、河北、天津、贵州、山西、湖北、甘肃、重庆、江苏、内蒙古、浙江、陕西等 12 个省份，它们的生态文明发展指数高于各省平均水平，但生态文明水平在平均值以下。上海各领域全面发力，促进生态文明快速发展；山西、天津、河北、内蒙古、陕西、甘肃污染物排放对生态、环境影响效应转好，环境压力有所缓解；重庆、贵州、江苏、湖北、浙江积极

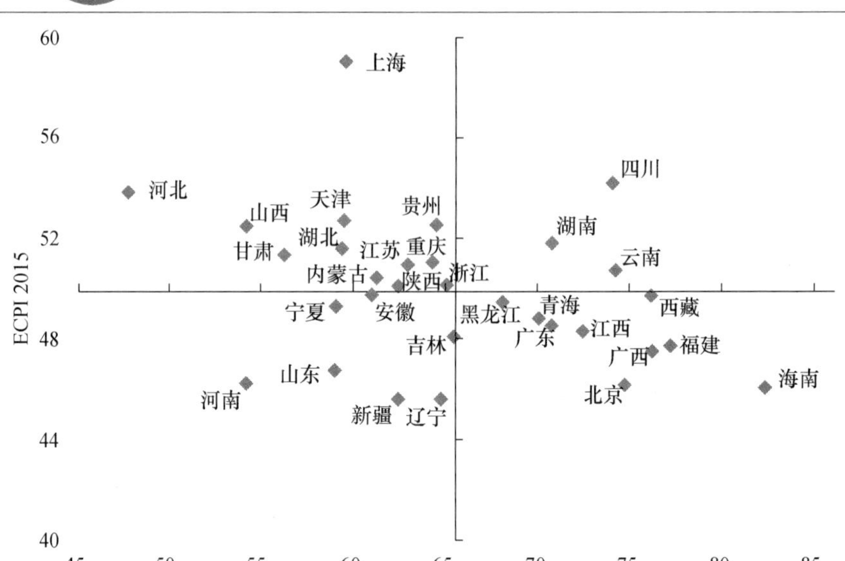

图 1-20　各省域 GECI 2015 和 ECPI 2015 得分象限分布图

推进资源节约化，污染物排放的影响效应趋好，环境质量也有改善迹象。

安徽、宁夏、吉林、山东、河南、新疆、辽宁等七个省份，生态文明发展指数与水平均低于各省平均值，居第Ⅲ象限。安徽、宁夏生态文明建设进展缓慢，主要由于生态保护与建设没能及时跟进；吉林在推进资源节约方面有所滑坡；河南污染物排放对生态、环境的压力上升；新疆、山东、辽宁则是资源节约化利用不力，产生污染物排放使生态、环境的影响效应趋恶所致。

第Ⅳ象限的省份，生态文明水平高于全国均值，但发展指数在平均水平以下，有西藏、黑龙江、青海、广东、江西、福建、广西、北京、海南等九个省份。青海生态保护与建设遭遇挑战，尤其自然保护区面积萎缩，生物多样性保护受到影响；黑龙江、江西、广西、广东资源减量增效任务艰巨；西藏污染物排放量增加对脆弱的高原生态、环境形成威胁；福建环境质量有下滑苗头；北京资源消耗量大，污染物排放维持较高的水平，致使环境改善乏力；海南资源消费量上升，产生的污染物排放加重了当地生态、环境压力。

二、各省域生态文明发展类型变化显著，趋势明确

ECPI 只是体现各省发展快慢的相对得分，根据各省年度间具体指标原始数据的变化，加权求和计算出发展的绝对速度，更能反映当年各地区生态文明建设的实际成效，见表 1-5。

表 1-5　各省域生态文明建设发展速度　单位:%

排名	地区	整体发展速度	生态保护	环境改善	资源节约	排放优化
1	上海	38.13	9.97	89.89	13.15	39.50
2	山西	14.94	−0.01	25.88	−1.72	35.62
3	四川	13.75	−2.20	14.22	4.79	38.18
4	天津	10.82	0.20	20.66	−5.40	27.80
5	河北	10.77	0.32	23.70	−11.35	30.43
6	重庆	9.11	−0.75	11.67	7.66	17.85
7	云南	6.75	0.01	2.45	13.18	11.38
8	贵州	6.32	−0.11	4.43	12.70	8.27
9	内蒙古	6.24	0.51	7.39	−10.56	27.61
10	湖南	5.99	1.06	3.97	11.36	7.58
11	陕西	5.84	−0.53	7.44	−0.42	16.89
12	江苏	5.46	0.10	6.14	7.80	7.82
13	湖北	5.20	−0.18	6.35	4.92	9.70
14	甘肃	4.85	4.19	12.02	−7.25	10.43
15	浙江	4.14	0.25	3.40	6.27	6.66
16	青海	3.89	0.15	3.20	6.67	5.55
17	安徽	3.81	−2.24	4.51	8.09	4.88
18	黑龙江	3.33	2.17	5.86	−10.43	15.75
19	西藏	2.74	31.52	−1.24	9.89	−29.20
20	福建	2.67	0.26	−1.61	1.47	10.56
21	江西	2.41	0.56	4.41	−5.83	10.51
22	宁夏	1.44	−0.30	1.99	0.95	3.13
23	广西	0.88	0.39	0.08	−2.56	5.61
24	广东	0.30	0.02	2.57	−4.85	3.45
25	北京	−0.09	0.96	−5.05	−2.39	6.11
26	新疆	−1.76	0.52	−0.63	−5.10	−1.84
27	海南	−2.95	−0.65	−0.66	−5.83	−4.65
28	吉林	−3.79	3.32	3.18	−22.43	0.77
29	河南	−7.05	0.48	6.87	9.24	−44.80
30	山东	−7.75	0.48	1.00	−18.18	−14.32
31	辽宁	−12.97	−0.54	2.09	−48.51	−4.91

本年度，北京、新疆、海南、吉林、河南、山东、辽宁生态文明水平有不同程度退步，生态文明建设之路荆棘丛丛。由于发展的惯性，资源消耗量巨大，且利用方式较粗放，产生大量污染物排放，导致生态、环境不堪重负，环境改善收效甚微。

基于各省生态文明发展速度和生态文明水平(GECI 2015)的平均值和标准差划分发展类型。先以生态文明水平和发展速度的平均值划定“基准线”，兼顾中游省份分布集中，差别较小的状况，在“基准线”上下左右各自浮动 0.2 倍标准差，设置为缓冲区，区域内的省份便为中间型。其余省份，则依据它们的生态文明水平与发展速度分别高于(或低于)平均值 0.2 倍标准差，分为领跑型、追赶型、前滞型、后滞型四种类型。各省近两年的生态文明发展类型，见表 1-6。

表 1-6　省域生态文明建设发展类型

类型 年份	领跑型 (相对水平较高，发展速度较快)	追赶型 (相对水平偏低，发展速度较快)	前滞型 (相对水平较高，发展速度偏慢)	后滞型 (相对水平偏低，发展速度偏慢)	中间型 (水平或速度都接近平均值)
2014 年	广东、广西、江西、辽宁、浙江	甘肃、江苏、宁夏、山东、山西	福建、海南、黑龙江、湖南、四川、西藏、云南	上海、天津	安徽、河北、河南、湖北、吉林、青海、陕西、北京、内蒙古、贵州、重庆、新疆
2015 年	四川、云南	河北、内蒙古、山西、上海、天津	北京、广东、广西、海南、江西	河南、宁夏、山东、新疆	福建、黑龙江、湖南、青海、西藏、贵州、重庆、浙江、吉林、辽宁、安徽、甘肃、湖北、江苏、陕西

领跑型省份得益于资源节约力度大，下游产生污染物排放对生态、环境的影响效应改善。这也再次印证合理开发利用资源、优化排放效应是当前生态文明建设需处理好的主要矛盾。

追赶型省份存隐忧，资源减量增效方面是短板。当前的污染物排放效应优化更多依靠末端治理，如能标本兼治，推进资源利用合理化，实现污染物排放的源头控制，将促进生态文明建设更好地发展。

前滞型和后滞型省份，各领域发展速度都全面落后。如何改善当地污染物排放对生态、环境的影响效应，缓解不堪重负的生态、环境压力，成为各省面临的重要难题。

中间型省份情况相对复杂，可上可下的处境，发展空间充足，如果措施得当，发展提速，将推动生态文明水平上升，反之，若消极懈怠，努力不够，将难见成效，发展趋于停滞。

与 2014 年度比较，各省份发展类型变化较大，类型间转变趋势明确。主要表现为领跑型与前滞型省份相互流转，追赶型与后滞型省份互有流动，中间型与其他四种类型省份均有转化可能。各省类型变化情况是，领跑型的广东、广西、江西三个省份和追赶型的宁夏、山东两省，由于发展速度回落，分别进入前滞型和后滞型；而前滞型的四川、云南两地和后滞型的上海、天津两市，迎头赶上，各自转为领跑型和追赶型。中间型的部分省份转变为追赶型、前滞型和后滞型，也有部分省份从领跑型、前滞型、追赶型流入中间型，河北、内蒙古知耻后勇，奋起直追，成为追赶型；北京水平有所提升，但持续增长乏力，停留在前滞型；河南、新疆继续下降，掉入后滞型，亟待突破；福建、黑龙江、湖南、西藏比较优势削弱，由前滞型跌入中间型；浙江、辽宁后继动能不足，由领跑型变为中间型；江苏、甘肃进步速度放缓，从追赶型过渡为中间型。

三、全国生态文明建设发展速度小幅回落

通过对近年各地生态文明发展速度变化情况的分析，检验其是加速、匀速还是减速，有利于探寻生态文明发展态势，并进而发现影响生态文明建设的主要驱动因素。

1. 全国生态文明发展步入减速通道

分析显示，全国整体生态文明发展速度再次回落，但各领域的具体表现有所不同，生态保护与环境改善在加速向好，资源节约的困局略有缓解，排放效应优化作为现阶段生态文明发展的主要驱动力，后续形势不容乐观，缺乏资源减量增效的协同推进，排放优化将后继乏力，前路艰难重重(表 1-7)。

表 1-7　生态文明发展速度变化情况　　单位：%

排名	地区	发展速度变化率	生态保护	环境改善	资源节约	排放优化
	全国	−0.74	0.85	0.32	0.25	−4.38
1	上海	54.56	9.90	94.72	17.52	96.12
2	山西	40.07	0.25	30.25	−4.89	134.67
3	浙江	12.94	−0.24	4.46	15.46	32.07
4	云南	11.38	0.83	3.74	29.97	10.96
5	天津	8.03	0.37	10.62	20.80	0.34
6	西藏	6.23	41.33	1.16	10.72	−28.30
7	贵州	5.67	0.39	−0.06	20.86	1.48
8	重庆	5.61	0.04	7.03	7.52	7.86
9	内蒙古	4.81	0.49	14.36	−88.40	92.80
10	湖南	4.02	0.73	0.03	23.52	−8.20

（续表）

排名	地区	发展速度变化率	生态保护	环境改善	资源节约	排放优化
11	青海	3.66	1.10	－0.64	18.88	－4.72
12	四川	3.40	－2.04	－1.37	10.10	6.91
13	福建	2.65	1.56	－3.01	16.17	－4.12
14	湖北	2.36	－1.24	2.77	2.96	4.94
15	江苏	1.70	1.41	0.54	12.39	－7.54
16	黑龙江	1.06	1.98	3.41	－15.35	14.19
17	陕西	0.79	－0.50	4.68	0.52	－1.54
18	北京	0.57	0.52	－2.27	4.41	－0.39
19	广西	－1.28	0.22	－1.73	－4.27	0.67
20	安徽	－1.98	－2.86	－1.24	10.44	－14.25
21	河北	－3.40	－0.27	0.18	－9.09	－4.44
22	广东	－3.51	10.53	－1.86	－10.52	－12.18
23	江西	－3.60	1.22	－0.81	－11.97	－2.85
24	甘肃	－3.62	2.30	5.42	－9.38	－12.80
25	新疆	－4.16	2.28	－1.42	－4.56	－12.96
26	河南	－8.28	－0.07	4.31	12.87	－50.22
27	吉林	－8.83	4.03	－1.34	－33.15	－4.83
28	山东	－11.16	－0.14	－1.67	－21.16	－21.67
29	宁夏	－11.79	－0.27	－17.48	0.31	－29.73
30	海南	－13.98	－1.14	－3.75	－15.67	－35.37
31	辽宁	－17.05	－1.65	－7.50	－46.44	－12.62

全国加速发展的省份有18个，另外13个地区发展速度减缓。上海、山西、浙江、云南生态文明发展速度增幅分列前四位，均在10%以上。上海、云南各领域发展全面提速；山西污染物排放效应改善，缓解了环境压力；浙江资源节约化利用推进加快，产生污染的排放效应好转，环境质量也随之开始向好。

生态文明发展速度减缓的省份中，山东、宁夏、海南、辽宁波动幅度较大，都超过了10%。这四个省份各领域发展速度几乎全面回落，资源节约化利用推进受阻，产生的污染物排放量上升，对生态、环境影响效应改善缓慢，导致生态系统压力上升，环境风险加大，尤其生态文明水平出现退步的地区，急需扭转继续下降的颓势。

2. 排放效应优化缓解环境压力，驱动生态文明快速发展

各级指标发展速度变化的相关性分析，探寻现阶段影响生态文明建设推进速度的影响因素，能够为有的放矢采取针对性措施，尽快促进中国生态文明水平提

升提供参考。

当前，中国生态文明发展速度与各领域的相关程度，表现为环境改善和排放优化最为密切，资源节约次之，生态保护与建设由于工作特殊性，见效时间周期较长，相关度最弱，见表 1-8。

表 1-8　ECPI 与二级指标发展速度变化相关性

	生态保护	环境改善	资源节约	排放优化
ECPI	0.188	**0.867****	0.322	**0.814****
生态保护	1	0.167	0.091	−0.061
环境改善		1	0.098	**0.699****
资源节约			1	−0.209
排放优化				1

注：*.相关性在 0.05 与水平是显著的；* *.相关性在 0.01 水平是显著的，后同。

事实上，相关程度不高并非表明其不重要，四个领域之间是相互影响，环环相扣的。环境改善作为生态文明建设目标的直接体现，不仅需要完善环境治理体系，提升环境综合治理能力；生态保护与建设也至关重要，毕竟生态系统是基础，夯实基础能够扩充环境容量，为改善环境提供基本支撑和保障；同时，环境改善也离不开污染物排放影响效应的改进，优化排放效应方可减轻环境治理压力，继而才可能实现环境质量的提高；当然，排放效应优化与资源的节约合理使用又密切相关，资源利用减量增效将为降低污染物排放立下大功。因此，虽然各地生态文明建设短期内有望在个别领域驱动下快速取得成效，但从长远来看，生态文明建设要走得更稳、更好，离不开四个方面的齐头并进。

整体生态文明发展速度变化情况与具体三级指标发展速度变化相关性分析显示，环境改善领域的地表水体质量、排放优化方面水体污染排放效应优化和大气污染物排放效应优化、生态保护中生物多样性保护、资源节约方面的水资源开发强度与整体生态文明发展速度变化相关性显著，见表 1-9。

表 1-9　ECPI 与三级指标发展速度变化相关性

所属二级指标	三级指标	ECPI 变化
生态保护	**自然保护区面积增加率**	**0.404***
	建成区绿化覆盖增加率	0.037
环境改善	**优于Ⅲ类水质河长增加率**	**0.844****
	化肥施用合理化	0.139
	农药施用合理化	0.203
	城市生活垃圾无害化提高率	0.089
	农村卫生厕所普及提高率	0.210

（续表）

所属二级指标	三级指标	ECPI 变化
资源节约	万元地区生产总值能耗降低率	−0.120
	水资源开发强度降低率	**0.399**[*]
	工业固体废物综合利用提高率	0.278
	城市水资源重复利用提高率	0.047
协调程度	**化学需氧量排放效应优化**	**0.825**[**]
	氨氮排放效应优化	**0.823**[**]
	SO_2 排放效应优化	**0.483**[**]
	氮氧化物排放效应优化	0.118
	烟(粉)尘排放效应优化	−0.225

这些指标涉及的具体方面，与目前中国整体生态文明发展走势相对一致，是影响生态文明发展的主要因素。

四、与 OECD 国家比较，中国生态文明水平落后、发展速度位居上游

由于生态文明建设目标值一时难以确定，ECPI 与 GECI 都是采用相对评价算法，根据各省份相对排名的评价结果，并未反映出中国真实的生态文明水平。因此，选择经济综合实力与生态、环境状况都国际领先的 OECD 国家，展开比较研究，有助于定位中国生态文明建设的差距与不足，找准生态文明建设的关键制约因素，为国内更有效地推进生态文明建设提供参考借鉴。

1. 中国生态文明水平全面落后

与 OECD 国家比较显示，中国相对生态文明水平排名末尾，差距较大，纳入考察的几个领域全面落后，无任何比较优势可言，见表 1-10。

表 1-10　中国与 OECD 国家生态文明指数(IECI 2015)得分及排名　　单位：分

排名	国家	IECI	生态保护	环境改善	资源节约	排放优化
1	瑞士	56.68	56.21	51.94	67.28	53.88
2	德国	55.51	63.51	51.75	52.91	51.78
3	卢森堡	55.08	59.68	52.18	65.99	41.62
4	斯洛文尼亚	54.92	71.12	47.11	45.42	51.85
5	丹麦	54.85	47.84	54.64	67.34	53.18
6	奥地利	53.99	56.25	52.45	53.24	53.65
7	斯洛伐克	53.54	58.84	52.66	48.02	52.41
8	瑞典	53.25	50.88	56.67	49.28	55.63
9	英国	52.22	47.87	53.14	57.94	51.64

（续表）

排名	国家	IECI	生态保护	环境改善	资源节约	排放优化
10	芬兰	52.00	51.97	54.59	44.64	55.50
11	法国	51.97	51.70	52.95	49.48	53.42
12	葡萄牙	51.90	47.94	53.67	54.06	53.02
13	西班牙	51.90	48.40	53.65	52.90	53.53
14	日本	51.50	52.17	53.19	49.23	50.23
15	爱尔兰	51.46	42.30	47.92	66.89	55.06
16	挪威	51.40	44.09	54.82	53.17	55.49
17	捷克	51.21	53.72	52.66	44.59	51.92
18	意大利	50.87	48.41	50.04	55.12	51.58
19	爱沙尼亚	50.76	54.59	52.03	40.09	53.75
20	匈牙利	50.45	48.70	52.25	47.38	53.43
21	荷兰	50.15	50.67	50.00	49.32	50.40
22	波兰	50.09	56.65	46.02	46.66	49.78
23	澳大利亚	50.02	44.94	57.68	44.14	52.05
24	新西兰	49.78	56.78	44.09	44.01	53.56
25	加拿大	49.33	45.76	55.64	40.48	54.07
26	希腊	49.17	45.59	51.34	49.41	51.02
27	比利时	49.04	51.84	49.11	46.12	47.64
28	美国	48.72	46.24	55.13	43.68	47.85
29	墨西哥	47.38	44.06	47.88	49.24	49.73
30	智利	46.30	46.05	41.18	47.82	52.84
31	冰岛	45.46	36.54	56.07	35.95	52.46
32	土耳其	44.02	38.48	42.66	51.24	47.16
33	以色列	43.67	38.97	46.03	50.76	40.10
34	韩国	43.17	48.19	43.48	41.48	36.86
35	**中国**	**33.63**	**43.04**	**26.07**	**38.52**	**25.98**

改革开放后的较长时期内，中国依靠不计成本的资源消耗、环境损害和廉价劳动力参与国际竞争，扮演着世界工厂的角色，承接了较多处于全球产业链低端的高能耗、高污染产业，形成了较为粗放的经济社会发展方式。大量资源、能源被消耗后，产生的污染物又肆意排放到生态、环境中，以致生态、环境长期超负荷承载，环境污染问题如约而至，并开始集中爆发，环境恶化成为当前国内经济社会发展中最突出的短板。

2. 中国生态文明发展速度靠前存隐忧

生态文明发展态势与OECD国家比较，中国生态文明建设的决心和力度不断加大，且起点较低，取得成效后显示度极高，因此，中国整体生态文明发展速度排名靠前，但是生态基础依然脆弱，尤其排放效应改善速度垫底，存在隐忧，尚不容盲目乐观，见表1-11。

表1-11　中国与OECD国家生态文明发展指数(IECPI 2015)得分及排名　单位:分

排名	国家	IECPI	生态保护	环境改善	资源节约	排放优化
1	爱尔兰	54.82	70.06	46.05	46.91	53.01
2	葡萄牙	54.26	47.37	58.76	50.08	62.03
3	匈牙利	52.74	53.96	49.75	54.76	53.39
4	智利	52.62	53.90	60.28	42.19	49.64
5	西班牙	52.11	51.96	56.62	41.47	56.18
6	波兰	51.98	50.46	47.96	62.03	50.25
7	**中国**	**51.84**	**49.74**	**59.80**	**64.48**	**30.40**
8	墨西哥	51.74	53.31	51.69	50.56	50.61
9	意大利	51.67	48.30	53.69	50.26	55.11
10	以色列	51.60	50.81	55.80	47.36	50.73
11	韩国	51.18	52.65	54.30	58.55	36.94
12	法国	51.14	50.59	50.33	46.07	58.27
13	斯洛文尼亚	50.94	52.52	54.02	46.80	48.08
14	英国	50.92	55.95	50.39	41.89	53.18
15	美国	50.47	43.53	51.08	56.42	54.03
16	澳大利亚	50.28	47.71	51.06	52.67	50.58
17	加拿大	50.16	46.34	49.49	53.30	53.76
18	比利时	49.98	48.62	46.86	58.57	48.11
19	丹麦	49.98	59.07	40.85	48.24	51.76
20	斯洛伐克	49.88	46.63	48.30	59.77	47.21
21	芬兰	49.77	47.36	48.91	50.92	53.54
22	日本	49.56	46.06	48.17	55.81	50.63
23	卢森堡	49.41	48.19	46.87	55.36	49.11
24	新西兰	49.22	43.81	54.83	47.49	50.66
25	瑞士	49.17	46.83	47.49	51.25	53.10
26	冰岛	48.66	51.22	45.24	49.72	48.91

（续表）

排名	国家	IECPI	生态保护	环境改善	资源节约	排放优化
27	奥地利	48.01	45.64	45.70	51.52	51.50
28	捷克	47.77	46.71	49.08	46.26	48.90
29	德国	47.75	45.66	47.78	46.28	52.30
30	荷兰	47.55	50.40	48.36	41.31	48.30
31	希腊	47.50	51.41	49.45	28.65	57.57
32	挪威	46.58	45.05	48.51	43.75	48.82
33	爱沙尼亚	46.29	45.63	41.45	57.98	42.83
34	土耳其	46.22	48.83	48.92	46.36	38.12
35	瑞典	44.50	44.32	42.52	44.78	47.46

随着中国一系列重大生态建设工程实施，并主动谋求转变经济发展方式，调整产业结构，完善环境治理体系，推动生态文明建设取得了积极进展，生态、环境压力部分缓解，恶化趋势有所遏制，但现阶段经济社会发展付出的生态、环境、资源代价依然较大，资源利用方式相对粗放，能源消费总量未达峰值，污染物排放量继续高位运行，对生态、环境形成持续压力，生态、环境质量还没有真正改善。污染物排放对生态、环境的负面影响效应不解除，将在今后一个时期内成为制约生态文明水平提升的瓶颈。

未来，中国与先进国家的经济差距将不断缩小，但由于排放效应改善掣肘，生态、环境差距还在进一步拉大。要实现国内生态、环境的根本好转，尽快转变传统工业文明发展方式，加强生产、生活方式绿色转型，优化污染物排放对生态、环境的影响效应已迫在眉睫。

五、ECPI 评价体系及算法完善

推进生态文明建设，迫切需要考核评价予以导向。传统工业文明发展模式遭遇增长的极限，并引发了一系列生态、环境、资源危机，究其根源并不在器物层面本身，而是在于行为层面上人类生产、生活、发展方式的失当。进一步探究，此等行为之所以能大行其道，相关制度建设缺失、执行不力，未能形成正确的导向与约束，可谓难辞其咎。因此，生态文明建设须依靠严密的制度作保障，科学的考核评价体系正是生态文明制度建设的重要内容。

事实上，生态文明的考核与评价，两者之间既相互联系，又各有区别，不可偏废。考核的主体多为行政机关，用于核查下级的任务完成情况，以引导工作推进，具有强制性；而评价的主体多为相关上下级之外的第三方，一般不具强制性，能够检验工作推进的实际成效。本研究，生态文明发展评价，是学界对中国生态文明建设年度进步状况的评估、分析，与其他针对生态文明水平的评价又有不同侧重。

（一）ECPI 评价体系

1. 生态文明发展评价设计

为应对现代化进程中面临的生态退化、环境污染、资源约束等严峻挑战，中国审时度势提出了生态文明建设发展战略，目标是要在继续保持经济社会稳定发展的基础上，实现生态健康、环境良好和资源可永续利用。此处环境、资源均特指自然环境和自然资源，生态系统与环境、资源三者之间相互关联，彼此依存，荣损与共。

生态系统是各种生物及各种生命支撑系统之间物质循环、能量流动和信息交换形成的统一整体，人类社会及其活动都只是生态系统的一个有机组成部分。环境是相对于某一主体而言的，包括围绕该主体，会对其产生影响的所有周围事物。对人类来说，自然环境是指生态系统中直接维系人类生存所必需的物质条件，如清新的空气、干净的水源等。自然资源则是取之于生态系统中，支撑着人类生产、生活的能源与材料，资源的种类和数量受制于人类已能掌握、利用的技术条件，如人类在发明收集、利用风力的技术之后，风能就跻身为可供人们使用的清洁能源，另外，随着科技进步，人类能利用的常规资源能源储量也在不断增加。

生态系统与环境、资源是“一体两用”的关系。生态系统为“体”，是包括了自然界一切事物的全体、自然本体，它先于人类的出现及人类社会的形成就已存在，在其内部各要素的相互作用下，按照自身的规律不断演替，生生不息。我们生活的地球曾经历过的多次重大变迁已然证明，生态系统并不会毁灭，时过境迁后总能恢复到生机蓬勃之态，只有具体物种才会有灭绝的潜在危险。环境和资源是人类出于生存、发展需要对生态系统的两种用途，环境是生态系统直接为人类提供的生存之境，资源则是人类为维系社会的存在与发展，通过科学技术手段对生态系统加以利用的要素，如生态系统中的水体，既为人类提供赖以生存的水体环境，同时也为人们的生产、生活供给着不可或缺的水资源。

由于生态系统以环境、资源两种形态直接为人类服务，表面看来，良好的环境与可持续利用的资源是维持人类社会存在、发展的两大支柱，故而更容易受到全社会广泛关注和重视，中国也早已确立了节约资源和保护环境的基本国策，致力于建成资源节约型和环境友好型社会。其实，环境和资源都离不开生态系统的支撑，环境容量的大小，资源储备的多寡，均受制于生态系统的活力状况，生态系统甚至具有更基础、更重要的地位和作用。人类社会与生态、环境、资源的关系，见图 1-21。

因此，生态文明建设的主要任务，关键在于“强体善用”，此外，还需健全必要

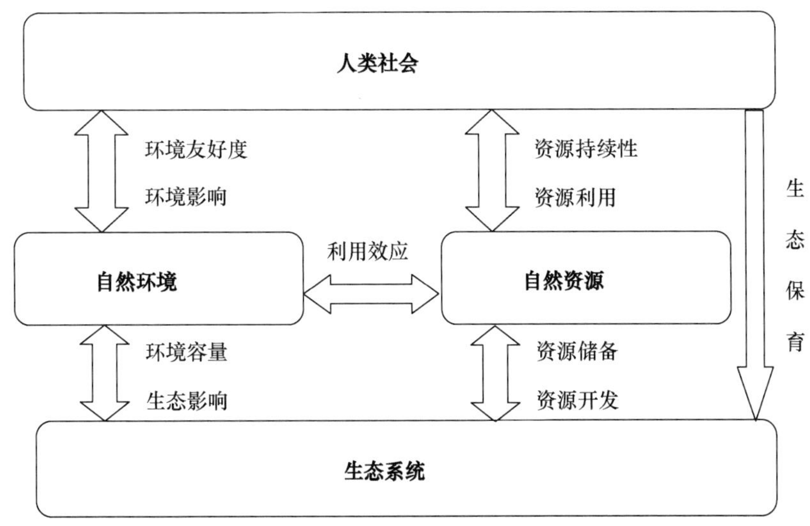

图 1-21 生态、环境、资源与人类社会的关系

的制度体系,提升观念,营造相应的社会氛围。"强体"是指强生态系统之"体",加强生态保护与建设,增进生态系统活力,提高生态承载能力,以扩充环境容量,提升资源丰度。"善用"则是指用好环境与资源,合理开发利用自然资源,增强环境治理能力,完善污染防治体系,优化资源开发利用过程中产生污染物对生态、环境的负面影响效应。同时,完善生态文明制度建设,强化制度执行力。在全社会牢固树立生态文明理念,夯实生态文明建设的群众基础。生态文明建设已成为一场涉及器物、行为、制度和观念等各个层面的根本性变革。

生态文明评价要检验建设任务的完成情况,本应涵盖器物、行为、制度、观念等各层面,但由于制度、观念层面缺乏权威数据支撑,且制度的进步,观念的提升,最终能够带来人们行为的转变和器物层面危机的缓解。所以,本研究从器物和观念层面入手,分为生态、环境、资源三个维度,评价分析中国生态文明建设发展状况。

2. ECPI 框架体系完善

ECPI 评价体系,继续从生态保护、环境改善、资源节约、排放优化四个方面,评估、分析中国最新的生态文明发展状况。生态保护主要考察生态保护与建设的进展,环境改善反映环境污染防治能力与环境质量的变化走势,资源节约与排放优化共同评估合理开发、利用资源,优化资源消耗产生污染物排放对生态、环境影响效应的推进情况。当前,节约合理利用资源,进一步改进其产生污染物排放影响效应,是中国生态文明建设的主要驱动因素,也是不断促进国土空间开发格局优化,经济发展方式转型,提升发展质量和效益,跨越中等收入陷阱的重要手段。

各二级指标领域中，具体三级指标选取均有调整。生态保护方面，增加对湿地资源保护情况的考察，确保指标体系全面、完整。环境改善方面，随着数据发布范围扩大，空气质量改善指标不再只针对省会城市，而扩大为分布各省的国家环保重点城市，代表性、准确性有所提高。资源节约不再关注用水强度变化，而是通过反映用水总量占水资源总量比例的水资源开发强度走势，评估资源消耗与当地实际承载能力的关系。排放优化将烟(粉)尘排放效应变化纳入考察，抓住当前大气污染严重的主要矛盾。2015 年度新构建生态文明发展指数评价指标体系，见表 1-12(具体指标解释及指标数据来源，详见附录一)。

表 1-12　生态文明发展指数(ECPI 2015)评价指标体系

一级指标	二级指标	三级指标	指标解释	指标性质
生态文明发展指数(ECPI)	生态保护	森林面积增长率	考察森林覆盖率年度提高比例	正指标
		森林质量提高率	关注单位森林面积的蓄积量年度增长率	正指标
		自然保护区面积增加率	评价自然保护区面积年度增加率	正指标
		建成区绿化覆盖增加率	评估城市建成区中，乔木、灌木、草坪等所有植被的垂直投影面积占建成区总面积比例的年度上升率	正指标
		湿地资源增长率	评价湿地资源面积的年度增加率	正指标
	环境改善	空气质量改善	评估环保重点城市空气质量达到及好于二级的平均天数提高比例	正指标
		地表水体质量改善	考察主要河流Ⅰ～Ⅲ类水质河长比例增加率	正指标
		化肥施用合理化	单位农作物播种面积化肥施用量的下降比例	正指标
		农药施用合理化	单位农作物播种面积农药施用量的下降比例	正指标
		城市生活垃圾无害化提高率	生活垃圾无害化处理量所占生活垃圾产生量比例的年度提高率	正指标
		农村卫生厕所普及提高率	考察行政区域内使用卫生厕所的农村人口数占辖区内农村人口总数比例的年度增加率	正指标

（续表）

一级指标	二级指标	三级指标	指标解释	指标性质
生态文明发展指数（ECPI）	资源节约	万元地区生产总值能耗降低率	每生产 1 万元国内生产总值所消耗能源的下降率	正指标
		水资源开发强度优化	用水总量占水资源总量比例的年度降低率	正指标
		工业固体废物综合利用提高率	通过回收、加工、循环、交换等方式，从固体废物中提取或者使其转化为可以利用的资源、能源和其他原材料的固体废物量，占固体废物产生量比例的年度提高率	正指标
		城市水资源重复利用提高率	城市水资源重复利用比例的年度上升率	正指标
	排放优化	化学需氧量排放效应优化	化学需氧量与辖区内Ⅰ～Ⅲ类水质河流长度比值的年度降低率	正指标
		氨氮排放效应优化	氨氮排放量与辖区内Ⅰ～Ⅲ类水质河流长度比值的年度下降率	正指标
		SO_2 排放效应优化	SO_2 排放量与辖区面积和空气质量达到及好于二级天数比例的比值年度下降率	正指标
		氮氧化物排放效应优化	氮氧化物排放量与辖区面积和空气质量达到及好于二级天数比例的比值年度下降率	正指标
		烟（粉）尘排放效应优化	烟（粉）尘排放量与辖区面积和空气质量达到及好于二级天数比例的比值年度下降率	正指标

(1) 生态保护与建设是实现生态文明的基础。

生态保护二级指标，在沿袭对森林生态建设、生物多样性保护和城市生态绿化三方面的考察外，新增湿地生态保护的内容。湿地被誉为“地球之肾”，其生态效益不可低估。鉴于目前湿地资源保护与经济社会发展矛盾尖锐，存在功能减退、面积萎缩等问题的现状，尽管由于其调查统计困难，数据获得时效性相对较差，但为突显它的重要性，仍纳入了评价范围。

(2) 环境质量根本改善是生态文明建设的直接目标。

环境改善二级指标，继续评价分析大气、水体、土地环境质量的变化态势。具体三级指标选取，与 2014 年度基本保持稳定，但空气质量改善指标使用的数据全面性提高。随着全国环境监测体系不断健全，按照新《环境空气质量标准》监测发布数据的城市范围，已由京津冀、长三角、珠三角区域及直辖市、省会城市和计划单列市等74个城市，扩大为113个环保重点城市。各省空气质量数据，采用了当地下辖环保重点城市空气质量达到及好于二级天数的平均值，相对更客观、准确。

(3) 资源节约合理使用是当前生态文明建设的重要抓手。

资源节约二级指标，在考察资源合理开发利用，推进减量增效情况的同时，开始将当地资源承载能力引入分析。万元地区生产总值用水消耗降低率升级为水资源开发强度优化，反映水资源消耗与实际资源承载能力的关系，促进资源合理开发、使用。

(4) 优化污染物排放效应是生态文明建设的必由之路。

由于缺少国家权威发布的时效性较强的土地环境质量数据，排放优化二级指标，暂时只评价水体污染物排放对水体环境的影响效应和大气污染物排放对大气环境的影响效应走势。现阶段，PM 2.5和 PM 10 是大部分地区的主要空气污染物，它们主要来源于烟(粉)尘排放，因此，2015 年度大气污染物排放效应中补充烟(粉)尘排放对大气环境的影响效应，突出了当前环境污染防治工作的重点所在。

此外，还有部分生态文明建设需重点关注的领域，由于缺乏权威数据支撑，未能一并纳入评价、分析中。如，反映资源综合循环利用状况的指标依然空缺，雾霾元凶之一的挥发性有机物(VOCs)，尚没有列入国家总量减排的控制范围，监测体系亟待完善，土地环境质量也缺少及时动态的数据发布。2015 年度，空气质量改善采用环保重点城市数据，全面性较以往提升，但新的空气质量标准监测范围距离实现全国所有地级以上城市全覆盖还有不小差距。这些情况都可能对最终评价、分析结果准确性产生影响。待相关权威数据完善后，再调整优化评价体系，使之更为科学、合理。

3. ECPI 评价及分析方法

由于生态文明建设目标一时难以量化，生态文明发展评价采用了相对评价的算法，依据各省每项具体指标数据的高低排序，经 Z 分数方式处理，加权求和，转换为 T 分数，计算出各自生态文明发展指数。生态文明发展指数(ECPI)得分排名靠前的省份，只表明其各方面整体发展速度相对领先，并不能反映各省实际生态文明水平的优劣。为更全面展现中国生态文明建设现状，检验取得的成效，探寻发展态势，发现推动生态文明进步的主要影响因素，在评价结果基础上，还进一步展开了等级分析、发展速度分析、进步率分析、相关性分析和聚类分析。

(二) 相对评价算法

ECPI 2015 得分采用统一的 Z 分数(标准分数)方式，将各三级指标原始数据转换为 Z 分数，并根据各指标权重分配，加权求和，依次计算出二级指标和一级指标的 Z 分数，最后将 Z 分数转换为 T 分数，反映各省域整体生态文明建设发展状况。

(1) 数据标准化。

通过统一的 Z 分数(标准分数)处理方式,对三级指标原始数据进行无量纲化,以避免数据过度离散可能产生的误差。

具体依据各三级指标原始数据的平均值和标准差,将距离平均值 3 倍标准差以上的数据视为可疑数据,予以剔除。确保剩下的数据在 3 倍标准差以内($-3<\Delta<3$,分布在平均值上下 3 倍标准差以内的数据占整体数据的 99.73%)。

(2) 特殊值处理。

在国家权威部门统一发布的数据中,个别省份部分年度存在数据缺失情况,ECPI 评价中的处理办法是赋予其平均 Z 分数。如,2014—2015 年数据,上海的城市水资源重复利用提高率指标,西藏的城市生活垃圾无害化提高率、农村卫生厕所普及提高率、万元地区生产总值能耗降低率、城市水资源重复利用提高率等指标数据缺失,对应指标的 Z 分数直接赋予 0 分。

个别省份的部分指标原始数据,出现极大或极小的情况,与其他省份都不在一个数量等级,以致整个指标数据序列的离散度较大,由此计算出的标准差和平均值都可能有失偏颇。评价中为真实表现数据分布特性,平衡数据整体,在标准化时直接剔除这种极端值,将该指标大于平均值 3 倍标准差的省份直接赋予 3 分,低于平均值 3 倍标准差以下的省份直接赋予-3 分。

(3) 评价指标体系的权重分配。

在广泛征求专家意见基础上,经课题组反复讨论,ECPI 二级指标权重分配确定为:生态保护、环境改善、资源节约、排放优化权重均等,各占 25%。

三级指标权重确定,利用了德尔菲法(Delphi Method)。选取 50 余位生态文明相关研究领域专家,发放加权专家咨询表,请专家独立判断各三级指标重要性,并分别赋予 5、4、3、2、1 的权重分,最后由课题组统计整理得出各三级指标的权重分与权重。2015 年度,各级指标权重分配,见表 1-13。

表 1-13　生态文明发展指数(ECPI 2015)评价体系指标权重

一级指标	二级指标	二级指标权重/(%)	三级指标	三级指标权重分	三级指标权重/(%)
生态文明发展指数(ECPI)	生态保护	25	森林面积增长率	3	4.17
			森林质量提高率	3	4.17
			自然保护区面积增加率	4	5.56
			建成区绿化覆盖增加率	4	5.56
			湿地资源增长率	4	5.56

（续表）

一级指标	二级指标	二级指标权重/(%)	三级指标	三级指标权重分	三级指标权重/(%)
生态文明发展指数（ECPI）	环境改善	25	空气质量改善	3	3.75
			地表水体质量改善	3	3.75
			化肥施用合理化	4	5.00
			农药施用合理化	4	5.00
			城市生活垃圾无害化提高率	3	3.75
			农村卫生厕所普及提高率	3	3.75
	资源节约	25	万元地区生产总值能耗降低率	6	7.89
			水资源开发强度优化	4	5.26
			工业固体废物综合利用提高率	5	6.58
			城市水资源重复利用提高率	4	5.26
	排放优化	25	化学需氧量排放效应优化	4	6.25
			氨氮排放效应优化	4	6.25
			SO_2 排放效应优化	2	3.13
			氮氧化物排放效应优化	3	4.69
			烟(粉)尘排放效应优化	3	4.69

(4) 计算二级指标、一级指标 Z 分数。

根据三级指标 Z 分数及相应权重，加权求和，即可计算出对应二级指标和一级指标的 Z 分数。

(5) 计算 ECPI 及二级指标发展指数得分。

二级指标与一级指标 Z 分数转换为 T 分数：

$$T=10\times Z+50$$

T 分数即为相应二级指标发展指数与 ECPI 得分。Z 分数转换 T 分数的处理，可以消除负数，放大各省得分的差异，便于本研究后续的分析和理解。

（三）分析方法

为克服相对评价算法的不足，在评价结果基础之上，结合 2014 年度、2015 年度各三级指标原始数据，进行了等级分析、发展速度分析、进步率分析、相关性分析和聚类分析。

(1) 等级分析。

部分省份间 ECPI 或二级指标发展指数得分差距甚微，但排名却又分出高下。为缓和省域间差异，根据各省 ECPI 或二级指标发展指数得分的平均值和标准差，可将它们分为四个等级。其中，得分超过平均值以上 1 倍标准差的省份为第一等级；得分低于平均值 1 倍标准差以下的省份列第四等级；另外，得分高于平均值，但不足 1 倍标准差的省份居第二等级；最后，其余得分低于平均值，且相差未超过

1 倍标准差的省份，排在第三等级。

(2) 发展速度分析。

ECPI 是相对评价的结果，其得分反映各省整体发展速度的相对快慢，并未体现出实际发展水平究竟是进步还是下滑。而三级指标原始数据本身为变化率，反映年度间变化情况。根据三级指标原始数据，直接按照对应指标权重，进行加权求和，得到二级指标和总体生态文明发展速度，能够更确切地反映各地生态文明建设的推进情况。发展速度为正值，表明当地生态文明建设取得进步，反之则有退步。

(3) 进步率分析。

通过对 2015 年度和 2014 年度各地生态文明发展速度变化情况的分析，检验其发展是在加速、匀速还是减速，有利于探寻生态文明发展态势，并进而发现影响生态文明建设的主要驱动因素。

三级指标发展速度进步率的计算方法，直接由后一年度发展速度减去前一年度发展速度。二级指标发展速度进步率则由对应各三级指标发展速度进步率加权求和得出。最终，二级指标发展速度进步率加权求和，可算出整体生态文明发展速度进步率。

计算结果，进步率为正值，表明生态文明在加速发展；进步率为负值，则表示生态文明发展速度回落。

(4) 相关性分析。

ECPI 2015 是多指标综合评价的结果，评价体系的指标间相互影响、相互联系。为探寻影响生态文明发展速度的主要因素，明确未来生态文明建设的重点、难点，课题组采用皮尔逊(Pearson)积差相关，选择可信度较高的双尾(又称为双侧检验：Two-tailed)检验方法，利用 SPSS 软件对各级指标数据进行了相关性分析。

(5) 聚类分析。

各省域生态文明发展的类型分析，综合考虑了其发展速度与生态文明水平(GECI 2015)①两个维度的情况。其中，特征明显的省份，分为领跑型、追赶型、前滞型、后滞型四种类型，其余省份为中间型。

基于各省生态文明发展速度和 GECI 2015 得分的平均值和标准差划分发展类型。首先，以生态文明水平和发展速度的平均值划定“基准线”，兼顾中游省份分布集中、差别较小的状况，在“基准线”上下左右各自浮动其 0.2 倍标准差，设置为缓冲过渡区。该区域内的省份发展类型即为中间型，它们的生态文明发展速度

① 2015 年各省绿色生态文明指数(GECI 2015)数据来源：严耕等著. 中国省域生态文明建设评价报告(ECI 2015)，北京：社会科学文献出版社，2015.

或水平徘徊于中游。此外，生态文明水平与发展速度均大于平均值 0.2 倍标准差以上的省份为领跑型；追赶型省份的生态文明水平虽低于平均值 0.2 倍标准差以下，但发展速度高于平均值 0.2 倍标准差以上；水平高于平均值 0.2 倍标准差以上，但发展速度低于平均值 0.2 倍标准差以下的省份为前滞型；生态文明水平与发展速度都低于平均值 0.2 倍标准差以下的省份为后滞型。

第二章　各省份生态文明发展的类型分析

本章主要从各省份生态文明发展类型的角度来讨论各省份生态文明的进展情况。发展总是建立在原有基础上的。只有认可生态文明先前基础的发展，发展的难易程度才有了可比较的对象，而脱离了基础的发展，没有根源，有就事论事之嫌。出于这种考虑，我们兼顾生态文明建设基础水平的高低和发展速度的快慢，将 31 个省份分成了领跑型、追赶型、前滞型、后滞型和中间型五个类型，在五种类型中去探讨各个省份的二级领域和三级指标的表现特点，这样分析更有针对性，建议也可能更加有效。

此外，本章将在各类型基础上，着重探讨各省份生态文明建设中出现的问题，但绝不是说各省份的生态文明建设只有问题没有成果，使用这种分析方式是希望从问题的讨论中寻找未来各地区生态文明建设的方向和策略，为各省份生态文明建设提供参考。

一、生态文明进展类型的划分规则和基本情况

按照生态文明的基础水平和发展速度，将这 31 个省份分为四类。生态文明建设的基础水平使用绿色生态文明指数[①](GECI)表示，生态文明建设的发展速度使用 2015 年相对于 2014 年的总体进步率表示(有正负之分)，具体分类和命名过程如下：

1. 计算分类所需的基础值

即计算各省的 GECI、总体进步率以及各自的平均值和标准差。

2. 确立分界线和划分等级

将各省生态文明建设的基础水平(GECI)和发展速度(总体进步率)的得分，按照"平均值±0.2 个标准差"的方法(平均值+0.2 个标准差为上分界线，平均值−0.2 个标准差为下分界线)，划分为从高到低的 3 个等级，即指标得分大于平均值+0.2 个标准差的省份为第一等级，赋等级分为 3 分；得分介于"平均值−0.2

① 绿色生态文明指数(GECI)包括生态活力、环境质量和协调程度三个领域，表示的是某地区某一年的生态文明建设水平，这是下一年生态文明建设的基础。GECI 的具体算法和解释参见本课题组 2015 年的最新成果《中国省域生态文明建设评价报告(ECI 2015)》。

个标准差”到“平均值+0.2个标准差”之间的省份为第二等级，赋等级分为2分；得分在“平均值−0.2个标准差”以下的省份为第三等级，赋等级分为1分。由此，在基础水平和发展速度两维度上均可将各省分为三个等级并赋等级分(表2-1)。

3. 分类和命名

① 若某省份的GECI得分和总体进步率均高于各自的上分界线，即基础水平和发展速度等级分均为3，那么它的生态文明建设的基础水平相对较好，发展相对较快，被命名为领跑型省份；

② 若某省份的GECI得分低于基础水平下分界线，但总进步率高于发展速度上分界线，即基础水平等级分为1，发展速度等级分为3，则该省份的生态文明建设的基础水平相对较弱，但进步相对较快，被命名为追赶型省份；

③ 如果GECI得分大于基础水平上分界线，但总进步率小于发展速度下分界线，即基础水平等级分为3，发展速度等级分为1，那么该省份的生态文明建设的基础水平相对较好，进步不太显著，被命名为前滞型省份；

④ 若某省份的GECI得分和总体进步率均小于基础水平下分界线，即基础水平和发展速度的等级分均为1，那么它生态文明建设的基础水平相对较低，发展相对较慢，被命名为后滞型省份；

⑤ 还有一部分省份的生态文明基础水平处于上下分界线之间，或者发展速度位于上下分界线中间，或者两者同时处于上下分界线之间。也就是说，只要基础水平或发展速度的其中一个的等级为2即可。这类省份的特征不太明确，但至少有一个方面比较接近平均值，于是被命名为中间型省份。

表2-1　各省份生态文明建设的基础水平和发展速度得分、等级和类型

省份	基础水平	基础水平等级分	发展速度	发展速度等级分	等级分组合	类型
四川	74.06	3	13.75	3	3-3	领跑型
云南	74.23	3	6.75	3	3-3	领跑型
河北	47.71	1	10.77	3	1-3	追赶型
内蒙古	61.26	1	6.24	3	1-3	追赶型
山西	54.23	1	14.94	3	1-3	追赶型
上海	59.54	1	38.13	3	1-3	追赶型
天津	59.49	1	10.82	3	1-3	追赶型
北京	74.80	3	−0.09	1	3-1	前滞型
广东	70.86	3	0.30	1	3-1	前滞型
广西	76.23	3	0.88	1	3-1	前滞型

（续表）

省份	基础水平	基础水平等级分	发展速度	发展速度等级分	等级分组合	类型
海南	82.34	3	−2.95	1	3-1	前滞型
江西	72.46	3	2.41	1	3-1	前滞型
河南	54.17	1	−7.05	1	1-1	后滞型
宁夏	59.09	1	1.44	1	1-1	后滞型
山东	58.97	1	−7.75	1	1-1	后滞型
新疆	62.46	1	−1.76	1	1-1	后滞型
福建	77.20	3	2.67	2	3-2	中间型
黑龙江	68.11	3	3.33	2	3-2	中间型
湖南	70.80	3	5.99	2	3-2	中间型
青海	70.06	3	3.89	2	3-2	中间型
西藏	76.17	3	2.74	2	3-2	中间型
贵州	64.57	2	6.32	3	2-3	中间型
重庆	64.29	2	9.11	3	2-3	中间型
浙江	65.03	2	4.14	2	2-2	中间型
吉林	65.37	2	−3.79	1	2-1	中间型
辽宁	64.69	2	−12.97	1	2-1	中间型
安徽	60.97	1	3.81	2	1-2	中间型
甘肃	56.29	1	4.85	2	1-2	中间型
湖北	59.37	1	5.20	2	1-2	中间型
江苏	62.91	1	5.46	2	1-2	中间型
陕西	62.46	1	5.84	2	1-2	中间型

说明：基础水平的上下分界线分别为 67.10 和 63.88；发展速度的上下分界线分别为 6.04 和 2.57。

从表 2-1 和图 2-1 可知，领跑型包括四川和云南两个省份；追赶型有河北、内蒙古、山西、上海、天津等五个省份；前滞型涵盖了北京、广东、广西、海南、江西等五个省份；后滞型包括河南、宁夏、山东、新疆等四个省份；中间型下辖福建、黑龙江、湖南、青海、西藏、贵州、重庆、浙江、吉林、辽宁、安徽、甘肃、湖北、江苏、陕西等 15 个省份。

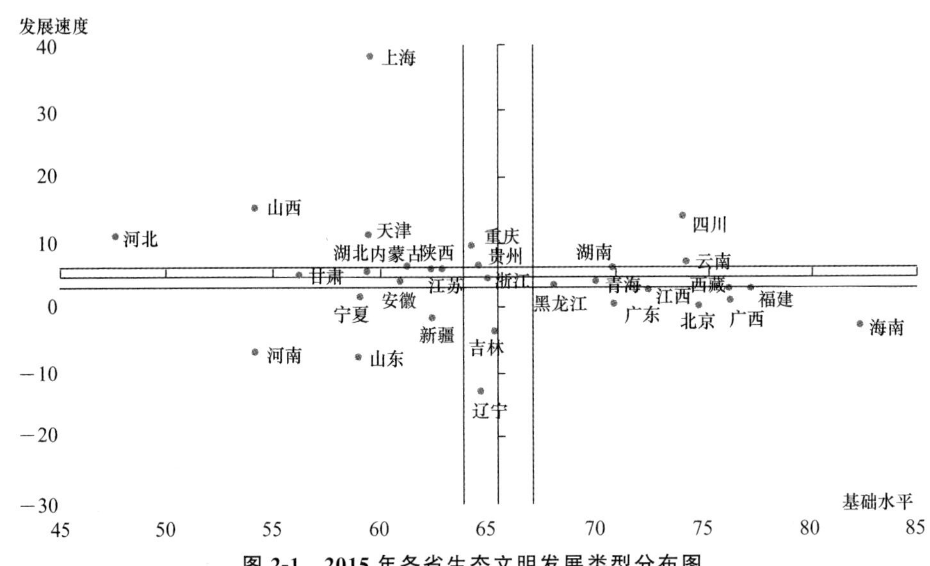

图 2-1　2015 年各省生态文明发展类型分布图

二、领跑型省份的生态文明进展

四川、云南两省的生态文明基础水平和总体发展速度均分别明显大于速度的上分界线。这两个省份生态文明的基础相对较好，发展较快，被称为领跑型省份。

表 2-2　2015 年领跑型省份生态文明发展的基本状况

省份	生态保护	环境改善	资源节约	排放优化	总体发展速度	基础水平
四川	−2.20	14.22	4.79	38.18	13.75	74.06
云南	0.01	2.45	13.18	11.38	6.75	74.23
类型平均值	−1.10	8.34	8.99	24.78	10.25	74.14
全国平均值	1.61	8.59	−1.44	8.46	4.30	65.49

说明：各二级指标和总体发展速度均用 2014—2015 年的进步率（%）表示，基础水平用绿色生态文明指数（GECI）表示，下表类似。

分析生态文明进展的各二级领域发现，本类型两省份的资源节约和排放优化领域的发展速度远超过全国平均速度，尤其是资源节约和排放优化方面远超过全国平均值，但生态保护方面的进展比全国平均情况差（见表 2-2 和图 2-2）。下面分析本类型各省的具体情况（表 2-3）。

四川的四个二级领域表现参差不齐。环境改善、资源保护和排放优化是其亮点，但生态保护明显落后全国平均速度，相对于 2014 年还出现了一定程度的退步。环境改善领域中，空气质量有了非常明显的提高，其他指标也有不小的进步。

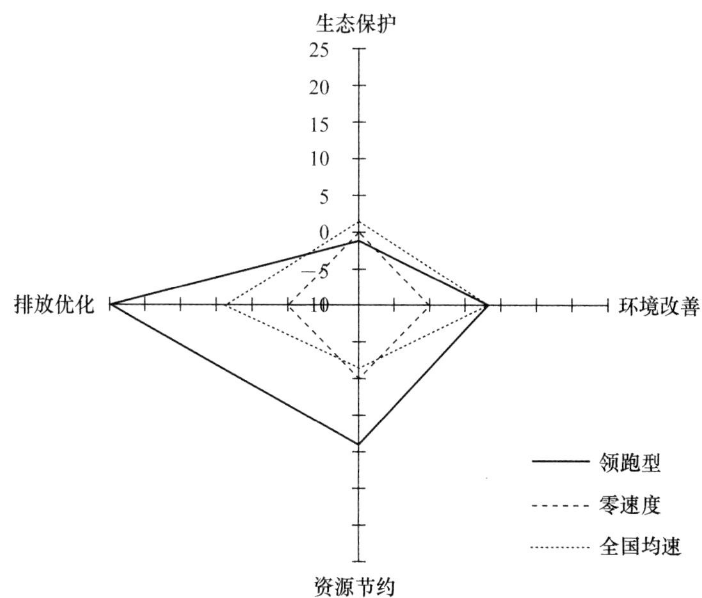

图 2-2 2015 年领跑型省份生态文明发展的雷达图

资源节约方面，对工业固体废物利用程度明显增加，城市水资源重复利用程度也进一步提升。值得一提的是，四川的优化排放领域表现抢眼，各类水体、气体和土壤污染物的排放得到了明显改善。但是生态保护的三级指标中，自然保护区面积增加率和建成区绿化覆盖增加率分别只有−7.57%和−2.32%，均排在全国第 29 位。这表明四川的生态活力建设还有较大的提升空间，应注意生物多样性的保护，加快城市生态系统建设。以达到四个领域真正的协调发展。

云南的四个二级领域表现各异。资源节约和优化排放领域进步明显，超过全国均速，但生态保护和环境改善成为美中不足的瑕疵，尤其是生态保护进展幅度较小。生态保护领域中，虽然云南省 2014 年的自然保护区面积为 285.70 万公顷，排名全国第 8，但是在 2015 年云南的自然保护区面积正在减少，进步率只排在全国第 24 位。2014 年云南的建成区绿化覆盖率为 37.8%，排在全国第 18 位，建成区绿化覆盖增加的幅度并不太明显，仅为 0.90%，列全国第 13 位，建设基础和速度均排在中游水平，有一定的进步空间。环境改善的三级指标中，化肥施用强度还在增加，空气质量和地表水体改善进展不明显，几个对应的指标均排在全国第 20 位以后。这提示我们，云南的生态和环境资源基础居于全国前列，但是整体进展并不明显，尤其是土地和水体质量改善缓慢。总体看来，云南 2015 年的生态文明建设有较大幅度提高，但这更多的是依靠减少排放和节约资源的贡献，生态活力和环境质量进展并不明显。

表 2-3　2015 年领跑型省份生态文明发展的三级指标评价结果

单位:(%)/名次

二级指标	三级指标	四川	云南
生态保护	森林面积增长率	—	—
	森林质量提高率	—	—
	自然保护区面积增加率	−7.57/29	−0.87/24
	建成区绿化覆盖增加率	−2.32/29	0.90/13
	湿地资源增长率	—	—
环境改善	空气质量改善	84.44/2	5.37/20
	地表水体质量改善	3.25/18	0.25/24
	化肥施用合理化	0.24/12	−2.92/27
	农药施用合理化	0.86/14	4.14/6
	城市生活垃圾无害化提高率	0.39/23	5.56/6
	农村卫生厕所普及提高率	5.28/8	3.54/14
资源节约	万元地区生产总值能耗降低率	4.64/16	3.98/21
	水资源开发强度降低率	5.65/12	1.35/14
	工业固体废物综合利用提高率	5.20/6	−5.01/25
	城市水资源重复利用提高率	3.66/6	61.54/1
优化排放	化学需氧量排放效应优化	37.97/5	13.11/16
	氨氮排放效应优化	38.21/5	13.26/16
	SO_2 排放效应优化	47.13/2	8.88/22
	氮氧化物排放效应优化	49.16/2	9.59/24
	烟(粉)尘排放效应优化	21.49/2	10.02/3

说明:由于森林面积和质量的相关数据每 5 年更新一次,2014 年和 2015 年没有变化,因此两项数据为空值,湿地资源数据的情况类似。参与实际运算时,按照“不变”计算,下表同。

三、追赶型省份的生态文明进展

河北、内蒙古、山西、上海和天津等五个省份的生态文明基础水平明显低于基础水平的下分界线,但发展速度高于其上分界线。这五个省份生态文明建设的基础相对较为薄弱,但是发展速度相对较快,称为追赶型省份。

从生态文明进展的二级领域来看,本类型各省份的生态保护、环境改善和排放优化的进展情况好于全国平均水平,尤其是环境改善和排放优化方面远超过全国平均值,但除上海外,其余本类型省份的资源节约的进展比全国整体情况要差(表 2-4,图 2-3)。

表 2-4　2015 年追赶型省份生态文明发展的基本状况

省份	生态保护	环境改善	资源节约	排放优化	总体发展速度	基础水平
河北	0.32	23.70	−11.35	30.43	10.77	47.71
内蒙古	0.51	7.39	−10.56	27.61	6.24	61.26
山西	−0.01	25.88	−1.72	35.62	14.94	54.23
上海	9.97	89.89	13.15	39.50	38.13	59.54
天津	0.20	20.66	−5.40	27.80	10.82	59.49
类型平均值	2.20	33.51	−3.18	32.19	16.18	56.45
全国平均值	1.61	8.59	−1.44	8.46	4.30	65.49

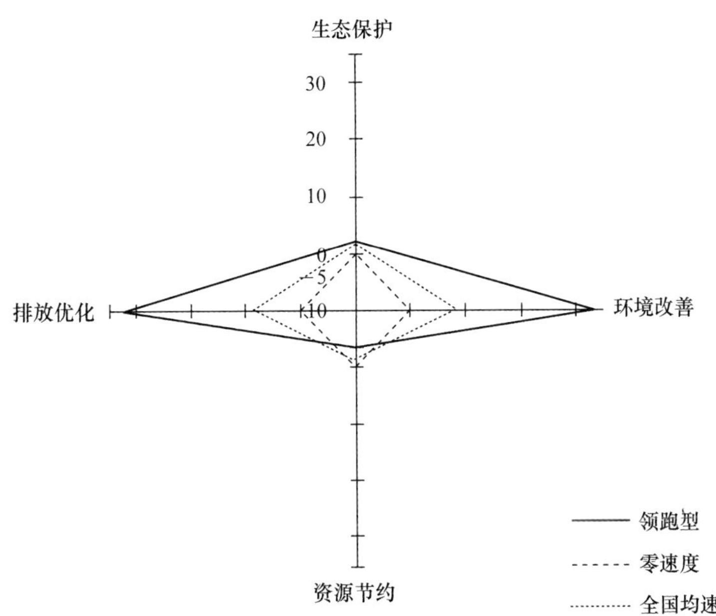

图 2-3　2015 年追赶型省份生态文明发展的雷达图

下面分析本类型各省份的具体情况(表 2-5)。

河北生态文明整体进展速度快于全国速度,但各个二级领域的表现有明显差异。生态保护和资源节约领域的进展显著低于全国均速,尤其是资源节约领域出现较为明显的退步,为−11.35%,远低于−1.44%的全国均值。另一方面,环境改善和优化排放领域的表现则较为抢眼。具体来看,在生态保护的三级指标中,主要是自然保护区面积减少导致了整体领域的裹足不前,这提示河北省需要注意

表 2-5　2015 年追赶型省份生态文明发展的三级指标评价结果

单位:(%)/名次

二级指标	三级指标	河北	内蒙古	山西	上海	天津
生态保护	森林面积增长率	—	—	—	—	—
	森林质量提高率	—	—	—	—	—
	自然保护区面积增加率	−0.34/21	−7.64/30	−0.23/20	44.77/1	0.81/11
	建成区绿化覆盖增加率	1.77/9	9.92/3	0.20/17	0.08/19	0.09/18
	湿地资源增长率	—	—	—	—	—
环境改善	空气质量改善	161.63/1	7.04/18	31.85/5	13.01/14	20.69/8
	地表水体质量改善	−3.46/30	46.63/4	136.45/2	559.38/1	105.36/3
	化肥施用合理化	−1.80/23	−7.84/29	1.19/7	0.48/11	5.50/2
	农药施用合理化	−2.61/22	−3.87/24	−3.12/23	11.29/1	3.34/8
	城市生活垃圾无害化提高率	3.97/11	2.64/14	4.74/8	10.38/3	−0.13/26
	农村卫生厕所普及提高率	1.72/23	8.59/4	2.07/19	0.85/26	0.08/29
资源节约	万元地区生产总值能耗降低率	7.19/2	3.94/22	4.18/19	8.71/1	6.04/6
	水资源开发强度降低率	−66.99/27	−77.29/28	−10.30/18	48.89/1	−30.56/22
	工业固体废物综合利用提高率	2.52/8	15.00/2	0.38/17	0.40/16	−0.01/20
	城市水资源重复利用提高率	−0.85/22	2.46/7	−4.63/29	2.29/9	−4.17/28
优化排放	化学需氧量排放效应优化	1.97/27	52.86/4	57.81/2	85.56/1	53.86/3
	氨氮排放效应优化	2.92/25	53.76/3	57.20/2	85.24/1	52.74/4
	SO_2 排放效应优化	64.60/1	9.76/20	27.01/4	22.87/7	20.06/8
	氮氧化物排放效应优化	65.02/1	14.67/17	29.92/5	22.58/8	24.96/6
	烟(粉)尘排放效应优化	47.68/1	−16.08/16	−11.30/11	−54.89/28	−32.17/24

当地的生态基因库建设,切实维护好生态多样性,为发展提供生态系统的基础资源。在资源节约领域中,水资源开发强度有极大的增强,城市水资源重复利用率也有小幅下降,这都显示出该地区对水资源的总量消耗及其合理利用上欠缺有效措施,造成了水资源使用的大幅增长和浪费。环境改善和优化排放领域也并非没有短板。比如地表水体质量改善率为−3.46%,排在全国第 30 位,化学需氧量和氨氮排放效应优化分别为 1.97%和 2.92%,位于全国的第 27 位和 25 位。这表明河北省的水体环境在绝对数据上的变化不大,但仍在进一步恶化。整体而言,2015 年河北的生态文明建设有了一定的进步,但由于原有基础相当薄弱,仍需要持续不断的努力和改善,任重而道远。

内蒙古的四个二级领域的表现不一。其中，排放优化领域是其亮点，显著高于全国平均水平，但是资源节约领域远落后于全国平均速度，生态保护和环境改善略低于全国均值。具体而言，在资源节约领域中，万元地区生产总值能耗降低率和水资源开发强度降低率分别为3.94%和-77.29%，分列全国的第22位和28位。这显示该地区的能耗降低不明显，同时水资源使用大幅提升。生态保护领域中，自然保护区面积有显著减少，可能会影响生态系统多样性的建设，造成生态基因库的缺失。环境改善的三级指标中，化肥和农药的使用强度进一步加大，两类使用合理化率分别只有-7.84%和-3.87%，分别只排在全国的第29和24位。这显示出内蒙古的土壤环境正在退化，食品安全亟须重视。总体来说，内蒙古对水体环境的治理颇见成效，减轻了对当地水体的污染，但是其他方面的生态文明建设仍有待进一步维持和提升。

山西的几个二级领域的表现参差不齐。环境改善和优化排放领域有明显提高，远高于全国平均速度，但生态保护和资源节约略小于全国均值。环境改善领域的三级指标中，空气和地表水体质量改善颇见成效，进展速度分别为31.85%和136.45%，位列全国的第5位和第2位。优化排放领域的三级指标中，化学需氧量、氨氮、SO_2和氮氧化物排放效应减排明显，分别为57.81%、57.20%、27.01%和29.92%，分列全国的第2、2、4、5位，这两个领域的数项指标都显示出山西的大气和水体状况有了显著改善，在减排和治污方面下了较大的功夫。资源节约的三级指标中，水资源开发强度降低率和城市水资源重复利用提高率，分别为-10.30%和-4.63%，均为负值，分列全国第18位和第29位。万元地区生产总值能耗降低率也并不明显。这显示山西在节约能源方面，尤其是水资源的合理利用上还有很长的路要走。

上海的各个方面的发展速度均明显超过全国平均速度。环境改善和优化排放领域的表现尤为抢眼，生态保护和资源节约领域也有较大进步。生态保护领域中，建成区绿化覆盖增加率相对较低，这提示城市生态系统的建设还需要进一步加强。环境改善领域中，空气、地表水体质量都有相当明显的提升，农药和化肥的相对施用量也有显著减少。空气和食品安全性有了较大幅度的提升。资源节约的三级指标中，万元地区生产总值能耗降低率和水资源开发强度降低率均排名全国第一，显示出上海在节能方面的确下了大力气。优化排放领域中，化学需氧量、氨氮、SO_2和氮氧化物的排放效应优化率分别为85.56%、85.24%、22.87%和22.58%，分列全国的第1、1、7和8位，表现不俗，极大减轻了污染物质在水体和大气中的排放。不过仍需要注意的是，烟(粉)尘排放效应优化仅为-54.89%，排在全国第28位，大颗粒污染物、雾霾是最为显眼的污染现象，人们对此也最为敏感，所以即使当地在生态文明的许多方面付出了不小的努力，但给人们的感觉效果可能并不明显。总体而言，上海能够利用较为先进的科技搞好生态文明建设，这显示出生态文明基础薄弱的地方依然是可以有大发展的，需要注意的是这个效果应该切实地显现到人们的生活之中。

天津四个二级领域表现参差不齐。环境改善和优化排放领域的进展速度显著高于全国平均速度。生态保护领域和资源节约领域低于全国均值，而且资源节约领域的发展速度为负值。环境改善领域中，空气和地表水体质量改善明显，分列全国第8位和第3位。化肥和农药施用合理化率为5.50%和3.34%，分列全国的第2位和第8位，显示出相当强劲的发展势头。优化排放的三级指标中，化学需氧量、氨氮、SO_2和氮氧化物的排放效应优化率分别为53.86%、52.74%、20.06%和24.96%，分列全国的第3、4、8和6位，这表明水体和大气污染物得到了有效的控制，减排效果明显。从另一个侧面也显示出水体和空气质量的好转正是因为大量减排的结果。资源节约领域中，水资源开发强度增加，城市水资源重复利用率降低，这都表明水资源使用量的增加和浪费加剧，需要进一步调整能源的产业结构。生态保护领域中，自然保护区面积增加率和建成区绿化覆盖增加率仅为0.81%和0.09%，显示出生态多样性和城市生态系统的建设进展缓慢。整体而言，天津的生态文明建设有一定的改善，但存在生态活力和能源节约两个方面的短板。

四、前滞型省份的生态文明进展

北京、广东、广西、海南和江西等五省份的生态文明基础水平明显高于基础水平的上分界线，发展速度明显小于发展速度的下分界线。这意味着以上五个省份生态文明建设基础虽然相对较好，但发展较为缓慢。由此，称为前滞型省份。

从生态文明进展的各二级领域来看，本类型各省份的生态保护、环境改善、资源节约和排放优化方面的进展速度明显低于全国均速，尤其是资源节约领域有较为明显的退步（表2-6，图2-4）。

表2-6　2015度前滞型省份生态文明发展的基本状况

省份	生态保护	环境改善	资源节约	排放优化	总体发展速度	基础水平
北京	0.96	−5.05	−2.39	6.11	−0.09	74.80
广东	0.02	2.57	−4.85	3.45	0.30	70.86
广西	0.39	0.08	−2.56	5.61	0.88	76.23
海南	−0.65	−0.66	−5.83	−4.65	−2.95	82.34
江西	0.56	4.41	−5.83	10.51	2.41	72.46
类型平均值	0.26	0.27	−4.29	4.21	0.11	75.34
全国平均值	1.61	8.59	−1.44	8.46	4.30	65.49

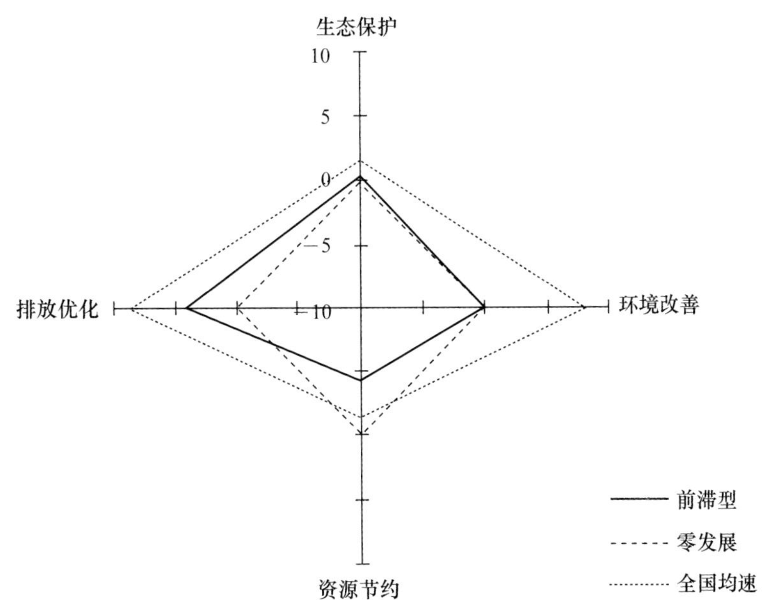

图 2-4　2015 年前滞型省份生态文明发展的雷达图

下面分析本类型各省的具体情况(表 2-7)。

表 2-7　2015 年前滞型省份生态文明发展的三级指标评价结果

单位:(%)/名次

二级指标	三级指标	北京	广东	广西	海南	江西
生态保护	森林面积增长率	—	—	—	—	—
	森林质量提高率	—	—	—	—	—
	自然保护区面积增加率	0/15	0.26/12	−2.39/27	−1.09/25	3.60/4
	建成区绿化覆盖增加率	4.31/4	−0.14/22	4.14/5	−1.85/28	−1.09/25
	湿地资源增长率	—	—	—	—	—
环境改善	空气质量改善	0.60/26	11.96/16	0.36/27	1.17/25	24.78/6
	地表水体质量改善	3.79/16	−3.10/29	1.05/22	−0.50/26	1.32/21
	化肥施用合理化	−12.60/31	−1.32/21	−4.70/28	−2.59/25	−0.59/15
	农药施用合理化	−16.15/31	4.74/5	−0.94/18	−10.52/30	0.98/13
	城市生活垃圾无害化提高率	0.29/24	2.10/15	−1.04/31	−0.07/25	−0.23/28
	农村卫生厕所普及提高率	0.02/30	1.64/24	7.68/5	12.5/1	3.01/15

（续表）

二级指标	三级指标	北京	广东	广西	海南	江西
资源节约	万元地区生产总值能耗降低率	5.29/10	3.56/26	3.71/24	2.50/29	3.16/27
	水资源开发强度降低率	−25.95/20	−31.51/23	−3.15/17	−36.56/25	14.55/10
	工业固体废物综合利用提高率	1.22/14	1.64/9	−10.97/28	−18.71/31	1.30/11
	城市水资源重复利用提高率	5.14/4	1.07/13	−0.85/21	28.5/3	−48.63/31
优化排放	化学需氧量排放效应优化	5.47/23	1.98/26	20.59/10	−1.33/28	7.10/20
	氨氮排放效应优化	3.86/24	2.13/27	20.67/10	−1.96/28	8.25/20
	SO_2 排放效应优化	9.89/19	14.40/15	1.50/25	0.70/26	23.21/6
	氮氧化物排放效应优化	9.78/23	16.77/14	12.59/19	6.33/25	24.12/7
	烟(粉)尘排放效应优化	3.80/4	−13.44/13	−38.69/25	−27.22/20	−4.00/8

北京的四个生态文明领域的发展速度落后于全国平均水平。其中，生态保护、优化排放和资源节约领域的速度略低于全国均速，而环境改善领域进步率仅为−5.05％，远低于全国8.59％的均值。环境改善领域的三级指标中，空气质量和地表水体质量提升的进展较慢。化肥和农药施用合理化正在倒退，进步率分别为−12.60％和−16.15％，均排在全国倒数第一位。食品化学物残留和食品安全问题是本年度北京面临的较大问题。优化排放领域中，化学需氧量、氨氮、SO_2、氮氧化物和烟（粉）尘排放效应优化率分别为5.47％、3.86％、9.89％、9.78％和3.80％，分列为全国的第23、24、19、23和4位，2014年的基础数据显示，化学需氧量、氨氮、SO_2、氮氧化物和烟（粉）尘排放效应分别为447.62吨/千米、49.40吨/千米、115.93千克/吨、22.52千克/吨和78.96千克/吨，分别排在全国第9、8、9、7和8位。这表明虽然北京的大颗粒大气污染物的排放有一定程度的减少，但水体和大气污染物减排效果还不明显，同时之前的基础排放效应过大，也就给民众造成了雾霾和重污染天气没有得到实际改善的直观印象。总体而言，北京的生态系统正在缓慢的恢复之中，但是环境容量已经超负荷，承载力不够，而且节能减排措施的有效性仍未显现，甚至有些方面还在进一步恶化，因此调整的步子应该再大一些。

广东的四个二级指标领域的发展速度显著低于全国平均速度。其中，资源节约领域发展速度为−4.85％，显著低于全国−1.45％的速度值。环境改善领域的速度也明显低于全国均速。资源节约领域的三级指标中，万元地区生产总值能耗降低率和水资源开发强度降低率分别只有3.56％和−31.56％，分列全国的第26和23位，居于全国后列，这显示出能耗降低率并不明显，而且水资源消耗强度大幅增加。环境改善领域中，地表水体质量改善仅为－3.10%，水体质量正在退化，这也可以从化学需氧量和氨氮排放效应提高值只有1.98%和2.13%(分列全国的第26位和27位)中得到印证。因此，广东现在的问题是节能减排的力度不够，水体污染治理还需下较大力气。

广西的四个领域的发展速度均低于全国的平均速度。环境改善领域的发展速度仅为0.08%，远低于全国的8.59%的平均值。资源节约领域的发展速度为－2.56%，正在退化。环境改善领域的三级指标中，空气质量和地表水体质量改善情况排在全国的第27位和22位，化肥和农药施用合理化以及城市生活垃圾无害化提高率均为负值，分列全国的第28、18和31位。这显示出广西的空气和水体环境改善缓慢，食品可能变得越来越不安全，城市环境亟待提升。在优化排放领域中，SO_2、氮氧化物和烟(粉)尘排放效应值只有1.50%、12.59%和－38.69%，分列全国的第25、19和25位，这也显示出大气中颗粒物排放加剧，硫氧化物和氮氧化物减排不明显，大气污染日趋严重。资源节约的三级指标中，广西的水资源和工业固体废物综合利用率仅为－0.85%和－10.97%，排在全国中下游水平。总体而言，广西的环境质量裹足不前，这很可能是节能减排的进展缓慢甚至退化而导致的。

海南的四个二级领域的发展速度均显著低于全国平均值，且全部为负值。环境改善和优化排放领域均远低于全国速度。环境改善领域的三级指标中，空气质量和地表水体质量改善、化肥和农药施用合理化率以及城市生活垃圾无害化提高率分别为1.17%、－0.50%、－2.59%、－10.52%、－0.07%，分别排在全国的第25、26、25、30和25位。这显示海南的食品安全和水体质量受到极大影响。优化排放领域中，化学需氧量、氨氮、SO_2、氮氧化物和烟(粉)尘排放效应优化率均排在全国20位之后，这表明大气和水体污染情况正在加剧。虽然海南的生态文明建设基础在全国位居前列，但现有的人类生产活动正在冲击环境容量，排放的持续效应加大，环境承载力也遭到蚕食，海南特别需要注意的是不要走“先污染后治理”的老路。

江西的四个领域表现不一。排放优化领域的速度显著高于全国平均速度。生态保护、环境改善和资源节约领域低于全国均值，且资源节约领域的进步率仅为－5.83%。资源节约的三级指标中，万元地区生产总值能耗降低率和城市水资源重复利用提高率分别为3.16%和－48.63%，分别排在全国第27和31位。这显示出江西还需要利用先进科技，大力降低单位产值能耗和合理利用水资源。同时水体环境进展不足也是江西的主要问题之一，地表水体质量改善仅为1.32%(排在全国第21位)，影响水体环境的化学需氧量和氨氮排放效应也无明显减少，进步率分别为7.10%和8.25%，均排在全国的20位。

五、后滞型省份的生态文明进展

河南、宁夏、山东、新疆四个省份的生态文明基础水平低于基础水平的下分界线，其总体发展速度也小于发展速度的下分界线。这四个省份生态文明建设基础相对不足，发展较为滞后，被称为后滞型省份。

从生态文明进展的各项二级指标来看，本类型各省份生态保护、环境改善、资源节约和排放优化四个方面的进展均比全国平均情况要差，其中，环境改善和排放优化维度的发展速度与全国均值差距较大（表 2-8，图 2-5），排放优化的进步率仅为－14.46％。

表 2-8　2015 年后滞型省份生态文明发展的基本状况

省份	生态保护	环境改善	资源节约	排放优化	总体发展速度	基础水平
河南	0.48	6.87	9.24	－44.80	－7.05	54.17
宁夏	－0.30	1.99	0.95	3.13	1.44	59.09
山东	0.48	1.00	－18.18	－14.32	－7.75	58.97
新疆	0.52	－0.63	－5.10	－1.84	－1.76	62.46
类型平均值	0.30	2.31	－3.27	－14.46	－3.78	58.67
全国平均值	1.61	8.59	－1.44	8.46	4.30	65.49

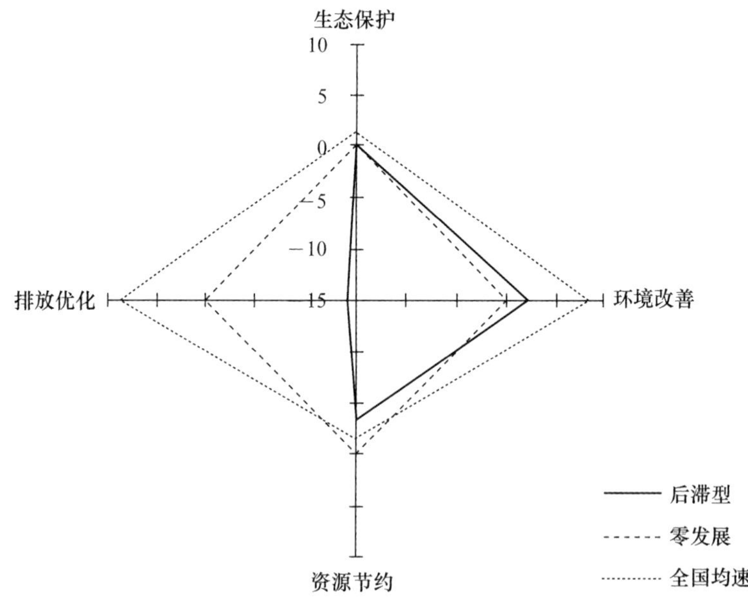

图 2-5　2015 年后滞型省份生态文明发展的雷达图

河南的四个二级指标表现的差异较大。其中，资源节约领域的速度显著高于全国均值，生态保护和环境改善方面的速度略低于全国平均速度，优化排放领域的速度仅为－44.80%，远落后于全国均速。优化排放领域的三级指标中，化学需氧量和氨氮排放效应优化值分别为－96.23%和－94.29%，均排在全国倒数第一位。环境改善领域的三级指标中，化肥和农药的施用合理化分别为－0.96%和－0.94%，均位列全国第 19 位。总体而言，河南的水体环境状况堪忧，对食品安全也需提高警惕。

宁夏的四个二级指标的进展差异明显。其中，资源节约领域的速度略高于全国均速，生态保护领域的进展略低于全国均值，环境改善和优化排放明显低于全国平均状况。环境改善领域的三级指标中，空气质量改善的进步率仅为－2.61%，表明空气质量正在退化。优化排放领域的三级指标中，SO_2 和氮氧化物排放效应正在增大，仅为 0.65%和 5.16%，均排在全国的第 28 位。这似乎是空气质量改善成效不显的重要原因。化学需氧量和氨氮排放效应值虽然为正，但数值较小，也是优化排放效果不明显的重要原因。总体而言，宁夏地处西北干旱地区，水资源缺乏，如何合理和循环利用水资源，防风固沙才是宁夏生态文明建设的重要手段，也是重要目的。

山东的四个二级指标领域的发展速度均落后于全国均速，内部之间也有一定差异。其中，生态保护略低于全国均值，环境改善、资源节约和优化排放领域远落后于全国的平均速度。环境改善领域的三级指标中，空气质量和地表水体质量仅为－4.34%和 2.24%，进展缓慢。优化排放领域中的化学需氧量、氨氮、SO_2、氮氧化物、烟(粉)尘排放效应在全国的排名中相当靠后，也直接反映出当地的大气和水体污染物较为严重，尤其是大气环境还在进一步恶化。资源节约领域中，水资源的开发强度和合理利用的负向发展速度也显示出资源节约和循环利用的意识不强，措施还不到位。总体而言，山东必须要注意在发展经济的同时，应用节能减排的方法来营造环境容量和提高环境承载力，为进一步可持续发展打下坚实基础。

新疆的四个二级领域的发展速度均显著落后于全国平均速度。其中生态保护和资源保护领域的速度略低于全国均值，环境改善和优化排放显著低于全国平均速度。环境改善的三级指标领域中，地表水体质量、化肥和农药施用合理化程度均为－0.76%、－10.16%和－5.42%，排在全国第 28、30 和 27 位。这表明新疆的水体环境正在退化，食品安全成为严重问题。优化排放领域的三级指标中，化学需氧量、氨氮、SO_2 和氮氧化物排放效应的优化值分别为－5.08%、－4.15%、0.67%和 6.04%，排在全国第 26～29 位之间，显示出对大气和水体的污染物日趋增多，也再次突显出当地的水体环境不容乐观。总体而言，新疆由于地处大陆深处，大部分地区干旱少雨，生产方式应该是利用成熟科技进行精耕细作，严防水土和环境污染，而不是走粗放式发展的道路，致使原本脆弱的环境再增负担。

下面分析本类型各省份的具体情况（表 2-9）。

表 2-9　2015 年后滞型省份生态文明发展的三级指标评价结果

单位：(%)/名次

二级指标	三级指标	河南	宁夏	山东	新疆
生态保护	森林面积增长率	—	—	—	—
	森林质量提高率	—	—	—	—
	自然保护区面积增加率	0.25/13	0/14	1.72/6	1.18/8
	建成区绿化覆盖增加率	1.91/8	−1.35/26	0.45/16	1.18/10
	湿地资源增长率	—	—	—	—
环境改善	空气质量改善	16.10/12	−2.61/29	−4.34/30	3.53/23
	地表水体质量改善	27.11/6	5.04/14	2.24/19	−0.76/28
	化肥施用合理化	−0.96/19	1.01/9	1.52/4	−10.16/30
	农药施用合理化	−0.94/19	3.32/9	3.18/10	−5.42/27
	城市生活垃圾无害化提高率	3.16/13	0.81/18	0.50/22	4.83/7
	农村卫生厕所普及提高率	2.00/21	4.28/10	2.00/20	9.00/2
资源节约	万元地区生产总值能耗降低率	4.06/20	4.20/18	5.00/14	0.42/31
	水资源开发强度降低率	34.59/3	−10.42/19	−93.43/29	−30.12/21
	工业固体废物综合利用提高率	1.01/15	8.31/4	1.53/10	7.27/5
	城市水资源重复利用提高率	1.96/10	−1.73/23	−2.33/25	−3.85/27
优化排放	化学需氧量排放效应优化	−96.23/31	5.77/21	2.18/25	−5.08/29
	氨氮排放效应优化	−94.29/31	7.42/21	2.66/26	−4.15/29
	SO_2 排放效应优化	17.70/13	0.65/28	−1.06/30	0.67/27
	氮氧化物排放效应优化	21.77/10	5.16/28	−0.86/30	6.04/26
	烟(粉)尘排放效应优化	−18.48/18	−6.49/10	−81.26/30	−4.00/9

六、中间型省份的生态文明进展

福建、黑龙江、湖南、青海、西藏、贵州、重庆、浙江、吉林、辽宁、安徽、甘肃、湖北、江苏、陕西等 15 个省份的生态文明建设情况排在全国中间水平，它们的生态文明的基础水平、发展速度，或者基础水平和发展速度接近相应的全国平均值（即在上下分界线之间）。它们的特征并不明显，很难被归到一种特定的类型，因此被称为中间型省份。

整体而言，中间型省份的总体速度比全国均速略低，各项二级领域还是有不同表现，本类型各省（市、自治区）的生态保护和资源节约方面略高于全国平均速度，而环境改善和排放优化则低于全国均值（表 2-10，图 2-6）。

表 2-10　2015 年中间型省份生态文明发展的基本状况

省份	生态保护	环境改善	资源节约	排放优化	总体发展速度	基础水平
福建	0.26	−1.61	1.47	10.56	2.67	77.20
黑龙江	2.17	5.86	−10.43	15.75	3.33	68.11
湖南	1.06	3.97	11.36	7.58	5.99	70.80
青海	0.15	3.20	6.67	5.55	3.89	70.06
西藏	31.52	−1.24	9.89	−29.20	2.74	76.17
贵州	−0.11	4.43	12.70	8.27	6.32	64.57
重庆	−0.75	11.67	7.66	17.85	9.11	64.29
浙江	0.25	3.40	6.27	6.66	4.14	65.03
吉林	3.32	3.18	−22.43	0.77	−3.79	65.37
辽宁	−0.54	2.09	−48.51	−4.91	−12.97	64.69
安徽	−2.24	4.51	8.09	4.88	3.81	60.97
甘肃	4.19	12.02	−7.25	10.43	4.85	56.29
湖北	−0.18	6.35	4.92	9.70	5.20	59.37
江苏	0.10	6.14	7.80	7.82	5.46	62.91
陕西	−0.53	7.44	−0.42	16.89	5.84	62.46
类型平均值	2.58	4.76	−0.81	5.91	3.11	65.89
全国平均值	1.61	8.59	−1.44	8.46	4.30	65.49

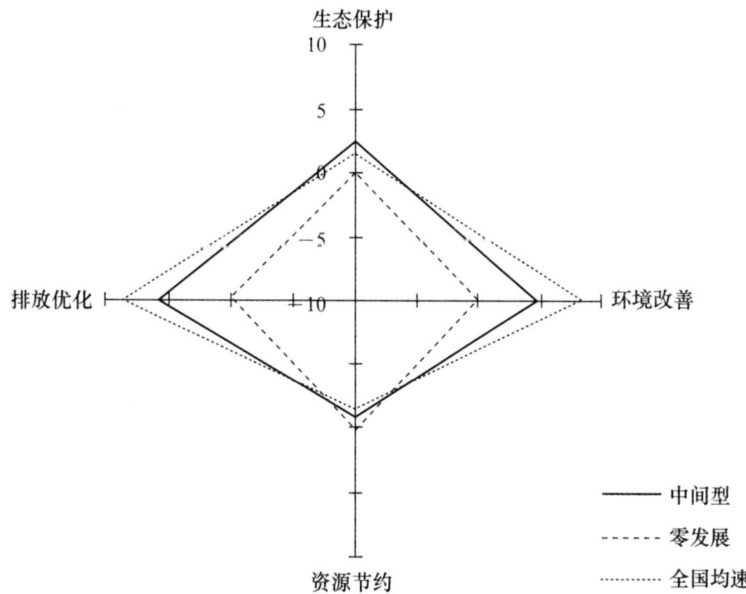

图 2-6　2015 年中间型省份生态文明发展的雷达图

下面分析本类型各省份的具体情况(表 2-11～2-13)。

表 2-11　2015 年中间型省份生态文明发展的三级指标评价结果(1)

单位:(%)/名次

二级指标	三级指标	福建	黑龙江	湖南	青海	西藏
生态保护	森林面积增长率	—	—	—	—	—
	森林质量提高率	—	—	—	—	—
	自然保护区面积增加率	1.18/7	9.81/3	2.00/5	−0.46/22	0/15
	建成区绿化覆盖增加率	0/20	−0.06/21	2.77/7	1.15/11	141.82/1
	湿地资源增长率	—	—	—	—	—
环境改善	空气质量改善	−1.82/28	12.27/15	18.96/10	20.83/7	−5.87/31
	地表水体质量改善	−11.33/31	25.38/7	−0.41/25	−0.63/27	0.81/23
	化肥施用合理化	−1.12/20	−2.63/26	1.46/5	0.24/13	7.20/1
	农药施用合理化	1.34/12	−4.66/26	0.54/16	−10.33/29	−9.63/28
	城市生活垃圾无害化提高率	−0.35/29	8.20/4	3.85/12	10.89/2	4.09/10
	农村卫生厕所普及提高率	2.49/17	2.93/16	1.39/25	3.70/11	3.63/12
资源节约	万元地区生产总值能耗降低率	1.53/30	4.50/17	6.24/4	2.97/28	4.65/15
	水资源开发强度降低率	5.18/13	−51.09/26	12.10/11	24.03/7	−0.53/15
	工业固体废物综合利用提高率	0.10/18	−5.21/26	−0.92/23	2.57/7	38.00/1
	城市水资源重复利用提高率	−0.62/18	1.29/11	33.63/2	0/15	2.29/8
优化排放	化学需氧量排放效应优化	36.19/6	21.54/9	8.61/17	5.66/22	−6.40/30
	氨氮排放效应优化	36.36/6	22.76/9	9.04/17	6.09/22	−5.74/30
	SO_2 排放效应优化	−0.43/29	14.00/16	18.25/11	18.52/10	−7.71/31
	氮氧化物排放效应优化	4.35/29	13.42/18	21.00/11	15.83/15	−15.85/31
	烟(粉)尘排放效应优化	−44.47/27	2.17/5	−16.28/17	−14.24/14	−118.57/31

福建的生态文明基础水平相对较高,发展速度处于中等偏下水平。该省四个领域的发展速度差异较大。资源节约和优化排放速度显著高于全国均速,生态保护维度略低于均速,但是环境改善领域的情况远落后于全国平均水平。环境改善领域中,空气质量和地表水体质量改善率均为负值,排在全国第 28 和 31 位,表明地表水环境和大气环境改善乏力。城市生活垃圾无害化和农村卫生厕所普及提高率分别为−0.35%和 2.49%,分列全国的第 29 和第 17 位,这也显示出城市生活环境和农村卫生环境的力度和速度有待加强。虽然整体而言,福建的生态文明建设水平位居全国前列,但是未来发展应该注意通过节能减排手段持续提高环境容量,在环境承载力之内进行生产活动。

黑龙江的生态文明基础水平相对靠前，发展速度处于中等偏下水平。该省的四个领域差异较大。生态保护和排放优化领域的速度显著高于全国平均速度，环境改善和资源节约领域的速度低于全国均值，尤其是资源节约发展速度为负。资源节约领域的三级指标中，水资源开放强度降低率和工业固体废物综合利用提高率分别为－51.09％和－5.21％，均排在全国第 26 位。黑龙江地处松嫩平原，各类资源丰富，但是水资源开发要适度，并非取之不竭。传统工业相对发达，但是现阶段发展停滞不前，除了人力资源缺乏之外，还需要大力发展循环经济。做到增大环境容量，打造成为全国的生态屏障基地。

湖南的生态文明基础水平相对靠前，发展速度处于中等偏上水平。其中，生态保护和优化排放领域的速度略低于全国均值，环境改善领域的速度明显慢于全国均值，资源节约远高于全国平均速度。环境改善领域的三级指标中，地表水体质量和农村卫生厕所普及提高率分别为－0.41％和 1.39％，均排在全国第 25 位。凸显出地表水环境和农村生活环境改善较为缓慢，而且烟(粉)尘排放效应优化值为－16.28％，这也显示出大气可能受到来自颗粒物的越来越严重的影响。另外，资源节约领域的较快提升是单位产值能耗降低、水资源开发强度减轻以及水资源的合理利用等综合作用的结果。湖南还应该进一步通过节能和减排促进环境承载力扩容，为人们生产生活营造出一个良好的生态和环境基础。

青海的四个二级领域发展速度各异。其中，资源节约领域显著高于全国平均速度。生态保护维度的速度略低于全国均值，而环境改善和优化排放方面的速度显著低于均值。环境改善领域的三级指标中，地表水体质量和农药施用合理化分别为－0.63％和－10.33％，分列全国的第 27 和 29 位。优化排放领域的三级指标中，化学需氧量和氨氮排放效应值分别为 5.66％和 6.09％，均排在全国的第 22 位。这些均显示出青海的水体环境正在退化，食品安全问题也应引起重视。众所周知，青海处于长江和黄河的源头，本地区水体环境退化的影响非常重大，几乎会对整个下游地区产生严重影响。

西藏的生态文明基础水平相对较高，整体发展速度也处于中上游，但几个二级领域发展速度差异较大。其中，生态保护和资源节约领域的速度远超过全国平均速度，环境改善和优化排放领域的速度又远低于平均速度，四个二级维度几乎处于两个极端。环境改善领域的三级指标中，空气质量和农药施用合理化进步率为－5.87％和－9.63％，分列全国的第 31 和 28 位。显示出西藏的空气质量正在退步，食品安全也需要相当程度的注意。优化排放领域的三级指标中，化学需氧量、氨氮、SO_2、氮氧化物和烟(粉)尘排放效应增加值均排在了全国第一、二位，其中，烟(粉)尘排放效应优化值为－118.57％。这些大气和水体主要污染物也都导致了空气质量的退化，由于西藏的环境容量较大，地表水体质量还没受到明显影响，但若主要污染物排放持续增大，环境质量整体下滑也是迟早的事。

表 2-12　2015 年中间型省份生态文明发展的三级指标评价结果(2)

单位：(%)/名次

二级指标	三级指标	贵州	重庆	浙江	吉林	辽宁
生态保护	森林面积增长率	—	—	—	—	—
	森林质量提高率	—	—	—	—	—
	自然保护区面积增加率	1.03/9	−0.72/23	0/15*	0.88/10	−2.21/26
	建成区绿化覆盖增加率	−1.54/27	−2.64/30	1.12/12	14.08/2	−0.22/23
	湿地资源增长率	—	—	—	—	—
环境改善	空气质量改善	4.68/21	18.84/11	2.78/24	4.13/22	6.90/19
	地表水体质量改善	3.26/17	46.41/5	14.76/9	12.74/10	1.68/20
	化肥施用合理化	−1.60/22	0.06/14	1.42/6	−0.79/16	−0.93/18
	农药施用合理化	10.30/2	6.80/4	0.55/15	2.25/11	−1.71/21
	城市生活垃圾无害化提高率	1.15/17	−0.20/27	0.60/21	1.66/16	4.55/9
	农村卫生厕所普及提高率	8.87/3	3.59/13	1.88/22	0.76/27	4.32/9
资源节约	万元地区生产总值能耗降低率	5.78/9	3.74/23	6.11/5	7.05/3	5.08/13
	水资源开发强度降低率	35.14/2	29.20/5	20.00/8	−100.74/30	−216.59/31
	工业固体废物综合利用提高率	14.89/3	1.26/12	−0.43/21	−12.99/29	−14.78/30
	城市水资源重复利用提高率	−2.11/24	0/16	1.14/12	−0.15/17	−2.98/26
优化排放	化学需氧量排放效应优化	15.32/12	24.05/7	13.48/14	13.42/15	4.45/24
	氨氮排放效应优化	15.59/11	24.35/7	13.54/15	13.97/14	4.69/23
	SO_2 排放效应优化	10.34/17	19.04/9	5.88/24	6.28/23	9.41/21
	氮氧化物排放效应优化	15.82/16	17.49/13	11.12/22	5.90/27	11.68/21
	烟(粉)尘排放效应优化	−19.81/19	0.48/7	−15.53/15	−42.51/26	−56.34/29

贵州的生态文明基础水平和整体发展速度均居于全国中游水平。四个二级领域里，资源节约领域速度远超过全国平均水平，排放优化领域的发展与全国速度基本持平，生态保护和环境改善领域明显低于全国平均速度。在生态保护领域中，建成区绿化覆盖增加率仅为−1.54%，全国排名第 27 位，这表明城市生态系统建设仍有待加强。在环境改善领域的三级指标中，空气质量、地表水体质量和化肥施用合理化率分别为 4.68%、3.26%和−1.60%，分列全国的第 21、17 和 22 位。显示出空气、地表水体质量提升较慢，食品安全性也受到质疑。

重庆的生态文明基础水平处于全国中游水平，发展速度居于中上水平。其中，生态保护领域略低于全国平均速度，其他三个领域都领先全国均值。生态保护领域中，自然保护区面积增加率和建成区绿化覆盖增加率分别仅为－0.72％和－2.64％，排名全国第23位和30位，显示出地区生物多样性和基因库建设还需进一步提升，城市生态系统营造速度也有待加强。同时环境改善中的城市生活垃圾无害化率的小幅下降也影响城市生活环境。

浙江的生态文明基础和整体发展速度均处于全国的中间水平。其中资源节约领域明显领先于全国平均速度，生态保护、环境改善和排放优化领域低于全国均速。相对而言，环境改善领域落后全国均速较多。环境改善领域的三级指标中，空气质量改善、城市生活垃圾无害化提高率和农村卫生厕所普及提高率分别为2.78％、0.60％和1.88％，排在全国的第24、21和22位。这表明大气环境、城市和农村生活环境是制约浙江目前环境质量建设的瓶颈。烟(粉)尘排放效应的加大也间接显示出今年浙江大气环境受到污染颗粒物的影响进一步增大。

吉林的生态文明基础处在全国平均水平，整体发展速度偏低。其中生态保护维度稍高于全国均值，环境改善、资源节约和优化排放显著低于全国平均水平，其中，资源节约领域为－22.43％，远小于全国－1.44％的平均值。在资源节约领域中，水资源开发强度降低率和工业固体废物综合利用提高率分别为－100.74％和－12.99％，排在全国倒数第二位和倒数第三位，这可能预示着该地区在生产生活过程中有较多的水资源浪费，废物减量化和资源化有待提升，循环经济仍待加强。

辽宁的生态文明建设的基础处于中等水平，但整体发展速度排在全国相对靠后的位置。辽宁的四个领域的发展速度均明显低于全国平均速度，尤其是资源节约领域的速度仅为－48.51％，远小于全国－1.44％的平均速度。资源节约领域的三级指标中，水资源开发强度降低率、工业固体废物综合利用提高率和城市水资源重复利用提高率分别为－216.59％、－14.78％和－2.98％，分别排在全国第31、30和26位。这显示出很可能存在水资源过度或浪费使用的情况，资源的减量化、再使用和再循环化做得还不到位，循环经济没有明显起色。除此以外，自然保护区面积正在缩小，建成区绿化覆盖率也在减少，这显示出生态多样性的营造和城市生态系统建设存在明显不足。优化排放领域中，各项大气和水体主要污染物排放降低速度较慢，烟(粉)尘排放效应还出现大幅增加的现象。整体而言，辽宁的生态文明建设退步较为明显，需要在诸多方面同时着力，尤其是节能和减排的工作迫在眉睫。

安徽的生态文明建设基础处于全国中下游水平，整体发展速度处于中等水平。资源节约维度的速度显著高于全国均速，环境改善、排放优化和生态保护领域的进步率明显低于全国均值，尤其是生态保护领域的进步率仅为－2.24％。生态保护领域的三级指标中，自然保护区面积增加率为－13.3％，排名全国第31位。

表 2-13　2015 年中间型省份生态文明发展的三级指标评价结果(3)

单位:(%)/名次

二级指标	三级指标	安徽	甘肃	湖北	江苏	陕西
生态保护	森林面积增长率	—	—	—	—	—
	森林质量提高率	—	—	—	—	—
	自然保护区面积增加率	−13.3/31	22.85/2	−0.21/19	−0.06/18	−3.01/28
	建成区绿化覆盖增加率	3.21/6	−4.02/31	−0.60/24	0.50/15	0.65/14
	湿地资源增长率	—	—	—	—	—
环境改善	空气质量改善	19.81/9	35.49/3	8.28/17	15.77/13	34.71/4
	地表水体质量改善	6.59/13	4.09/15	7.34/12	16.22/8	10.38/11
	化肥施用合理化	−0.88/17	−2.03/24	1.11/8	0.92/10	4.62/3
	农药施用合理化	−1.16/20	−4.02/25	9.17/3	3.41/7	0.37/17
	城市生活垃圾无害化提高率	0.72/20	47.99/1	5.57/5	0.73/19	−0.64/30
	农村卫生厕所普及提高率	5.67/7	0.60/28	7.43/6	2.41/18	−1.51/31
资源节约	万元地区生产总值能耗降低率	5.97/7	5.21/12	5.24/11	5.92/8	3.58/25
	水资源开发强度降低率	30.86/4	−33.97/24	14.60/9	27.20/6	−1.29/16
	工业固体废物综合利用提高率	−0.48/22	−10.02/27	1.24/13	0.09/19	−0.93/24
	城市水资源重复利用提高率	−0.77/20	4.26/5	−0.64/19	0.87/14	−4.94/30
优化排放	化学需氧量排放效应优化	7.96/18	7.60/19	22.76/8	16.13/11	14.56/13
	氨氮排放效应优化	8.73/18	8.69/19	23.75/8	15.29/12	14.14/13
	SO_2 排放效应优化	17.93/12	24.40/5	10.05/18	17.01/14	28.09/3
	氮氧化物排放效应优化	21.98/9	30.28/4	12.50/20	20.43/12	30.97/3
	烟(粉)尘排放效应优化	−30.15/22	−12.65/12	−29.46/21	−31.94/23	2.11/6

这显示出该地区的生态多样性建设力度不足，生物基因库建设还有较大的上升空间。优化排放领域中，烟(粉)尘排放效应也正在加大，这可能增加大气中颗粒污染物的含量。安徽位于中国中部，地跨南北方，有较好生态活力基础，也可能为生产生活提供较好的环境容量的基础，节能和减排作为促进环境承载力两条路径，本年度的发展不是特别快，但也并未倒退。因此，如何夯实生态系统活力基础是下一步该地区的重点建设的内容。

甘肃的生态文明建设的基础较为落后，总体发展速度略高于全国均速。具体来说，除资源节约领域的进步率明显弱于平均速度之外，生态保护、环境改善和排放优化三个领域显著高于全国均值。资源节约领域的进步率较低，主要是水资源开发强度和工业固体废物综合利用提高率均为负值所导致的，它们分别为－33.97％和－10.02％，排名全国第 24 和 27 位。这就提示我们该地区的水资源开发强度还在提升，工业废物的循环再利用措施仍然相对不足。甘肃处于黄土高原，干旱少雨，对水的需求量较大，但是对资源减量和循环使用的意识的确还应该提升，不要再在脆弱生态环境中造成大的波折。

湖北的生态文明建设基础处于全国中下水平，总体发展速度略高于全国平均水平。具体而言，生态保护和环境改善领域略小于全国平均值，资源节约和排放优化略高于全国均值。生态保护领域的三级指标中，自然保护区面积增加率和建成区绿化覆盖增加率分别为－0.21％和－0.60％，排名全国第 19 和 24 位，对应的 2014 年基础数据——自然保护区面积和建成区覆盖率分别为 101.93 万公顷和 38.1％，排在全国第 19 位和 18 位。生态活力基础相对靠后，同时生态保护方面进展缓慢甚至存在一定程度上的倒退，凸显出当地的生态多样性和生物基因库完整性建设相对乏力，城市生态系统营造力度还需加强。

江苏的生态文明基础水平属于中等偏下，总体发展速度略高于全国平均速度。具体而言，生态保护、环境改善和优化排放发展速度略低于全国均值，资源节约领域明显高于全国平均速度。生态保护领域进步率较低是由于自然保护区面积增加率和建成区绿化覆盖增加率较低，甚至为负值所致，两者分别为－0.06％和 0.50％，排名全国第 18 和 15 位。2014 年对应的基础数据分别为 53.04 万公顷和 42.4％，分别排在全国第 25 和第 5 位。虽然生态活力各方面表现有强有弱，但生态保护整体进展缓慢，凸显出该地区还需要在生态多样性和生物基因库完整性建设上面多下功夫，并需要加强城市生态系统的建设力度，从根本上增大提升环境容量的可能性。

陕西的生态文明建设基础处于全国中下游水平，总体发展速度略高于全国平均速度。其中，生态保护和环境改善略低于全国平均水平，资源节约和优化排放略高于全国均值。生态保护领域的三级指标中，自然保护区面积的增加率为－3.01％，位列全国第 28 名，对应的基础数据也只有 116.64 万公顷，排名全国第 16 位，显示出当地生态多样性建设的基础和改进速度都有待提高，生物基因库建设也需增强。环境改善的三级指标中，城市生活垃圾无害化提高率和农村卫生厕所普及提高率分别为－0.64％和－1.51％，分列全国第 30 和 31 位。对应的基础数据显示，城市生活垃圾无害化率和厕所普及率分别为 96.4％和 51.5％，分别排在全国第 10 位和第 28 位。陕西的城市和农村的生活环境现状不尽如人意，建设速度也有些裹足不前，还略有倒退，这其实是人民群众生活中最直接感知到的环境，这些环境的建设改善有显著的示范效应。因此，下一步工作目标应该是立足生态活力根本的同时，大力改造城乡人民群众的生活环境。

七、生态文明发展类型分析结论

1. 各省份所属类型有较大调整，调整遵循一定规则

2015 年，各省份的生态文明发展类型变化较大，呈现"前缩中扩"的态势，即领跑型减少，中间型增多。与 2014 年相比，71%的省份的类型都发生了变动，保持在原有类型中的只有山西、海南、青海、贵州、重庆、吉林、安徽、湖北和陕西。其中中间型由原来的 12 个省份增加到 15 个，中间型队伍进一步扩大。另外，领跑型、追赶型、前滞型和后滞型等其他四种类型也有较大变动，领跑型和前滞型分别由原来的五个和七个变为两个和五个(表 2-14)。显示出生态文明的发展虽然与原有基础有一定关系，基础水平的高低并非制约发展快慢的决定因素。同时，中间型和后滞型的增加也显示出生态文明建设瓶颈期到来，生态文明建设难度持续增大。

表 2-14　2014—2015 年生态文明进展类型的变动情况

生态文明发展类型	领跑型	追赶型	前滞型	后滞型	中间型	年度稳定省份
2015 年所属省份	四川、云南	河北、内蒙古、山西、上海、天津	北京、广东、广西、海南、江西	河南、宁夏、山东、新疆	福建、黑龙江、湖南、青海、西藏、贵州、重庆、浙江、吉林、辽宁、安徽、甘肃、湖北、江苏、陕西	山西、海南、青海、贵州、重庆、吉林、安徽、湖北、陕西
2015 年省份数目	2	5	5	4	15	
2014 年所属省份	广东、广西、江西、辽宁、浙江	甘肃、江苏、宁夏、山东、山西	福建、海南、黑龙江、湖南、四川、西藏、云南	上海、天津	安徽、北京、贵州、河北、河南、湖北、吉林、内蒙古、青海、陕西、新疆、重庆	
2014 年省份数目	5	5	7	2	12	

虽然 2015 年出现较大的类型的调整，但是这种变化依然遵循一定的规则。根据“速度的变化快于基础水平的调整”的前提判断，大致上只可能出现以下几种情况：① 领跑型与前滞型间的相互转换，即领跑型变为前滞型或前滞型变成领跑型；② 追赶型与后滞型间的相互转换；③ 中间型与其他类型的相互转换。领跑型与后滞型，追赶型与前滞型在上下两个年度间转换的可能性不大。本年度的类型变化正好满足以上原则，如 2015 年属于领跑型的四川和云南两省是从 2014 年的前滞型加入这个行列的，2015 年属于追赶型的河北、内蒙古、山西、上海和天津等省份或者从 2014 年中间型（河北、内蒙古）和后滞型（上海、天津）进入，或者保持原来的类型不变（山西）。

2. 各类型二级领域的表现基本保持稳定

虽然，各省份生态文明发展类型发生显著变化，但其生态文明发展类型的二级领域特点基本保持稳定。具体而言，与全国平均速度相比，追赶型和前滞型的二级指标的发展速度保持不变，领跑型的二级领域状况也基本不变。2014 年后滞型省份生态保护进展速度较快，但 2015 年生态保护领域却落后于全国平均速度，后滞型各领域已经全面落后于全国整体情况。2014 年，中间型省份的资源节约和排放优化速度显著高于均速，生态保护和环境改善低于均速。2015 年，该类型生态保护的速度提升，排放优化维度发展状况则相对滞后。后滞型生态活力进一步退后，中间型省份的生态状况向好发展（表 2-15）。考虑到生态活力是生态文明的基础，这种状况很可能预示着类型间生态文明建设根本差距正在加大，后滞型省份的生态文明发展态势堪忧。

表 2-15　2014 年和 2015 年生态文明发展各类型的二级领域状况比较

	高于全国均值		低于全国均值	
	2014	2015	2014	2015
领跑型	环境改善、资源节约、排放优化	资源节约、排放优化	生态保护	生态保护
追赶型	生态保护、环境改善、排放优化	生态保护、环境改善、排放优化	资源节约	资源节约
前滞型	—	—	生态保护、环境改善、资源节约、排放优化	生态保护、环境改善、资源节约、排放优化
后滞型	生态保护	—	环境改善、资源节约、排放优化	**生态保护**、环境改善、资源节约、排放优化
中间型	资源节约、排放优化	**生态保护**、资源节约	生态保护、环境改善	环境改善、**排放优化**

说明：黑体文字表示的相对于 2014 年发生了变化的领域。

3. 领跑型省份优势通过节能减排建设

领跑型省份主要靠节能和减排确立领先地位。今年,领跑型省份的优势主要依靠节能和减排两个手段实现。资源储量主要通过排放效应对环境产生影响,节约能源和提高资源利用率的确能极大减轻废物排放,领跑型省份从这个角度提升生态文明建设,的确能在短时间内做出明显的效果,这种做法抓住了当前生态文明建设中的主要矛盾,即粗放排放导致环境承载力剧减。另一方面,缩小的环境容量提供不了排放效应所需的环境下限。

当然,领跑型省份也存在生态活力提升乏力的问题。节能减排是手段,最终目的是维持良好的生态文明循环和利用机制。因此,领跑型省份除了继续利用两种手段解决主要矛盾之外,还需要夯实生态活力基础,进而解决生态文明建设的根本矛盾。

4. 警惕追赶型省份"单条腿"走路,突破资源节约瓶颈

虽然整体上追赶型省份有不俗的表现,但除个别省份外,该类型省份资源节约维度有明显短板。节能和减排是生态问题建设的两大手段,目前追赶型省份优化排放方面进展不俗,但节能方面实在欠缺。资源的不合理使用会影响和拖累可持续发展,会增大排放效益,即使暂时没对排放产生影响,粗放型的生产生活方式形成的累积性作用会造成大规模废物、废气的排放。因此,追赶型省份应该突破资源合理使用的瓶颈,及时规避"单条腿"走路的风险,完善节能和减排两大手段,最终营造良好的生态系统。

5. 前滞型和后滞型省份全面落后

前滞型和后滞型省份的发展速度出现各领域的全面落后,进步空间较大。相对来说,环境改善是前滞型省份的突出问题,优化排放是后滞型省份的核心问题。前滞型省份中,北京、广东、广西、海南和江西,或是因为环境较差、污染较重很难改变,或是由于自身容量较大,出现天花板效应。后滞型省份里,河南、宁夏、山西和新疆,有的是工业矿业的排放污染,有的是地理位置所致的水资源短缺、沙尘等环境污染,突破了环境承载力。原因虽然不同,但造成的结果类似。除了个别省份外,在对这两类省份的生态文明建设提速建设中,首先还是要狠抓节能减排,做到减量增效,在此基础上再扩大环境容量,夯实生态基础,最终达到各方面协调发展。

6. 中间型省份可以通过减排增大环境容量

中间型包含的省份较多,情况也比较复杂。其中黑龙江、湖南、青海、西藏和福建属于生态文明建设基础较好且发展速度居中的亚类型。除西藏之外,该类型省份发展遇到的问题主要是环境改善相对滞后,环境容量提升遇到阻力。甘肃、湖北、陕西、安徽和江苏属于生态文明基础较差且发展速度居中的亚类型,其典型

问题是生态基础建设进展较慢，生态活力增长乏力。重庆和贵州属于生态文明建设基础居中且发展速度较快的亚类型，两地的生态保护状况正在退步。吉林和辽宁是基础水平居中、发展速度较慢的亚类型，在各个领域的发展速度都存在一定问题，尤其是资源节约和优化排放远落后于全国均速，如无明显进步，2016 年很可能变成后滞型省份。浙江则是唯一的基础水平和发展速度都居中的省份，其生态保护和环境改善仍需进一步着力。

虽然中间型省份生态文明发展的问题表现不一，但可以确定的是，降低排放效应仍然是中间型等多数省份必须采取的措施，因为于民众而言，大气和水体污染物的减排效果最为明显，同时污染物减排可以缓解环境进一步恶化，进而提升环境承载力。过多、过量的污染物已随处可见的今天，民众最为迫切的需要就是蓝天白云、青山绿水。当然，某些省份的优化排放效应相对全国存在一定优势，但其环境容量和生态保护提升遇到一定阻力。这可能是该地区过去的排放和污染相对过量，但环境承载力的恢复和生态活力的重建需要相当长的时间，因此即使最近几年大力减排但仍然效果不彰。总体来说，现阶段中间型省份的任务重点还是通过优化排放效应和循环合理利用资源的手段来提升环境容量，让一些省份尽快加入领跑型和追赶型的行列。还需要注意的是，2015 年中间型省份的进步率只有 3.11％，而 2014 年的进步率为 5.38％，可能表明中间型省份的发展速度正在放缓，需要警惕和关注生态文明建设的瓶颈期的到来。

第三章　中国生态文明发展态势和驱动分析

生态文明发展指数(ECPI)是对生态文明的发展速度进行分析,探究的是其快慢;生态文明发展态势分析是对发展速度的速度,即加速度的分析,考察的是其在增速、匀速还是减速。驱动分析则是通过各指标间的相互关系,分析其可能存在的内在机制。

在发展态势方面主要对生态文明进步的变化趋势进行分析,可概括为:生态文明整体在进步,但增速连续两年的小幅下降,或已步入减速通道。

从发展速度上来看,全国层面和多数省份的生态文明的绝对水平都在进步;但从发展速度来看,还在持续着上一年度所出现的减速的势头。2014 年度和 2015 年度全国生态文明发展速度变化率都为负值,生态文明发展持续减速值得我们高度警惕。

在驱动分析方面,主要通过相关分析来探讨各指标之间的关系,可总结为:环境改善和排放优化与当前中国生态文明发展关系最为密切。

虽然环境改善在小幅增速,但近来雾霾频发,环境安全事件屡屡出现,这与民众的切身感受和期望相距甚远。表面上看当前最为严重的是环境质量问题,但实质上却是排放优化的问题,粗放无序的排放与不断下降的环境容量之间的矛盾已成为中国生态文明发展的主要矛盾。当前亟待进行的是在有限的环境容量许可的范围内,提高排放效率,切实做到排放优化。

一、中国生态文明发展态势分析

2015 年,生态文明发展稳步向前推进,生态文明发展速度为 2.54%,在 ECPI 评价的四个二级指标中,除资源节约小幅退步以外,其余三个二级指标都有不同程度的进步;在 20 个三级指标中,除四个指标由于各类原因无法进行比较外,其余 16 个指标中的 11 个呈正增长趋势,六个呈退步趋势。

这都说明,中国的生态环境治理体系不断完善,全国生态文明建设总体水平连续多年持续上升。但是,进步有快慢之分,趋势有好坏之别。在整体进步的背后,又隐藏了什么呢?

1. 全国生态文明发展增速持续小幅下降,或已步入减速通道

从绝对水平上看,中国生态文明建设水平近年来都处在进步状态中,但从发

展增速上来看，则连续两年处于小幅下降态势。2014 年度全国生态文明发展速度变化率为－0.40％，2015 年度全国生态文明发展速度变化率为－0.74％(表 3-1)。这与《中国生态文明建设发展报告 2014》的判断基本一致，中国生态文明发展或已步入减速通道。就此，需要我们去深挖其原因，找出生态文明发展持续减速的指标和领域。

表 3-1　2015 年度全国生态文明发展速度变化率　单位：％

	发展速度变化率	生态保护	环境改善	资源节约	排放优化
全国	**－0.74**	0.85	0.32	0.25	－4.38

2. 排放优化减速成为生态文明发展减速的主导因素

ECPI 的四个二级指标中，生态保护、环境改善和资源节约都呈现小幅进步，但排放优化则表现为较大幅度的退步，因此，全国生态文明整体发展速度变化率被拖累为负增长(图 3-1)。

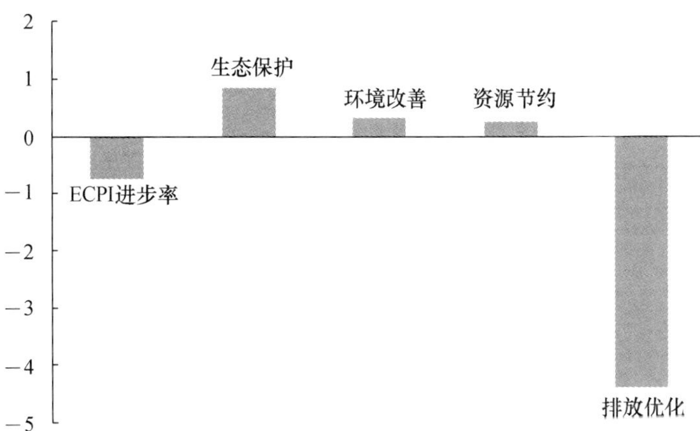

图 3-1　2015 年度全国生态文明发展速度变化率

如图 3-1 所示，ECPI 和排放优化进步率为负，生态保护、环境改善和资源节约的进步率为正。

(1) 排放优化呈持续减速状态，且减速幅度在不断加大。

随着中国节能减排工作的持续推进，排放优化的绝对水平在不断地进步，但发展增速在下降，仍无法扭转当前排放存量巨大，环境污染严重的局面。此外，今年新加入的指标烟(粉)尘排放效应优化在这一年度出现较大幅度的减速，这在较大程度上加剧了当前空气污染严重的局面，也导致了本年度排放优化进步率出现较大的减速幅度。

(2) 环境改善虽有小幅增长，但由于空气质量数据缺失，无法反映真实情况。

由于统计口径问题，本年度好于二级天气天数比例增长率未能纳入到统计范围，因此环境改善小幅增长的数据不能反映真实情况，如烟（粉）尘排放效应优化的大幅度减速势必加剧空气污染的程度，但在环境改善指标中却未能体现。且由于多年来污染排放累计的效果，环境问题已成为民众最为迫切期待改变的问题。

（3）生态保护和资源节约二者一改去年负增长颓势，都呈小幅正增长态势。

在2014年度中，生态保护和资源节约三个领域都呈现为小幅退步的态势。从2015年度的数据来看，这一趋势在一定程度上得以改变，虽然增速幅度不大，但生态保护和资源节约都为正增速，表明生态文明建设通过一年的努力，在部分领域已经呈现出了再次向好的趋势。

3. 各省份生态文明发展态势分析

对全国31个省份生态文明发展速度变化率的分析和排名如下：

（1）各省份之间发展增速差异巨大，排放优化在持续起着首要作用。

2015年度全国有18个省份生态文明发展增速，13个省份发展减速。省与省之间差异巨大，生态文明总发展速度变化率最高的为上海（54.56%），最低的为辽宁（−17.05%），两者相差达71.61%（图3-2）。

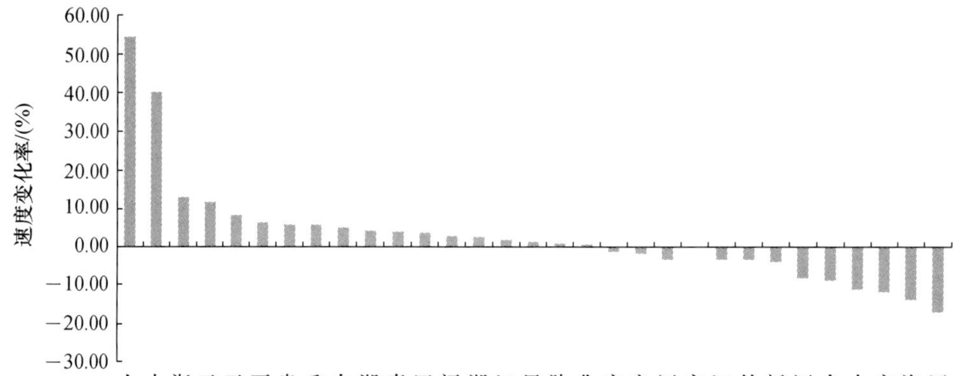

图3-2 2015年度全国31个省份生态文明总发展速度变化率

表3-2 2015年度全国31个省份生态文明总发展速度变化率及排名 单位：%

排名	省份	总发展速度变化率	排名	省份	总发展速度变化率
1	上海	54.56	6	西藏	6.23
2	山西	40.07	7	贵州	5.67
3	浙江	12.94	8	重庆	5.61
4	云南	11.38	9	内蒙古	4.81
5	天津	8.03	10	湖南	4.02

（续表）

排名	省份	总发展速度变化率	排名	省份	总发展速度变化率
11	青海	3.66	22	广东	−3.51
12	四川	3.40	23	江西	−3.60
13	福建	2.65	24	甘肃	−3.62
14	湖北	2.36	25	新疆	−4.16
15	江苏	1.70	26	河南	−8.28
16	黑龙江	1.06	27	吉林	−8.83
17	陕西	0.79	28	山东	−11.16
18	北京	0.57	29	宁夏	−11.79
19	广西	−1.28	30	海南	−13.98
20	安徽	−1.98	31	辽宁	−17.05
21	河北	−3.40			

山西、浙江、云南三省发展速度变化率增速在10%以上，海南、宁夏和山东三省发展速度变化率减速也在10%以上（表3-2）。

对增速最高的四个省份进行分析，上海、山西和浙江三省市排放优化贡献最大，云南则排放优化为第二贡献指标（表3-3）。

表3-3 ECPI进步率最高的四个省份二级指标贡献分析

排名	省份	ECPI进步率	第一贡献二级指标	第二贡献二级指标
1	上海	54.56	**排放优化**（96.12 %）	环境改善（94.72 %）
2	山西	40.07	**排放优化**（134.67 %）	环境改善（30.25 %）
3	浙江	12.94	**排放优化**（32.07 %）	资源节约（15.46 %）
4	云南	11.38	资源节约（29.97 %）	**排放优化**（10.96 %）

对减速最快的四个省份进行分析，山东、宁夏和海南三个省份排放优化贡献最大，辽宁则排放优化为第二贡献指标（表3-4）。由此可见，这一结果与去年极其类似。排放优化在其中起着最为重要的作用，同时在后面的驱动分析中可见，排放优化与ECPI进步率高度相关（0.814**），这进一步证明了排放优化在当前中国生态文明发展中所起的重要作用。

表 3-4　生态文明总发展速度变化率最低的四个省份二级指标贡献分析

排名	省份	总发展速度变化率	第一影响二级指标	第二影响二级指标
28	山东	−11.16	**排放优化**（−21.67 %）	资源节约（−21.16 %）
29	宁夏	−11.79	**排放优化**（−29.73 %）	环境改善（−17.48 %）
30	海南	−13.98	**排放优化**（−35.37%）	资源节约（−15.67 %）
31	辽宁	−17.05	资源节约（−46.44 %）	**排放优化**（−12.62 %）

(2) 近 2/3 省份生态保护在增速，其余省份则小幅减速。

2014 到 2015 年，31 个省份生态保护发展速度变化率数据表明，20 个省份生态保护在增速，11 个在减速，增速最快的是西藏，减速最大的为安徽(图 3-3)。

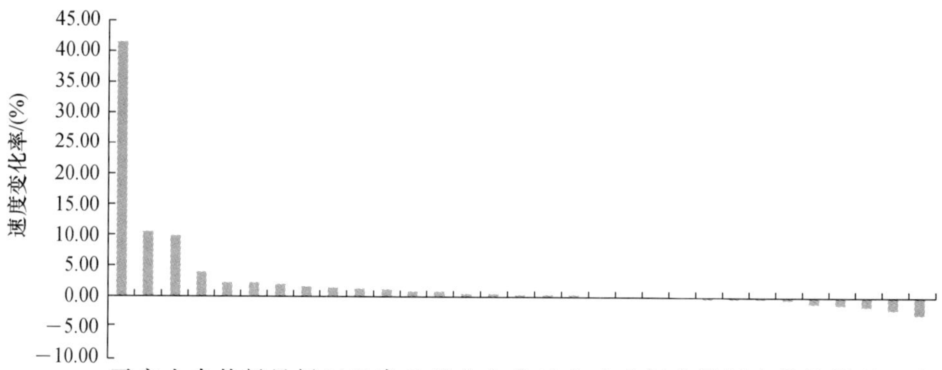

图 3-3　2015 年度各省份生态保护发展速度变化率

表 3-5　2015 年度各省份生态保护发展速度变化率及排名　　单位：%

排名	省份	生态保护	排名	省份	生态保护
1	西藏	41.33	8	福建	1.56
2	广东	10.53	9	江苏	1.41
3	上海	9.90	10	江西	1.22
4	吉林	4.03	11	青海	1.10
5	甘肃	2.30	12	云南	0.83
6	新疆	2.28	13	湖南	0.73
7	黑龙江	1.98	14	北京	0.52

（续表）

排名	省份	生态保护	排名	省份	生态保护
15	内蒙古	0.49	24	河北	−0.27
16	贵州	0.39	25	宁夏	−0.27
17	天津	0.37	26	陕西	−0.50
18	山西	0.25	27	海南	−1.14
19	广西	0.22	28	湖北	−1.24
20	重庆	0.04	29	辽宁	−1.65
21	河南	−0.07	30	四川	−2.04
22	山东	−0.14	31	安徽	−2.86
23	浙江	−0.24			

西藏生态保护增速最大得益于建成区绿化覆盖增加率的显著提高；安徽生态保护减速最快主要是由于自然保护区面积增加率有所下降（表 3-5）。

（3）过半省份环境改善在加速，地表水质好转加速是主要因素。

2015 年度 31 个省份环境改善发展速度变化率数据表明：16 个省份环境改善在增速，15 个在减速（图 3-4）。各省份中增速最快的为上海，减速最快的是为宁夏（表 3-6）。

上海和宁夏排名榜首和榜尾都是源自于优于三类水质河长增加率的大幅度上升或下降。

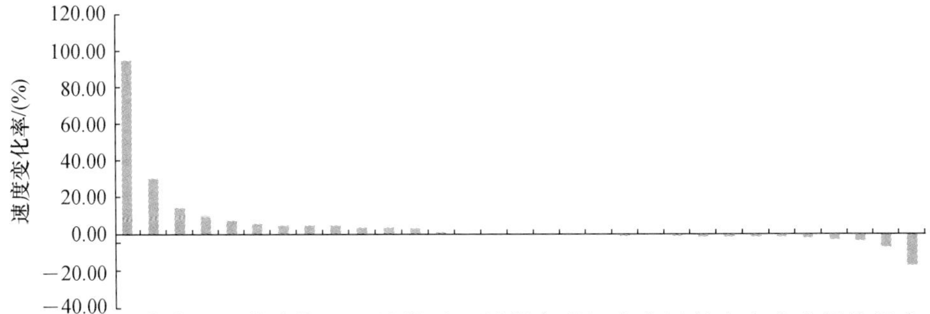

图 3-4　2015 年度各省份环境改善发展速度变化率

表 3-6　2015 年度各省份环境改善发展速度变化率及排名　单位：%

排名	省份	环境改善	排名	省份	环境改善
1	上海	94.72	4	天津	10.62
2	山西	30.25	5	重庆	7.03
3	内蒙古	14.36	6	甘肃	5.42

（续表）

排名	省份	环境改善	排名	省份	环境改善
7	陕西	4.68	20	安徽	−1.24
8	浙江	4.46	21	吉林	−1.34
9	河南	4.31	22	四川	−1.37
10	云南	3.74	23	新疆	−1.42
11	黑龙江	3.41	24	山东	−1.67
12	湖北	2.77	25	广西	−1.73
13	西藏	1.16	26	广东	−1.86
14	江苏	0.54	27	北京	−2.27
15	河北	0.18	28	福建	−3.01
16	湖南	0.03	29	海南	−3.75
17	贵州	−0.06	30	辽宁	−7.50
18	青海	−0.64	31	宁夏	−17.48
19	江西	−0.81			

(4) 超四成省份资源节约有较大幅度减速，水资源的合理利用是关键所在。

2015 年度各省份资源节约发展速度变化率数据表明：18 个省份资源节约在增速，13 个则在减速(图 3-5)。各省市中增速最快的为云南，减速最快的为内蒙古(表 3-7)。

云南资源节约增速最大得益于城市水资源重复利用提高率的大幅度提高；内蒙古资源节约减速最快主要也是由于城市水资源重复利用提高率和水资源开发强度降低率的大幅下降所导致。

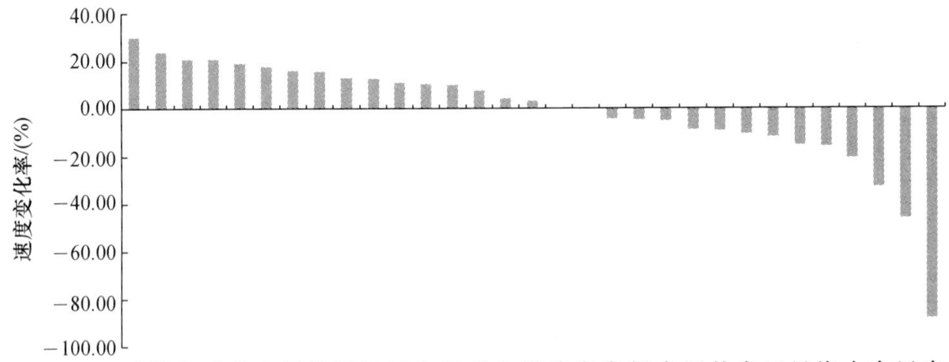

图 3-5　2015 年度各省份资源节约发展速度变化率

表 3-7　2015 年度各省份资源节约发展速度变化率及排名　单位:%

排名	省份	资源节约	排名	省份	资源节约
1	云南	29.97	17	陕西	0.52
2	湖南	23.52	18	宁夏	0.31
3	贵州	20.86	19	广西	−4.27
4	天津	20.80	20	新疆	−4.56
5	青海	18.88	21	山西	−4.89
6	上海	17.52	22	河北	−9.09
7	福建	16.17	23	甘肃	−9.38
8	浙江	15.46	24	广东	−10.52
9	河南	12.87	25	江西	−11.97
10	江苏	12.39	26	黑龙江	−15.35
11	西藏	10.72	27	海南	−15.67
12	安徽	10.44	28	山东	−21.16
13	四川	10.10	29	吉林	−33.15
14	重庆	7.52	30	辽宁	−46.44
15	北京	4.41	31	内蒙古	−88.40
16	湖北	2.96			

(5) 超六成省份排放优化在减速,有序合理排放成生态文明成败关键所在。

2015 年度各省份排放优化发展速度变化率数据表明,全国有 12 个省份排放优化在增速,19 个在减速(图 3-6)。各省份中增速最快的是山西,减速最快的是河南(表 3-8)。

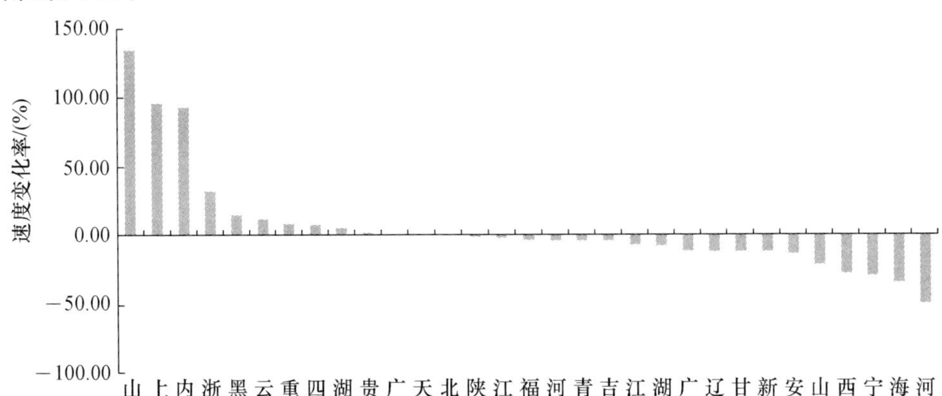

图 3-6　2015 年度各省份排放优化发展速度变化率

山西排放优化增速最快得益于化学需氧量排放效应优化和氨氮排放效应优化的大幅度提高;河南排放优化减速最快主要也是由于化学需氧量排放效应优化和氨氮排放效应优化的大幅下降所导致。

表 3-8　2014 到 2015 年度各省份排放优化发展速度变化率及排名　单位:%

排名	省份	排放优化	排名	省份	排放优化
1	山西	134.67	17	河北	−4.44
2	上海	96.12	18	青海	−4.72
3	内蒙古	92.80	19	吉林	−4.83
4	浙江	32.07	20	江苏	−7.54
5	黑龙江	14.19	21	湖南	−8.20
6	云南	10.96	22	广东	−12.18
7	重庆	7.86	23	辽宁	−12.62
8	四川	6.91	24	甘肃	−12.80
9	湖北	4.94	25	新疆	−12.96
10	贵州	1.48	26	安徽	−14.25
11	广西	0.67	27	山东	−21.67
12	天津	0.34	28	西藏	−28.30
13	北京	−0.39	29	宁夏	−29.73
14	陕西	−1.54	30	海南	−35.37
15	江西	−2.85	31	河南	−50.22
16	福建	−4.12			

二、生态文明发展驱动分析

本章将继续利用相关性分析来探讨生态文明发展的驱动因素。2015 年结果与 2014 年类似,排放优化和环境改善成为当前生态文明发展中急需突破的两个瓶颈性难题。

1. ECPI 与各二级指标的相关

ECPI 与各二级指标相关程度依次是:环境改善、排放优化、资源节约和生态保护。其中,环境改善和排放优化与 ECPI 高度正相关[①],资源节约和生态保护与 ECPI 则呈不显著正相关。各二级指标间除环境改善与排放优化高度正相关

① 高度相关,是指在采用双尾检验时,相关性在 0.01 水平上显著;显著相关,则指相关性在 0.05 水平上显著;相关性不显著或无显著相关,即指相关性在 0.05 水平上不显著。

(0.699)外,其他二级指标之间都呈低度不显著相关(表 3-9)。

表 3-9　ECPI 与二级指标相关性

	生态保护	环境改善	资源节约	排放优化
ECPI	0.188	**0.867****	0.322	**0.814****
生态保护	1	0.167	0.091	−0.061
环境改善		1	0.098	**0.699****
资源节约			1	−0.209
排放优化				1

这表明环境改善和排放优化与 ECPI 关系最为密切,同时,环境改善和排放优化之间相互影响较大,值得深思。

(1) 环境改善所起作用最为直观,但环境质量整体偏低,难以做到实质性改观。

在环境质量的基本面上,除了化肥施用量有少量提高和空气质量数据缺失以外,其余各项指标都有不同程度的好转,如地表水质、城市生活垃圾无害化率、农村卫生厕所普及率等都逐年有所提高。但是,不得不说,在当前中国环境整体质量偏低,水体质量、土壤质量,尤其是空气质量等绝对综合质量恶劣的情况下,环境质量部分指标的微小好转还不足以带来实质性的改观。

因此,环境质量能否得到实质性的改善,能否有一个突飞猛进的提高就成为当前生态文明发展的一个至关重要的问题,也是生态文明建设能否取得成功的最直接的体现。为此,必须树立环境红线思维,设定可持续发展的环境容量,坚持在环境容量允许的范围内实现可持续的经济发展模式。

(2) 在环境容量范围内,控制污染物的粗放排放已成为当前最为迫切和严峻的任务。

社会经济的发展必然会涉及资源使用和污染排放,控制污染物的粗放排放不是要不排放和零排放,而是要在环境容量范围内的适量和有序排放。

如果仅从排放效率来讲,近年来中国多数主要污染物的排放优化效应都有一定程度的提高,甚至在排放总量方面已经开始下降。但是,由于多年来的粗放和巨量排放已经形成的对环境质量破坏的累计效应,早已突破环境容量的底线,造成环境恶化、生态破坏和难以持续发展的局面。

(3) 污染物排放与环境改善密切关联,粗放式排放与环境承载力矛盾尖锐。

与 2014 年类似,多数二级指标之间相关不显著,表明各指标之间保持了较为良好的独立性,代表着不同的领域。但环境改善和排放优化之间还是持续保持着高度的正相关。这也进一步揭示了当前生态文明发展的主要矛盾:污染物的粗放排放与脆弱的环境承载力之间的矛盾。

虽然当前中国排放总量有所下降,但由于多年来的巨量排放已经造成了生态和环境的长久破坏,环境承载力整体已经到了崩溃的边缘,部分地区已经成为不合适人类居住的重度污染区域。

因此,当前急需从污染物排放源头的控制入手,制定和执行在环境承载力范围内的排放标准,扩充环境容量,逐步提高生态与环境承载力。

2. 各二级指标与三级指标的相关性分析

(1)城市生态系统稳步推进,生态保护长期向好。

由于数据的缺失,2015 年反映森林生态系统和生物多样性的多个指标都无法获得(表 3-10)。从现有数据看,城市生态系统在近年来都有较好的发展,建成区绿化覆盖率稳步提升,目前全国平均已达 40.22%,北京等地则接近 50%,生态保护有着长期向好的趋势。

表 3-10　生态保护与其三级指标的相关性

	森林面积增长率	单位森林面积蓄积量增长率	自然保护区面积增加率	建成区绿化覆盖增加率	湿地资源增长率
生态保护	—	—	0.285	0.927	—

(2) 水体质量的改善为环境改善加力,但环境质量的基本面还相当严峻。

优于三类水质河长增加率与环境改善高度正相关(表 3-11)。2015 年度监测到的环境改善小幅度增速主要来自于地表河流水质好转提速的结果。主要河流三类以上水所占比例虽然逐年在好转,且近年来好转呈加速的良好趋势,但整体而言,在全国范围内地表水质仍然处于轻度污染状况,主要河流三类以上水所占比例仅为七成左右,更为严重的是,地下水水质状况尤为严峻,多地已经触及甚至远超过水资源的环境容量下限。

表 3-11　环境改善与其三级指标的相关性

	好于二级天气天数比例增长率	优于三类水质河长增加率	化肥施用合理化	农药施用合理化	城市生活垃圾无害化提高率	农村卫生厕所普及提高率
环境改善	—	**0.992****	0.091	0.197	0.130	0.107

(3) 当前资源节约的关键在于合理用水。

资源节约与水资源开发强度降低率和城市水资源重复利用提高率高度相关(表 3-12)。当前水资源短缺问题已经成为制约中国多个城市发展的资源瓶颈,我国多个城市处于缺水甚至严重缺水的状态，华北平原等地的地下水超采问题已经引发严重的生态问题。

因此，水资源的节约使用和重复利用问题已经成为多地社会经济发展的一个迫在眉睫的问题，需要做到双管齐下，从生产和生活两个方面提高水资源的高效使用，节约使用和重复使用。

表 3-12　资源节约与其三级指标的相关性

	万元地区生产总值能耗降低率	水资源开发强度降低率	工业固体废物综合利用提高率	城市水资源重复利用提高率
资源节约	0.022	**0.805****	0.269	**0.724****

(4) 排放优化亟待提速，已成为生态文明发展的核心要素。

化学需氧量排放效应优化和氨氮排放效应优化与排放优化高度相关(表 3-13)。污染物的排放问题已经成为当前生态文明发展的最为突出的问题。虽然近年来在全国范围内主要污染物的排放已经达到峰值且近期呈现下降趋势，但由于当前的排放总量还是巨大，且多年排放的存量未能被生态和环境系统所消化。因此，环境改善和生态修复还步履维艰。

当前急需制定生态和环境容量，制定承载下限，在容量范围内有序排放，通过修复生态和治理环境来扩大生态和环境容量，给社会和经济发展以更大的空间。

表 3-13　排放优化与其三级指标的相关性

	化学需氧量排放效应优化	氨氮排放效应优化	SO_2 排放效应优化	氮氧化物排放效应优化	烟(粉)尘排放效应优化
排放优化	**0.990****	**0.990****	0.329	0.155	−0.092

3. 三级指标与 ECPI 相关性分析

ECPI 与三级指标的相关分析显示，四个三级指标高度相关，两个三级指标显著相关，十个指标相关性不显著，四个指标数据缺失。

六个与 ECPI 相关显著的三级指标依次是：优于三类水质河长增加率、化学需氧量排放效应优化、氨氮排放效应优化、SO_2 排放效应优化、自然保护区面积增加率和水资源开发强度降低率(表 3-14)。

表 3-14　与 ECPI 相关显著的三级指标

三级指标	总进步率变化
优于三类水质河长增加率	**0.844****
化学需氧量排放效应优化	**0.825****
氨氮排放效应优化	**0.823****
SO_2 排放效应优化	**0.483****
自然保护区面积增加率	**0.404***
水资源开发强度降低率	**0.399***

在这六个三级指标中，包括生态保护类一个，环境改善类一个，资源节约类一个，排放优化类三个。

十个指标与 ECPI 相关性不显著，见表 3-15。

表 3-15　与 ECPI 相关不显著的三级指标

所属二级指标	三级指标	与 ECPI 相关度
生态保护	建成区绿化覆盖增加率	0.037
环境改善	化肥施用合理化	0.139
	农药施用合理化	0.203
	城市生活垃圾无害化提高率	0.089
	农村卫生厕所普及提高率	0.210
资源节约	万元地区生产总值能耗降低率	−0.120
	工业固体废物综合利用提高率	0.278
	城市水资源重复利用提高率	0.047
排放优化	氮氧化物排放效应优化	0.118
	烟(粉)尘排放效应优化	−0.225

此外，森林覆盖率增长率、单位森林面积蓄积量增长率、湿地资源增长率和好于二级天气天数比例增长率四个指标数据缺失。

在与 ECPI 相关显著的六个指标中，前三个指标(优于三类水质河长增加率、化学需氧量排放效应优化、氨氮排放效应优化)都是与水体质量有关的，表明当前水体质量的变化趋势与 ECPI 关系密切。此外，由于好于二级天气天数比例这一指标数据的缺失，导致无法分析近年来雾霾频发的空气质量在 ECPI 中所起的作用。但从民众的切身感受来看，其作用当与水体质量同等重要。

4. 核心变量 ECPI：删芜就简，复杂问题简单化

参照 2015 版绿皮书，针对四个二级指标、20 个三级指标进行简化处理，以期从众多影响因素中找出最为关键的核心因素。具体步骤是从每一个二级指标下确定一项与 ECPI 相关程度最高的三级指标，再用这些三级指标代表其所在的二

级指标在 ECPI 体系中所占比值进行计算。具体指标及比例如表 3-16 所示。

表 3-16　四个核心三级指标及其所属二级指标和所占比例

三级指标	所属二级指标	所占比例
自然保护区面积增加率	生态保护	25%
优于三类水质河长增加率	环境改善	25%
水资源开发强度降低率	资源节约	25%
化学需氧量排放效应优化	排放优化	25%

根据各省份的数据换算，最后得出一个简要版本的核心变量 ECPI。

相关分析结果显示，核心变量 ECPI 与 ECPI 高度正相关(0.950)，且与四个二级指标的相关性极其接近于 ECPI 与二级指标的相关性(表 3-17)。

表 3-17　核心变量指标与 ECPI 及各二级指标的相关分析

	ECPI	生态保护	环境改善	资源节约	排放优化
ECPI	1	0.188	**0.867****	0.322	**0.814****
核心变量 ECPI	**0.950****	0.105	**0.943****	0.250	**0.766****

这表明，由 4 个三级指标所模拟的核心变量 ECPI 指标能够在很大程度上模拟由 20 个指标所形成的 ECPI 指标。

三、总结与建言

从以上分析中我们可以看到，中国生态文明建设始终处于发展和建设当中，无论从全国层面还是多数省份来看，都在持续的正向发展过程当中。但是，当前发展增速有所放缓，或已步入减速通道，环境污染问题依旧严峻，排放优化能否实现已经成为生态文明建设成败与否的关键任务。要解决这些问题，我们可以从以下几个方面入手：

(1) 当前最根本的问题是如何实现排放优化，解决目前污染物无序粗放排放与环境容量狭小有限这一生态文明建设的主要矛盾。

当前环境质量已岌岌可危，环境容量已过于狭小，无法再承受过去的这种社会经济粗放发展的模式，而要解决这一问题就必须从如何切实实现排放优化这一问题入手。排放优化的根本不是禁止排放，禁止发展，而是要做到高效率地有序排放，而要真正做到排放优化，则要从多方面入手从根本上解决这一问题。

首先要调整产业结构，改变过去传统粗放型低端工业发展模式，增加中国制造的技术含量，减少对资源和能源的依赖，大力发展服务业等第三产业，实现产业结构的早日转型。

其次是优化能源结构。既要早日实现总量控制，又要在能源结构上下功夫，尽可能地减少化石能源尤其是煤炭能源的比例，加大清洁能源的推广使用。

最后，是要在各个领域践行绿色生产和绿色生活的宗旨。当前中国绿色生产各项指标都位于世界末端，绿色生活各项指标虽表面良好，实则是由于消费不足所致。因此，如何在生产和生活的两端践行绿色标准，将理念深入人心，将措施实施到位将是下一个30年中国实现经济转型再次腾飞，真正实现生态文明过程中需直面解决的问题。

(2) 当前最为迫切的是需要实现环境质量的大幅度改观，弥补生态文明建设的短板。

在生态文明建设的诸多领域中，环境质量是当前人民群众最为关切也最受诟病的一个方面。就全国整体而言，除了诸如海南等个别地理条件得天独厚的省份以外，大部分省份在水体质量、土壤质量和空气质量等方面都面临着相当严峻的局面。虽然从全国平均水平上来看，环境质量的部分指标在小幅改善，但由于环境受污染的时间过长，环境质量的基础过差，小幅改善还无法给人以感知上的改变。

因此，当前生态文明建设最为迫切的，也是人民群众最为关切的问题就是环境质量在一定时期内能否有一个大幅度的改善，而要回答这一问题则需要从排放优化入手，解决当前生态文明建设的主要矛盾。

(3) 厉行资源节约，合理高效地利用各类资源是当前可推行的措施手段。

要实现资源节约首先是要加强制度建设，利用市场化的手段引导企业积极利用绿色科技和创新科技，改变过去守法成本高于违法成本的不合理现象；同时鼓励大众绿色消费和低碳消费，让绿色生活成为引领时尚的潮流。

(4) 坚定不移地实行生态保护，应将其作为战略国策长期和稳定地执行。

由于时间长、见效慢，生态保护常常被各方所忽略，如何从长远角度来制定生态保护的战略和方向却是生态文明建设的根本。没有对森林、湿地、草原、海洋等生态系统的切实有效的保护，社会经济的发展、环境质量的提升等生态文明建设都将是“水中花，镜中月”，无法长久地实现。因此，提升生态承载力，保护当前生态，修复生态应当上升为战略性的高度，并长期和稳定地执行下去。

第四章　中国生态文明建设的国际比较

随着全球生态环境问题的加剧，各国都越来越重视生态文明建设问题，将中国与其他国家进行比较，有利于拓宽视野，明确中国生态文明建设的国际地位，找出整体上的优势和不足，为进一步发展提供参考。“生态文明”虽然最早由中国提出，具有较强的中国特色，但其内在本质与发源于西方的环境保护、可持续发展、生态现代化等思想一脉相承，体现了全球的绿色趋势和调整人与自然关系的一致目标。本章将中国与34个OECD（经济合作与发展组织）国家进行比较发现，中国的生态文明水平相对较低，但发展速度较快；生态基础、环境质量、资源节约利用近些年有较大改善，但污染物排放却仍难进步，排放优化已成为制约中国生态文明发展的短板。仔细分析，这背后有着生产方式未根本转型、生活污染越来越严重、政策法规体系仍不完善等多种原因，以排放优化为主要抓手，借鉴吸收各国成功经验，在生产和生活两方面着力，加强生态环境综合治理，有利于中国生态文明更快发展。

一、整体概览：水平低但发展快

本指标体系把中国与34个OECD国家的生态文明建设水平进行了比较。OECD一向被称为“富国俱乐部”，囊括了全球大多数发达国家[①]。这些国家无论是在经济发展、社会福利，还是生产生活环境、人口素质等方面大都位居世界前列，是其他国家发展的标杆。将中国纳入与这34个国家的比较之中，可以更好地明确中国生态文明建设的现状和需继续努力的方向。

1. 水平上整体垫底

根据可获取的最新数据，根据生态文明水平指数国际版IECI（International Eco-Civilization Index）的评价结果，中国位居35个国家的最后一位，且与OECD国家有较大差距。水平指数总排名中，瑞士、德国、卢森堡、斯洛文尼亚、丹麦排名前五，组成了第一等级，冰岛、土耳其、以色列、韩国和中国排名最末五位，为第四

---

① 一般认为，联合国开发计划署（UNDP）每年发布的《人类发展报告》（Human Development Report）中，人类发展指数（HDI—Human Development Index）位于“极高”组别的国家为发达国家。最新一年（2015年）发布的《人类发展报告》中，位于“极高”组别的国家为49个。

等级,其他皆为第二、第三等级。同时,中国整体得分为33.63,仅为35个国家平均水平的2/3,离OECD国家中排名最末的韩国也有近10分的差距,更说明中国生态文明水平不容乐观。各国水平指数得分及排名情况如表4-1所示。

表4-1 生态文明发展指数国际版(IECI)得分及排名情况

国家	生态保护		环境改善		资源节约		排放优化		IECI		
	得分	排名	得分	排名	得分	排名	得分	排名	得分	排名	等级
瑞士	56.21	8	51.94	20	67.28	2	53.88	6	56.68	1	1
德国	63.51	2	51.75	21	52.91	10	51.78	21	55.51	2	1
卢森堡	59.68	3	52.18	18	65.99	4	41.62	32	55.08	3	1
斯洛文尼亚	71.12	1	47.11	28	45.42	25	51.85	20	54.92	4	1
丹麦	47.84	23	54.64	7	67.34	1	53.18	13	54.85	5	1
奥地利	56.25	7	52.45	16	53.24	8	53.65	8	53.99	6	2
斯洛伐克	58.84	4	52.66	14	48.02	20	52.41	17	53.54	7	2
瑞典	50.88	15	56.67	2	49.28	17	55.63	1	53.25	8	2
英国	47.87	22	53.14	12	57.94	5	51.64	22	52.22	9	2
芬兰	51.97	12	54.59	8	44.64	26	55.50	2	52.00	10	2
法国	51.70	14	52.95	13	49.48	14	53.42	12	51.97	11	2
西班牙	48.40	19	53.65	10	52.90	11	53.53	10	51.90	12	2
葡萄牙	47.94	21	53.67	9	54.06	7	53.02	14	51.90	13	2
日本	52.17	11	53.19	11	49.23	19	50.23	26	51.50	14	2
爱尔兰	42.30	32	47.92	26	66.89	3	55.06	4	51.46	15	2
挪威	44.09	29	54.82	6	53.17	9	55.49	3	51.40	16	2
捷克	53.72	10	52.66	15	44.59	27	51.92	19	51.21	17	2
意大利	48.41	18	50.04	23	55.12	6	51.58	23	50.87	18	2
爱沙尼亚	54.59	9	52.03	19	40.09	33	53.75	7	50.76	19	2
匈牙利	48.70	17	52.25	17	47.38	22	53.43	11	50.45	20	2
荷兰	50.67	16	50.00	24	49.32	16	50.40	25	50.15	21	3
波兰	56.65	6	46.02	30	46.66	23	49.78	27	50.09	22	3
澳大利亚	44.94	28	57.68	1	44.14	28	52.05	18	50.02	23	3
新西兰	56.78	5	44.09	31	44.01	29	53.56	9	49.78	24	3
加拿大	45.76	26	55.64	4	40.48	32	54.07	5	49.33	25	3
希腊	45.59	27	51.34	22	49.41	15	51.02	24	49.17	26	3
比利时	51.84	13	49.11	25	46.12	24	47.64	30	49.04	27	3
美国	46.24	24	55.13	5	43.68	30	47.85	29	48.72	28	3

（续表）

国家	生态保护		环境改善		资源节约		排放优化		IECI		
	得分	排名	得分	排名	得分	排名	得分	排名	得分	排名	等级
墨西哥	44.06	30	47.88	27	49.24	18	49.73	28	47.38	29	3
智利	46.05	25	41.18	34	47.82	21	52.84	15	46.30	30	3
冰岛	36.54	35	56.07	3	35.95	35	52.46	16	45.46	31	4
土耳其	38.48	34	42.66	33	51.24	12	47.16	31	44.02	32	4
以色列	38.97	33	46.03	29	50.76	13	40.10	33	43.67	33	4
韩国	48.19	20	43.48	32	41.48	31	36.86	34	43.17	34	4
中国	43.04	31	26.07	35	38.52	34	25.98	35	33.63	35	4

中国水平不佳，环境质量和污染物排放是主因。生态保护方面，中国位于第三等级，高于爱尔兰、以色列、土耳其和冰岛；资源节约上排名第 34 位，略高于冰岛。从横向比较看，中国生态保护和资源节约利用的水平虽然也较低，但还不至于落后 OECD 国家太多，环境改善和污染物排放却望尘莫及，不仅排名最末，得分也仅为 OECD 国家平均值的一半左右。

这当中，空气污染问题又最为突出。因数据来源受限，排放优化中仅考察了空气污染物的排放情况，环境质量也只考察了空气质量、土壤质量，由城市生活垃圾无害化率和农村改善的卫生设施人口比重所代表的城乡生活环境三个方面。虽然土壤质量和城乡生活环境都表现不佳，但空气质量最为糟糕，PM 2.5 和 PM 10 年均浓度都大大高于 OECD 国家。这主要是因为除烟（粉）尘排放稍低于美国外，中国各类空气污染物排放总量皆居世界第一，但森林覆盖率、森林蓄积量等却处于一般水平，消纳净化废气的能力有限。再加上地理条件、气候条件等多重影响，造成了中国近几年雾霾频发，颗粒物浓度严重超标，空气质量引发全球关注的现象。中国水平指数二级指标得分及排放情况如表 4-2 所示。

表 4-2 中国水平评价二级指标情况汇总

二级指标	得分	排名	等级
生态保护	43.04	31	3
环境改善	26.07	35	4
资源节约	38.52	34	4
排放优化	25.98	35	4

值得一提的是，欧盟国家整体表现较好。从评价结果看，水平指数第一、第二等级共 20 个国家中，只有瑞士、日本、挪威不属于欧盟，非欧盟国家则在最后两个

等级的15个国家中占了11席，这源于其生态保护和资源节约表现良好。欧盟国家虽然森林覆盖率参差不齐，但森林质量普遍偏好，蓄积量多在100立方米/公顷以上，自然保护区面积占国土面积比例更是大举领先，多在20%以上。同时，欧盟国家能源利用效率、水资源利用效率都较高，这既是其能源大部分依赖进口的必然选择，也与各国政府及欧盟的长期重视和努力密不可分。

2. 发展上奋起直追

中国虽然生态文明整体水平上不及OECD国家，但建设发展速度较快，在生态文明发展指数国际版IECPI(International Eco-Civilization Progress Index)的评价结果中居第七位，处中等偏上位置。OECD国家大都发展较早，工业化较为成熟，对生态环境问题的关注也较早，因此有良好的基础。中国20世纪70年代末才开始改革开放，30多年里一直大踏步前进，工业化体系在逐步完善中。这当中又存在人口基数大、地形条件复杂、区域发展不均衡、体制不健全等诸多不利因素，因此基础较为薄弱，生态文明水平自然不能与OECD国家相比。

近年来，中国大力强调生态文明建设，取得了较大进展。2007年党的十七大提出要建设生态文明，2012年十八大报告又将生态文明建设纳入社会主义建设"五位一体"的总布局之中。此外，党和政府还多次召开专题会议，制定各项政策，进行全方位指导和推进，使生态文明建设成为中国当前的基本任务之一。在这个大背景之下，中国生态文明自然有较快的发展，在35个国家中排名第七位，既超过了美国、日本、德国、法国、英国、意大利、加拿大等老牌发达国家，也超过了大多数拥有较好生态基础和较少人口的欧盟小国。表4-3为35个国家的生态文明发展指数得分及排名情况。

表 4-3　生态文明发展指数国际版(IECPI)得分及排名情况

国家	生态保护		环境改善		资源节约		排放优化		IECPI		
	得分	排名	得分	排名	得分	排名	得分	排名	得分	排名	等级
爱尔兰	70.06	1	46.05	30	46.91	23	53.01	12	54.82	1	1
葡萄牙	47.37	22	58.76	3	50.08	18	62.03	1	54.26	2	1
匈牙利	53.96	4	49.75	15	54.76	10	53.39	9	52.74	3	1
智利	53.90	5	60.28	1	42.19	31	49.64	22	52.62	4	1
西班牙	51.96	9	56.62	4	41.47	33	56.18	4	52.11	5	2
波兰	50.46	14	47.96	25	62.03	2	50.25	21	51.98	6	2
中国	49.74	16	59.80	2	64.48	1	30.40	35	51.84	7	2
墨西哥	53.31	6	51.69	10	50.56	16	50.61	19	51.74	8	2
意大利	48.30	19	53.69	9	50.26	17	55.11	5	51.67	9	2

（续表）

国家	生态保护		环境改善		资源节约		排放优化		IECPI		
	得分	排名	得分	排名	得分	排名	得分	排名	得分	排名	等级
以色列	50.81	12	55.80	5	47.36	22	50.73	16	51.60	10	2
韩国	52.65	7	54.30	7	58.55	5	36.94	34	51.18	11	2
法国	50.59	13	50.33	14	46.07	28	58.27	2	51.14	12	2
斯洛文尼亚	52.52	8	54.02	8	46.80	24	48.08	29	50.94	13	2
英国	55.95	3	50.39	13	41.89	32	53.18	10	50.92	14	2
美国	43.53	35	51.08	11	56.42	7	54.03	6	50.47	15	2
澳大利亚	47.71	21	51.06	12	52.67	12	50.58	20	50.28	16	2
加拿大	46.34	27	49.49	16	53.30	11	53.76	7	50.16	17	2
比利时	48.62	18	46.86	29	58.57	4	48.11	28	49.98	18	2
丹麦	59.07	2	40.85	35	48.24	20	51.76	14	49.98	18	2
斯洛伐克	46.63	26	48.30	23	59.77	3	47.21	31	49.88	20	3
芬兰	47.36	23	48.91	20	50.92	15	53.54	8	49.77	21	3
日本	46.06	28	48.17	24	55.81	8	50.63	18	49.56	22	3
卢森堡	48.19	20	46.87	28	55.36	9	49.11	23	49.41	23	3
新西兰	43.81	34	54.83	6	47.49	21	50.66	17	49.22	24	3
瑞士	46.83	24	47.49	27	51.25	14	53.10	11	49.17	25	3
冰岛	51.22	11	45.24	32	49.72	19	48.91	24	48.66	26	3
奥地利	45.64	30	45.70	31	51.52	13	51.50	15	48.01	27	3
捷克	46.71	25	49.08	18	46.26	27	48.90	25	47.77	28	3
德国	45.66	29	47.78	26	46.28	26	52.30	13	47.75	29	3
荷兰	50.40	15	48.36	22	41.31	34	48.30	27	47.55	30	4
希腊	51.41	10	49.45	17	28.65	35	57.57	3	47.50	31	4
挪威	45.05	32	48.51	21	43.75	30	48.82	26	46.58	32	4
爱沙尼亚	45.63	31	41.45	34	57.98	6	42.83	32	46.29	33	4
土耳其	48.83	17	48.92	19	46.36	25	38.12	33	46.22	34	4
瑞典	44.32	33	42.52	33	44.78	29	47.46	30	44.50	35	4

从二级指标看，中国生态、环境、资源三方面的改善情况都表现良好，排放优化发展速度却仍然落后。35 个国家中，中国生态保护发展指数排名第 16 位，居中等偏上位置；环境改善居第二位，仅次于智利；资源节约则居第一位，高于所有 OECD 国家。这三个方面带动了中国的整体进步，但排放优化却严重拖了后腿，不但未有进步，还有所倒退。这主要是几类空气污染物排放皆有不同程度的增

加，环境容量没有实质性提升。2010—2011 年间，烟（粉）尘排放总量大幅增加，2011 年以后也未有明显改善，其次是温室气体，CO_2、NO、甲烷等主要温室气体的排放量都有较大增长。这两者是排放优化未得到有效改善的罪魁祸首。中国各二级指标发展指数的得分及排名见表 4-4。

表 4-4　中国发展评价二级指标情况汇总

二级指标	得分	排名	等级
生态保护	49.74	16	2
环境改善	59.80	2	1
资源节约	64.48	1	1
排放优化	30.40	35	4

二、具体分析：排放优化短板突出

与 OECD 国家相比，中国虽然基础薄弱，水平较低，但长期持续的努力取得了很大成效，生态文明建设有突出成果。但同时，中国也短板突出，发展极不均衡，这当中，排放优化是难点，也是重点。排放优化上，中国又正处于关键时期，各项污染物排放皆位于倒 U 型曲线的顶点附近，因此更需加大力度，促进早日转型。

1. 生态保护上，中国在稳步前进

与 OECD 国家，尤其是欧洲国家相比，中国的森林覆盖率、森林质量、自然保护区面积占国土面积比重都处在较低水平，但近几年来，森林覆盖率和森林质量增长较快，自然保护区面积也有所增长，生态基础逐渐牢固。自 2000 年起，中国开始实施天然林资源保护工程，着力解决生态破坏问题。十多年来，长江、黄河流域工程区全面停止了天然林商品性采伐，东北、内蒙古等重点国有林区也大幅度调减木材产量，工程区森林资源进入了一个快速增长期，换来了明显的生态效益。同时，中国还大力推进人工林建设，仅“十二五”期间就完成人工造林 2960 万公顷，森林抚育 3880 万公顷，森林面积和蓄积量都持续增加。2015 年初，国家林业局又决定在今后几年内全面停止全国天然林商业性采伐，并建立一批国家级自然保护区和国家公园，对一些具有重大保护价值的天然林生态系统及生物多样性地区，实行特殊的保护体制。随着这一决定的逐步实施，中国的森林资源还会有较大进步，生态基础也会更加稳固。

2. 环境和资源方面，中国仍有较大进步空间

环境质量上，中国发展相对较快，一方面因近几年中国确实做出了很大努力，另一方面也因 OECD 国家水平已相对较高，再进步难度稍大。中国的土壤质量、城市生活垃圾无害化率和农村改善卫生设施人口比重的发展指数都较为靠前，这

与2007年以来，尤其是“十二五”阶段的努力分不开。自2007年以来，中国全力推进污染治理，加大基础设施建设力度，同时坚持预防为主、守住底线，转方式、调结构等，使中国生态环境水平上了一个台阶。“十二五”期间，中国加快推进农业现代化，发展绿色农业和生态农业，深化农村环保“以奖促治”政策措施，组织了三批共23个省（区、市）开展农村环境连片整治示范等，使农村环境和农业所造成的土壤污染都得到了较大改善。

中国环境质量本身水平较低，进步阻力小也是发展上表现较好的一个原因。OECD国家2010年平均化肥施用强度为117.39千克/公顷，农药施用强度为5.99千克/公顷，而中国当年的数据分别为579.93千克/公顷和10.94千克/公顷[①]，远远高于OECD平均水平及国际公认上限。城市生活垃圾无害化率和农村改善卫生设施人口比重虽在进步率上表现优异，但这主要是因为大多数国家都已达到最高水平100%，改进空间甚小，而中国在这两方面的数据为84.83%和63.70%，还有较大进步空间。从这些情况看，虽然有较高的发展速度，但中国并不能引以为傲，仍需以OECD国家为目标，继续加大生态环境整治力度。

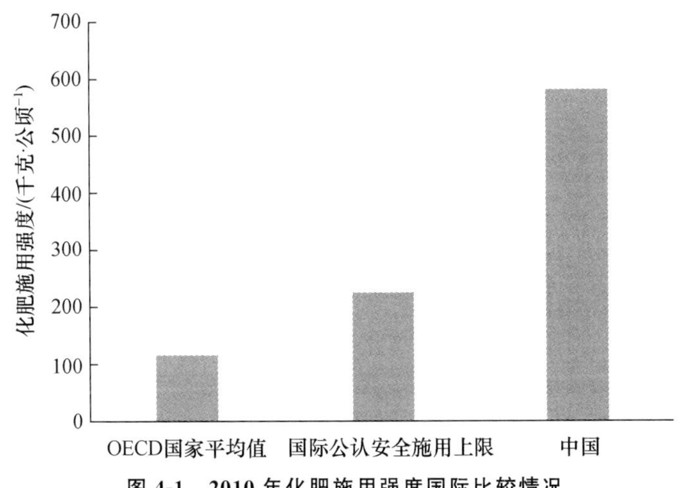

图4-1　2010年化肥施用强度国际比较情况

资源节约利用方面，中国也面临着同样的情况，发展速度靠前但水平落后。早在2005年，中国就提出要加快建设资源节约型、环境友好型社会，促进经济发展与人口、资源、环境相协调。在此方针指导下，这些年来，中国多管齐下，采取经济、行政、法律等多种手段和各种综合性措施，不断提高资源能源的利用效率，保

① 数据来源为世界银行数据库（http://data.worldbank.org.cn）和OECD数据库（http://stats.oecd.org/），与《中国统计年鉴》当年的数据存在一定差别。

障了经济社会可持续发展。“十一五”期间，中国单位生产总值能耗下降了19.1%，刚过去的“十二五”又累计完成节能降耗19.71%，万元GDP用水量更是大幅下降，从2006年至2014年不到10年间共下降了60.65%[①]，这些都使中国在资源节约的发展指数上有较好的表现。但另一方面，在水平上，中国又远不如OECD国家。按世界银行数据，中国每千克石油当量能源创造5.14美元产值，每立方米水创造8.87美元产值。与之相比，OECD国家平均数据分别为9.69美元和103.03美元，能源利用效率仅为平均值的一半，水资源利用效率更是不到10%。2007年，中国GDP超过德国，三年之后又超过日本，2014年，中国GDP更是达到10.36亿美元，超过日本两倍还多，较高的GDP增长速度是用大量的能源资源投入换来的，要达到OECD的水平，真正促进能源资源集约化利用，中国还有很长的路要走。

3. 污染物排放正处于拐点

在排放效应方面，中国无论是水平还是发展都处于最末位置，说明此问题较为严峻。中国各类污染物排放量均居世界首位，并远远超过自身的环境容量极限。据统计数据显示，2011年中国排放了占世界26%的SO_2、28%的氮氧化物、25%的CO_2[②]，与此同时，中国人口才占世界总人口19%，国内生产总值按购买力平价计算也只占到14.5%，人均排放量和排放强度都超过大多数OECD国家。

从发展情况看，排放优化也是中国唯一进展较慢的领域。中国的温室气体、SO_2、烟(粉)尘的排放总量在2010—2011年间不但没有减少，反而有不同程度的增加，如温室气体排放总量增加了15.11%，SO_2排放增加了1.50%，烟(粉)尘排放更是一举增加了54.24%[③]。随后几年，SO_2、氮氧化物排放虽呈逐年减少趋势，但温室气体和烟(粉)尘排放量却仍在继续增长。

能源消费和机动车排放仍是主要原因。一方面，过去几年，中国经济仍在飞速发展，能源消耗总量有所增加，能源结构却仍未得到充分调整。2010—2014年，中国能源消费总量增长了18.12%，煤炭占能源消费比重虽然从69.2%下降到了66.0%，但绝对消费量却增长了12.86%，石油消费量也同样增长了16.08%[④]。另一方面，近几年，中国汽车产销量和保有量也增长迅速，自2009年起，已连续六年成为世界机动车产销第一大国，且每年机动车保有量都持续增长，汽车尾气排放已成为空气污染的重要来源。

虽然生态文明水平与发展速度均表现不佳，但对此也不应悲观，中国的排放

---

① 数据来源：国家统计局，环境保护部. 中国环境统计年鉴2015[M]. 北京：中国统计出版社，2015.

② 戴彦德等. 中国低碳经济发展报告2014[M]. 北京：社会科学文献出版社，2014.

③ 数据来源：国家统计局，环境保护部. 中国环境统计年鉴2015[M]. 北京：中国统计出版社，2015.

④ 数据来源：中华人民共和国国家统计局. 中国统计年鉴2015[M]. 北京：中国统计出版社，2015.

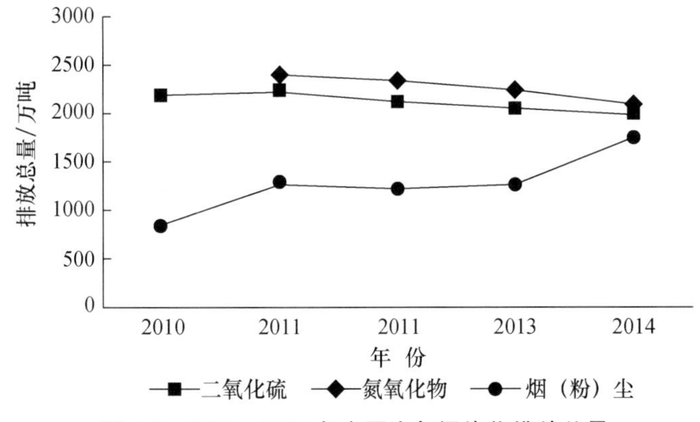

图 4-2　2010—2014 年主要空气污染物排放总量

优化已整体向好。经济发展与污染物排放发展趋势间存在着倒 U 型曲线(库茨涅茨曲线)的关系,即伴随着经济增长,污染物排放量会逐渐增加,但越过某个发展阶段后,经济继续增长,污染物排放量却会逐渐下降。在上升与下降之间存在着一个拐点,生态文明建设就是要促进这个拐点早日到来。从数据来看,中国 SO_2 排放在 2007 年时已经出现拐点,氮氧化物在 2012 年也出现了拐点,目前温室气体和烟(粉)尘排放虽然还在继续上升,但随着治理力度越来越强,拐点也会很快到来。

同时,中国 SO_2 和氮氧化物排放拐点出现的时间也较早,与 OECD 国家同期相比具有优势。中国 SO_2 出现拐点时人均 GDP 为 2460 美元,氮氧化物出现拐点时是 6076 美元;相应地,美国 SO_2 出现拐点时是 1974 年,人均 GDP 已达 7242 美元,氮氧化物出现拐点是 1994 年,人均 GDP 更是接近 2.8 万美元。另外,世界银行等机构也研究分析认为,对于一般污染物排放而言,拐点多出现在人均收入 8000 美元左右,中国显然也早于这个时间。这些都足以说明,虽然当前看来 OECD 国家在排放优化的水平与发展速度上都好于中国,但中国减排的成效与潜力仍不容小觑。

三、中国排放优化进一步改善的拦路虎

从与 OECD 国家的比较中可以看出,排放优化已成为中国生态文明建设的明显短板,也是中国进一步发展的中心问题。生态文明建设中,排放优化起着传动轴和连接点的作用,它既是资源能源节约利用和清洁利用的结果,也是生态保护和环境改善的驱动力量。对各类污染物的排放强度和排放总量进行约束,既能倒逼资源能源利用效率进一步提升,也能直接促进环境质量和生态基础的改善。因此,着力化解排放优化难题,可使中国生态文明建设取得事半功倍的效果。

但是，此问题之所以复杂，指标体系及评价结果所展示出来的只是冰山一角，其背后还有着更为深层的结构和原因。结合国际比较数据和中国现实情况，理清这背后的因素，有利于中国弥补短板，促进生态文明整体均衡发展。

1. 生产方式还未根本转型

中国绝大多数污染物排放皆来自于工业生产。工业生产消耗了大量的资源和能源，也排放了较多的污染物。2014 年，中国 SO_2、氮氧化物、烟（粉）尘的工业来源排放分别占各自总排放量的 88.15%、67.80%、83.65%，废水排放占了近 30%，工业固体废弃物的产生量也远大于生活垃圾的产生量[①]。要着力化解排放优化难题，工业生产领域是主战场。

中国目前在这方面还存在着粗放型生产方式未根本转型、部分行业产能严重过剩等问题。如上所说，中国的能源资源利用强度和污染物排放强度都远高于 OECD 国家，这源于中国过去几十年一直持续的粗放型、扩张型生产方式还未有根本性变化，能源资源浪费仍然严重，中国的技术水平、生产工艺、重视程度等与这些国家也有一定差距。同时，最近几年，因盲目投资、市场调节失灵等原因，中国部分行业产能也严重过剩，尤其是钢铁、水泥、电解铝、平板玻璃等这些资源密集型和排放密集型行业，它们贡献了较多的污染。

农业虽然占比较小，但污染问题同样突出。中国粮食虽连年增产，但石化类农业投入品使用量也不断攀升。2010—2014 年，中国化肥施用总量上升了 7.8%，农药使用量上升了 2.77%，塑料薄膜使用量上升了 18.74%，地膜使用量上升了 21.77%[②]。大量的化肥、农药残留在土壤中或通过灌溉、雨水等渗入地下水，再加上农田残膜、畜禽粪便、农作物秸秆等废弃物的不合理处置，农业面源污染同样无法忽视。

除在工业和农业领域各自用力外，中国还亟须产业结构的整体调整。污染物排放多集中于第一、第二产业，产业结构优化有利于排放总量减少。2014 年中国三次产业占比分别为 4.8%、47.1%、48.1%，第二产业对经济增长的拉动作用也还较为突出，占了将近一半[③]。相比之下，OECD 国家的第二产业占比多在 30%以下，第三产业占比多在 60%以上。尤其是法国、英国、意大利、西班牙、加拿大、澳大利亚等国，他们本身排放优化水平就高，在此评价中发展速度也较快，而普遍超过 70%的第三产业占比是重要原因。尾大不调、历史遗留问题严重、发展意识未根本转变，这些都是中国生产领域节能减排正面临的困境。

---

① 数据来源：中华人民共和国国家统计局．中国统计年鉴 2015[M]．北京：中国统计出版社，2015.

② 数据来源：国家统计局，环境保护部．中国环境统计年鉴 2015[M]．北京：中国统计出版社，2015.

③ 数据来源：中华人民共和国国家统计局．中国统计年鉴 2015[M]．北京：中国统计出版社，2015.

2. 生活污染越来越严重

随着生活水平不断提高，生活和消费对环境的影响越来越大。统计数据显示，从 2011 至 2014 年，全国 SO_2、氮氧化物、烟（粉）尘的工业源排放总体上呈减少趋势，但来自于生活源的排放却逐年增加，如 SO_2 的历年增加率为 2.64%、1.36%、12.18%，氮氧化物增加率为 7.38%、3.56%、10.81[①]。同时，1979—2012 年，中国的生活垃圾清运量增加了 5.8 倍，从 1979 年的 2508 万吨增至 2012 年的 17 081 万吨，且仍然在持续增加[②]。生活废水排放同样如此，2010—2014 年的 5 年年均增长率为 7.58%。这些都说明生活所造成的环境污染越来越突出。

在大城市中，生活源排放已成为近几年雾霾天气频发的罪魁祸首，因此，从生活源减排来改善环境质量尤为重要。2015 年，环保部完成了 9 个城市的雾霾来源解析，其中北京、杭州、广州、深圳的首要污染来源是机动车，石家庄、南京是燃煤，天津、上海、宁波分别是扬尘、流动源、工业生产[③]。就北京来说，2014 年，SO_2 生活源排放占总量的 48.76%，氮氧化物排放中，生活源占 9.34%，机动车排放占 47.82%，烟（粉）尘排放中，生活源占 55.00%，机动车排放占 5.32%[④]。机动车中很大一部分是私家车，燃煤中生活用煤、采暖用煤也占比较大，这些都直接关乎人们的出行方式、生活方式。

OECD 国家绿色生活水平相对较高，有很多经验值得中国借鉴。以英国和丹麦为例，他们普遍注重建筑节能、低碳出行、生活用品和水资源循环利用、新能源发展等。英国 2002 年起实施了百万“绿色住宅”建筑计划，力图在照明、保温、取暖、家电等方面节能减排；丹麦则是有名的“自行车王国”，公共交通设施齐全，绿色出行体系成熟。饮食、衣物、用品方面，这些国家的居民也有较好的节约和循环利用的意识，二手服装、二手家具家电市场都较为发达。此外，垃圾分类回收体系、绿色产品认证等体制机制也都较为完善，生活各方面都有绿色保障和规范。而中国长期以来消费结构不合理，奢侈浪费现象严重，物质主义、享乐主义大行其道，随着生活水平的提高，对环境的影响更突出，与 OECD 国家相比，中国还有很长的路要走。

3. 政策法规体系仍不完善

欧盟国家生态文明水平普遍较高，各二级指标的发展速度也尚可，这离不开

① 数据来源：国家统计局，环境保护部. 中国环境统计年鉴 2015[M]. 北京：中国统计出版社，2015.

② 宋国君等. 中国城市生活垃圾管理状况评估报告 2015[EB/OL].（2015-5-8）http://huanbao.bjx.com.cn/news/20150508/616200.shtml.

③ 新华网. 环保部：北京广州等九大城市雾霾源已找到[EB/OL].（2015-12-7）http://news.xinhuanet.com/politics/2015-12/07/c_128506394.htm.

④ 数据来源：国家统计局，环境保护部. 中国环境统计年鉴 2015[M]. 北京：中国统计出版社，2015.

背后较为成熟完善的政策法规体系的支撑。欧盟政策法规范围广、层次深。几十年中,欧盟共通过和发布了1000多份政策文献、法律法规,对与环境保护有关的几乎所有领域都进行了详细的指导和规范,并通过大力推动低碳经济、循环经济发展等,使环境治理与经济增长高度融合。同时,欧盟综合运用多种手段,环境政策法规具有较强的灵活性和实效性。生态环境治理中,欧盟不但采用常规的行政手段,还大量运用环境税、排污权交易、金融支持、生态审计生态标签、环境认证等经济和市场手段来促进企业主动变革。最后,欧盟执法力度也较大,政策法规更有效力。欧盟对污染破坏生态环境的企业或个人除处以重额罚金外,还依涉案程度及违法情节不同而设有勒令歇业、剥夺权利、强制社区服务等多种处罚措施,严重者甚至入刑,"通过刑法保护环境"一直是欧盟环境法律的突出特征。

反观中国,这方面还有所欠缺。自改革开放以来的三十多年里,中国也制定了不少政策,颁布了多个法律法规,但总体上还存在着体系较为零散,框架不够全面;政策制定和执行主体不明确,"九龙治水"现象严重;条规质量不高,监管目标较模糊;执法力度不大,法律效力有限等诸多问题。典型的如九龙治水现象,一个环境问题背后往往有复杂而多样的原因,而其通常又归属于不同的部门管理,这就容易造成了各部门间职责不清、权责不明和监管盲区等问题,使排放和污染问题长期得不到有效治理。并且,长期以来,中国环境执法不严,违法不究等现象也较为突出。环境法律法规本身惩罚力度较小是一个原因,地方保护主义仍然严重,故意忽视环境监督甚至还干预环境执法;执法力量不足,执法手段单一等也是重要原因。

最近几年,中国环境政策法规体系虽有较大进步,但仍需不断努力。"大气十条""水十条"的发布使中国大气污染和水污染防治有了明确的行动规划,新环保法的实施也提高了违法成本,使环保法"没牙"的局面有了很大改观,《生态文明体制改革总体方案》的印发更提出要从顶层设计上对中国的环境管理制度进行重塑,建立系统完善的生态文明体制。从这些方面看,中国环境政策法规体系相对于过去已有很大进步,但毕竟起步晚,基础差,面临的情况复杂,顶层上还要继续完善,具体执行和操作层面也需下更大功夫。

当然,以上几点不只是排放优化进一步发展的拦路虎,也是中国生态文明水平整体提升的难点之所在。这里对排放优化进行重点强调也并不意味其他方面已不再需要改进。以排放优化为主要抓手,借鉴吸收别国成功经验,在生产和生活两个领域着力,推进生态环境综合治理,这才是中国生态文明建设的高效发展之路。

四、IECI和IECPI指标体系及说明

本章评价中采用了两个指标体系,一个是水平评价指标体系IECI,一个是发

展评价指标体系 IECPI。IECI 以各指标可获得的最近统计年份的数据为依据，考察一年内各国之间的相对排名，借此确定各国的生态文明水平。IECPI 则在 IECI 的基础上把数据前推一个统计年份，考察这相邻两个年份间数据的变化情况，以明确各国生态文明发展的速度。

1. 框架和指标详解

IECI 和 IECPI 是国内生态文明水平评价指标体系 ECI 和发展评价指标体系 ECPI 的国际版本，因此在设计理念与思路上与 ECI、ECPI 大致相同，详情可参见第一章“五、IECI 评价体系及算法完善”。大致说来，生态危机具体表现为生态破坏、环境污染和资源匮乏三个问题，而这当中，污染物排放又是重要原因。因此，化解生态危机，建设生态文明，需从这四个方面着手，IECI 和 IECPI 也就从这四个方面来对各国生态文明建设情况进行评价。本书重点考察发展情况，故对 IECPI 进行重点说明，其指标框架如表 4-5 所示。

表 4-5　生态文明发展指数国际版(IECPI)

一级指标	二级指标	权重/(%)	三级指标	权重分	权重/(%)	指标计算公式	指标性质
生态文明发展指数国际版(IECPI)	生态保护	30	森林覆盖率增加率	3	9.00	(本年森林覆盖率/上年森林覆盖率－1)×100%	正指标
			单位面积森林蓄积量增长率	3	9.00	(本年单位面积森林蓄积量/上年单位面积森林蓄积量－1)×100%	正指标
			自然保护区面积占国土面积比重增加率	4	12.00	(本年自然保护区面积占国土面积比重/上年自然保护区面积占国土面积比重－1)×100%	正指标
	环境改善	30	空气质量提升率	6	12.00	(1－本年空气质量/上年空气质量)×100%	正指标
			土壤污染改善率	5	10.00	(1－本年土壤质量/上年土壤质量)×100%	正指标
			城市生活垃圾无害化提高率	2	4.00	(本年城市生活垃圾无害化率/上年生活垃圾无害化率－1)×100%	正指标
			农村改善的卫生设施人口比重增加率	2	4.00	(本年农村改善的卫生设施人口比重/上年农村改善的卫生设施人口比重－1)×100%	正指标

（续表）

一级指标	二级指标	权重/(%)	三级指标	权重分	权重/(%)	指标计算公式	指标性质
生态文明发展指数国际版(IECPI)	资源节约	20	单位生产总值能耗降低率	6	12.00	(1－本年单位生产总值能耗/上年单位生产总值能耗)×100%	正指标
			水的生产率提高率	4	8.00	(本年的水生产率/上年的水生产率－1)×100%	正指标
	排放优化	20	温室气体排放效应优化率	5	7.69	{1－[本年主要温室气体排放量/(森林面积×森林质量)]/[上年主要温室气体排放量/(森林面积×森林质量)]}×100%	正指标
			SO_2 排放效应优化率	2	3.08	{1－[本年 SO_2 排放量/(国土面积/本年空气质量)]/[上年 SO_2 排放量/(国土面积/上年空气质量)]}×100%	正指标
			氮氧化物排放效应优化率	3	4.62	{1－[本年氮氧化物排放量/(国土面积/本年空气质量)]/[上年氮氧化物排放量/(国土面积/上年空气质量)]}×100%	正指标
			烟(粉)尘排放效应优化率	3	4.62	{1－[本年烟(粉)尘排放量/(国土面积/本年空气质量)]/[上年烟(粉)尘排放量/(国土面积/上年空气质量)]}×100%	正指标

(1) 生态保护指标。

生态保护二级指标主要考察各国生态基础的变化情况，包括生态系统的健康程度、生物多样性的丰富程度等，根据可获得的有效数据，共选择了三个三级指标，包括森林覆盖率增加率、单位面积森林蓄积量增长率、自然保护区占国土面积比重增加率。

森林蓄积量增加率和单位森林面积蓄积量增长率评价各国的森林发展情况，前者衡量一国森林的数量，后者代表森林质量。森林生态系统是陆地上面积最多、最为重要的自然生态系统。它既可以保持水土，涵养水源，也是吸收温室气体，净化空气的主力；既可以防风固沙，阻止土地荒漠化，也能够调节气候，美化环境。故本指标体系对森林生态系统进行重点考察，从一个侧面反映该国的生态基础情况。

自然保护区占国土面积比重反映生物多样性情况。生物多样性是生态是否健康的重要标志，而自然保护区设置的一个重要目的就在于保存生物多样性，因此在生物多样性无直接数据可衡量的情况下，此处用自然保护区面积占国土面积比重的数据来替代。

（2）环境改善指标。

环境改善二级指标考察各国在治理环境污染方面的成就。环境质量包括空气质量、土壤质量、水体质量、城乡生活环境等。因水体质量数据缺失，此处主要考察其余三个方面。

空气质量由 PM 2.5 和 PM 10 年均浓度数据计算得出。各国空气质量好坏评价的依据一般是 SO_2、NO_2、PM 10、PM 2.5、O_3、CO 等污染物的年均浓度，但此处只能获得统一的 PM 2.5 和 PM 10 的年均浓度数据。世界卫生组织 2005 年修订的《空气质量准则》确定了 PM 2.5 和 PM 10 的限值，空气中 PM 2.5 年均浓度若高于 10微克/立立米，PM 10 年均浓度高于 2010 微克/立立米，长期暴露于此的居民就会增加罹患心脏疾病和肺癌的概率。故此处将各国数据与世界卫生组织准则值进行比较，并将 PM 2.5 数据与 PM 10 数据加权求和，最终得出的值小于 1，则空气质量整体好于世界卫生组织标准；大于 1，则已经超标。值越小空气质量越好。空气质量计算公式为：

$$空气质量=\frac{\text{PM 2.5 年均浓度}}{\text{世界卫生组织准则值}}\times\left(\frac{6}{11}\right)\times\frac{\text{PM 10 年均浓度}}{\text{世界卫生组织准则值}}\times\left(\frac{5}{11}\right)$$

同理，土壤质量也无直接数据，但农药和化肥施用强度过大是大面积土壤污染的重要原因，故此处主要考察农药和化肥的施用合理化程度，计算公式为：

$$土壤质量=\frac{化肥施用量}{农作物总播种面积}\times\left(\frac{1}{2}\right)\times\frac{农药施用量}{农作物总播种面积}\times\left(\frac{1}{2}\right)$$

此外，城市生活垃圾无害化提高率可以从一个侧面反映出城市的干净整洁程度以及生活垃圾的处理情况，农村改善的卫生设施人口比重可以反映出农村卫生设施的普及率，在没有更为齐全的数据情况下，用此两个指标来评价城乡生活环境还算恰当。

（3）资源节约指标。

资源节约二级指标考察各国自然资源的利用情况。人类的所有活动都要消耗自然资源，经过数百年的快速发展和人口的不断增长，多种资源都已面临短缺，而又以能源和水资源的短缺最引人注目。在缺少可再生能源利用数据和水资源循环利用数据的情况下，本二级指标选取单位生产总值能耗降低率和水的生产率提高率两个三级指标衡量这两方面的改善情况。

另外，单位工业增加值中固体废物产生量可以衡量除能源和水资源之外其他生产性原材料的利用情况，利用效率越高，排放的固体废物就越少，但因样本缺失较多，此评价指标体系的35个国家中仅26个国家有数据，无法进行统计学意义上的排名，故没有纳入整体比较之中，只在分析时有所参考。

(4) 排放优化指标。

排放优化二级指标考察各国污染物排放对环境的影响情况。污染物包括废气、废水、废渣等，但同样因数据可获得性问题，此处仅考察了废气的排放情况，具体又分为温室气体、SO_2、氮氧化物、烟(粉)尘四个三级指标。

温室气体的主要成分是CO_2、NO、甲烷，它们虽来源不同，但对环境的影响一致，都是气候变暖的重要因素，故此指标中温室气体排放总量由CO_2、NO、甲烷的排放量加权求和得出。计算公式如下：

$$\text{主要温室气体排放量} = CO_2\text{ 排放量} \times \left(\frac{5}{11}\right) + \text{NO 排放量} \times \left(\frac{3}{11}\right) + \text{甲烷排放量} \times \left(\frac{3}{11}\right)$$

但此处不只考察污染物排放的总量，还把环境容量考虑在内，综合考虑各国不同的经济发展阶段及自然条件。一国虽然排放较少，但环境容量也小，则污染物排放对自然环境的影响就大，继续排放的空间有限，反之亦然。因数据有限，此指标体系主要用森林面积和森林覆盖率的乘积来衡量温室气体的吸收能力，用空气质量和国土面积的比值标示对SO_2、氮氧化物、烟(粉)尘排放的容纳程度，虽然不够精确，但也能反映大致情况。此处空气质量计算公式与数据和环境改善二级指标中空气质量相同，国土面积则统一为世界银行所提供的2011年的数据，各类空气污染物排放效应计算公式见表4-5。

2. 数据来源、质量及体系说明

由上可以看出，因数据来源问题，本指标体系虽已尽可能努力完善，但与理想的指标体系间仍存一定差距。IECI和IECPI所采用数据主要由世界银行、OECD、联合国粮食及农业组织(FAO)等机构公开发布，这些数据在很大程度上又依赖于各国的统计，因此在统计时间、统计项目、统计口径上都会有较大差异，这就造成可选择指标较少的情况。即使如此，已有指标也大多代表了各自领域的主要方面，对其进行评价某种程度上能起到见微知著、以小见大的效果，有助于整体情况的了解。

同样因数据问题，IECI和IECPI评价具有一定的滞后性，但这并不影响对中国的分析和判断。除单位森林面积蓄积量和农村改善的卫生设施人口比重有2015年的数据外，其他指标多为2010年前后的数据，也即中国与OECD国家在水平与发展上的相对排名只是2010年前后的真实情况反映。自2010年以来，中国的生态文明建设飞速发展，各个方面与过去相比确实有很大的改观，但是，从前面的分析中，从本书其他章节，都可以看出，中国的本质问题仍然没有改变，排放优化仍然是中国生态文明建设的短板。本章的分析建立在评价基础之上，但并不局限于评价结果，因此虽然数据稍显滞后，但得出的结论仍有助于理解中国近年生态文明建设的国际地位。

另外，本研究中心出版的另一本书《中国省域生态文明建设评价报告（ECI 2015）》[①]中，第二章对包括中国在内的 111 个国家的生态文明建设水平进行了比较，而此处又将评价样本量限定在 35 个。一方面，OECD 国家发展较早，基础较好，对中国有更好的参考和借鉴意义；另一方面，具有多年连续数据的国家相对较少，且多集中在发达国家。本指标体系重点评价发展情况，故选择数据相对齐全的 OECD 国家为考察对象。

算法上，因为是 ECI 和 ECPI 的国际版本，故 IECI 和 IECPI 与前两者保持一致，具体参见第一章"五、ECPI 评价体系及算法完善"，此处不再做特别说明。

① 严耕主编. 中国省域生态文明建设评价报告（ECI 2015）[M]. 北京：社会科学文献出版社，2015.

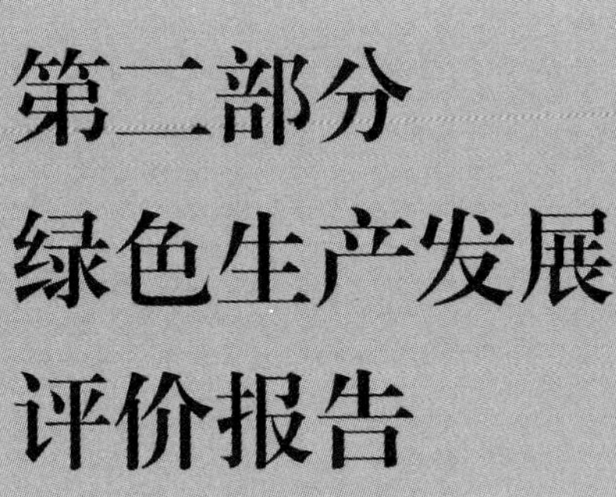

第二部分 绿色生产发展评价报告

第五章　绿色生产发展年度评价报告

转型、改革、创新是经济步入新常态下中国实现“大转型”的主旋律。中国以粗放的发展模式创造了经济增长奇迹，但也遭遇了能源与资源约束趋紧，环境污染严重等能源危机、环境危机和发展危机，发展方式急需转变。绿色发展源于对粗放式发展理念、发展路径、发展模式的反思，是一种资源节约、环境友好的发展方式。绿色生产具有节约高效、低碳清洁、高科技化的特征，强调生产模式的转变，是实现绿色发展的重要维度和体现。

课题组坚持科学、客观、中立的准则，结合绿色生产的内涵与特征以及当前发展阶段中面临的压力与挑战，总结绿色生产具有产业结构、资源能耗、污染排放的三大核心要素，其中产业结构是绿色生产的基础支撑，资源能耗和污染排放是绿色生产的核心目标和主要抓手，通过节能低耗、控污与减污实现生产的绿色化、清洁化。在此基础上，课题组提出了绿色生产量化评价的框架和指标体系，从产业升级、资源增效、排放优化三个维度描述、分析与评价中国绿色生产发展进展、类型特征、发展态势与驱动因素，力图通过多视角展现中国绿色生产发展的全貌，探寻症结与突破口，为继续推进中国绿色生产发展提供启示和发展方向。

一、绿色生产发展评价结果

(一) 全国绿色生产发展速度放缓，排放优化维持较高增速

2015 年，全国绿色生产发展呈现进步态势，绿色生产发展速度为 3.85%，发展速度放缓；各二级指标产业升级、资源增效、排放优化的发展速度分别为 2.08%、2.4%和 6.26%，排放优化维持较高增速（表 5-1，表中 GPPI 为绿色生产发展指数）。

表 5-1　2015 年全国绿色生产发展速度　　单位：%

	产业升级	资源增效	排放优化	GPPI
发展速度	2.08	2.4	6.26	3.85

1. 新常态下结构优化压力显现，科技创新发展缓慢

产业结构优化升级进度相对缓慢。从产业结构各三级指标发展速度来看，第

三产业进一步发展，第三产业产值占 GDP 比重、第三产业就业人数占就业总人数比重相对增长较快；科技创新的三个指标发展速度有差异，研发经费投入强度、高技术产值比重小幅增长；但万人专利授权呈现负增长（表 5-2）。

表 5-2 2015 年全国产业升级发展速度

单位：%

二级指标	三级指标	发展速度
产业升级	第三产业产值占国民生产总值比重增长率	2.56
	第三产业就业人数占地区就业总人数比重增长率	5.45
	R&D 经费投入强度增长率	1.99
	万人专利授权数增长率	－1.30
	高技术产值占国民生产总值比重增长率	1.45

"十二五"期间中国第三产业发展逐步壮大。2012 年，第三产业产值占 GDP 比重首次超越第二产业；2014 年该比重接近 50％的临界点，即将步入后工业时代，第三产业逐步成为经济增长的关键支撑，推动经济转型升级。但纵观四年来的发展，第三产业产值占 GDP 发展速度呈现波动性增长，新常态下，产业结构优化与升级压力显现（图 5-1）。

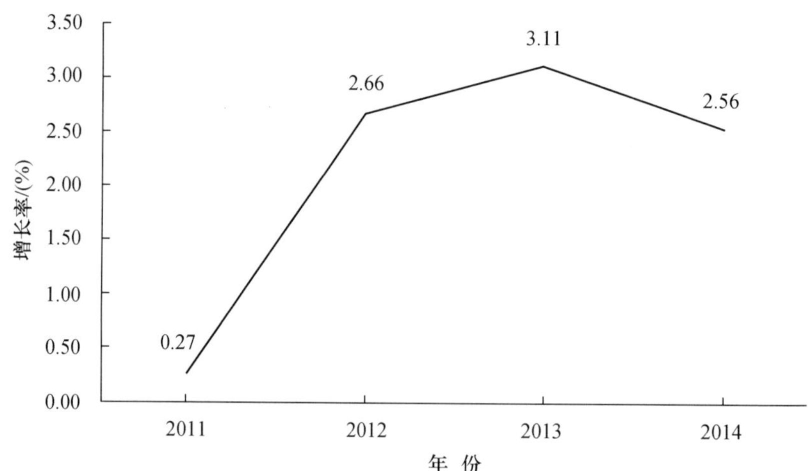

图 5-1 2011—2014 年全国第三产业产值占 GDP 比重发展速度

科技创新是推动产业升级转型的内生发展动力。但"十二五"期间，全国研发经费投入强度、万人专利授权数、高技术产值占 GDP 比重等指标的发展速度都呈现出不同程度的下降（图 5-2～5-4），科技创新驱动力不足，这是制约产业结构优化与升级转型的症结所在。

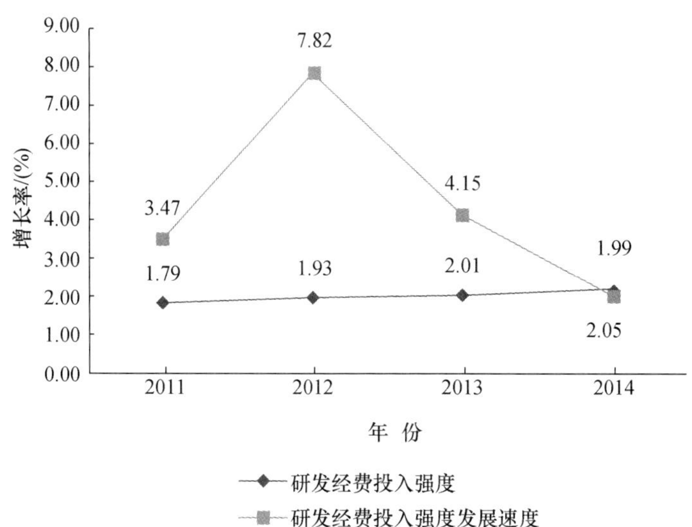

图 5-2　2011—2014 年全国 R&D 经费投入强度发展速度

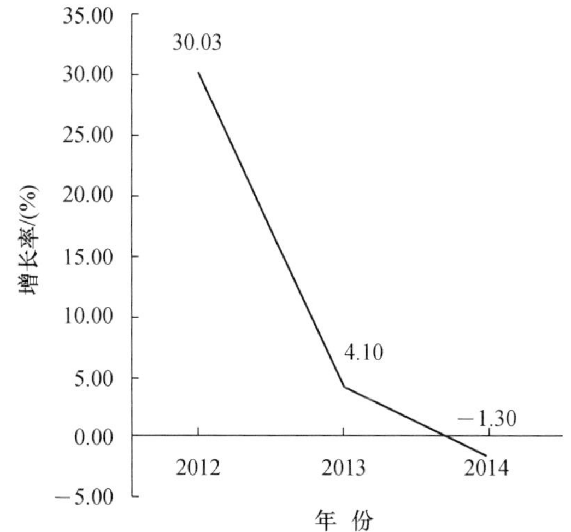

图 5-3　2012—2014 年全国万人专利授权数发展速度

2. 资源增效呈现两极发展，高碳型能源结构尚未改变

资源增效发展速度呈现快慢不均的特点。从资源增效各三级指标发展速度来看，在能耗方面，单位工、农业产值水耗下降率得到了快速发展，发展速度分别达到 8.17%、7.24%，但单位产值工业能耗下降率呈现较大幅度负增长，为 −8.56%；能源消费结构进一步优化，新能源与可再生能源消费比重增长率达到 9.80%；工业固体废物综合利用提高率小幅波动(表 5-3)。

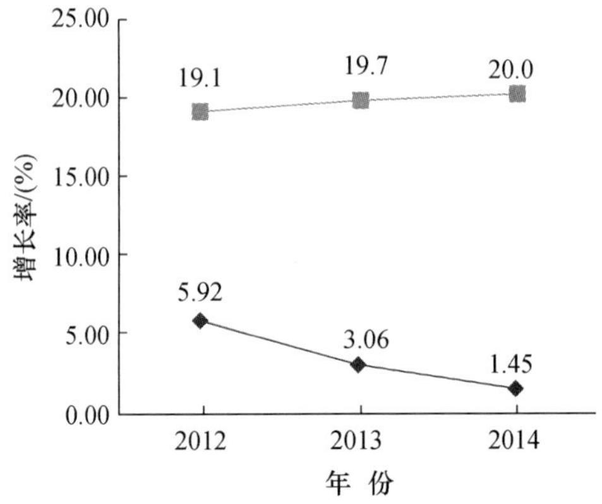

图 5-4 2012—2014 年全国高技术产值占 GDP 比重发展速度

表 5-3 2015 年全国资源增效发展速度 单位:%

二级指标	三级指标	发展速度
资源增效	单位工业产值能耗下降率	−8.56
	新能源、可再生能源消费比重增长率	9.80
	单位工业产值水耗下降率	8.17
	单位农业产值水耗下降率	7.24
	工业固体废物综合利用提高率	−0.14

近十年中,全球遭遇新一轮经济危机,中国曾依赖高投资的强刺激政策走出经济低谷,但这催生了能源消费总量的快速增长,中国能源消费总量已达到世界第一,其中突出的问题在于能源消费结构不合理。2014 年,中国能源消费结构仍呈现“一煤独大”的局面,煤炭消费占能源消费总量的 66%(图 5-5)。

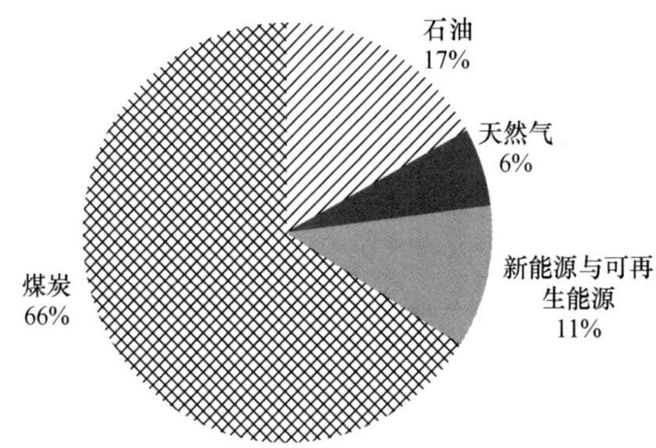

图 5-5 2014 年全国能源消费构成

中国能源消费结构属于高碳型，严重依赖煤炭资源。“十二五”期间，能源消费结构得以进一步优化，新能源与可再生能源消费比例有所提高，发展速度呈现波动式增长(图 5-6)，但仍属于煤炭时代。而全球能源消费结构呈现油气主导的特征，油气消费比例几近 60%，煤炭消费比例占 30%，OECD 国家早已进入油气时代①。从煤炭到油气时代，体现了能源优质化过程。中国需要加快能源结构调整，尽快走出煤炭、进入油气等清洁能源消费时代。

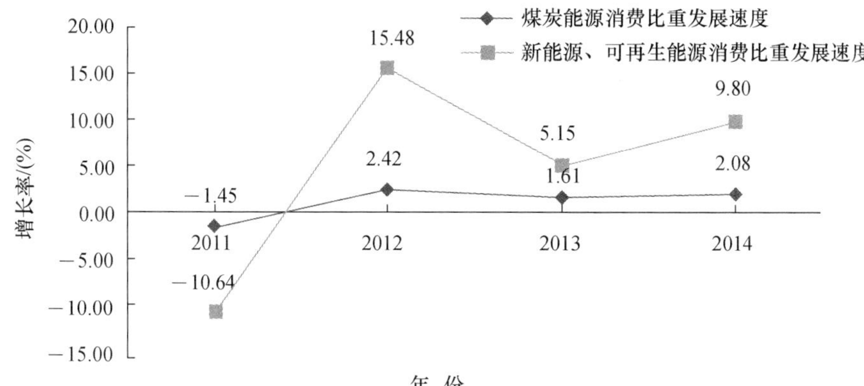

图 5-6　2011—2014 年煤炭、新能源与可再生能源消费比重发展速度

新常态下，中国经济进入速度换挡周期。工业在支撑经济增长的同时，却带来了工业能源消费的刚性增长。2011—2013 年间，单位产值工业能耗下降幅度逐步放缓，甚至大幅度退步(图 5-7)。这种发展态势源于工业生产过程中能源利用方式粗放，传统产业能源与资源利用效率较低。

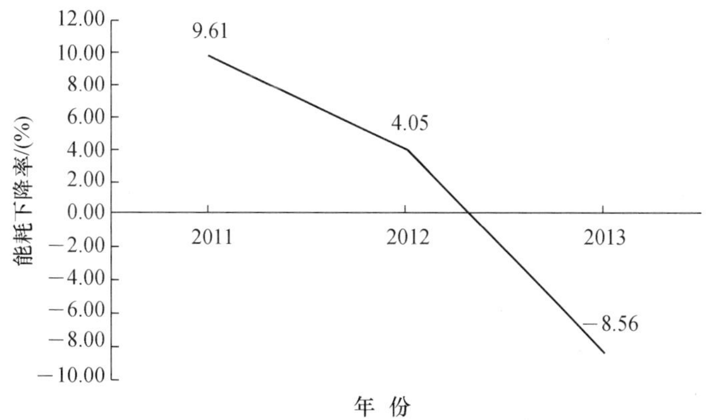

图 5-7　2011—2013 年单位产值工业能耗下降率

① 滕泰，范必等. 供给侧改革. 北京：东方出版社，2015.

3. 排放优化呈现发展优势，工业烟(粉)尘排放成短板

"十二五"期间，国家高度重视大气治理和水污染治理，将主要污染物排放总量减少作为约束性指标，排放优化发展优势明显。与其他二级指标相比，排放优化发展速度较快，除工业烟(粉)尘外，其他主要污染物排放优化不同幅度增长(表5-4)。

表 5-4　2015 年全国排放优化发展速度　　单位：%

二级指标	三级指标	发展速度
排放优化	工业化学需氧量排放效应优化	11.02
	工业氨氮排放效应优化	12.26
	工业 SO_2 排放效应优化	4.00
	工业氮氧化物排放效应优化	6.78
	工业烟(粉)尘排放效应优化	−6.35

水污染治理得以重视，优化效应明显。与"十一五"收官之年相比，工业化学需氧量排放总量降幅明显。除工业氨氮排放量在 2012 年小幅上升外，总量控制效果显著，逐年下降(图 5-8,5-9)。

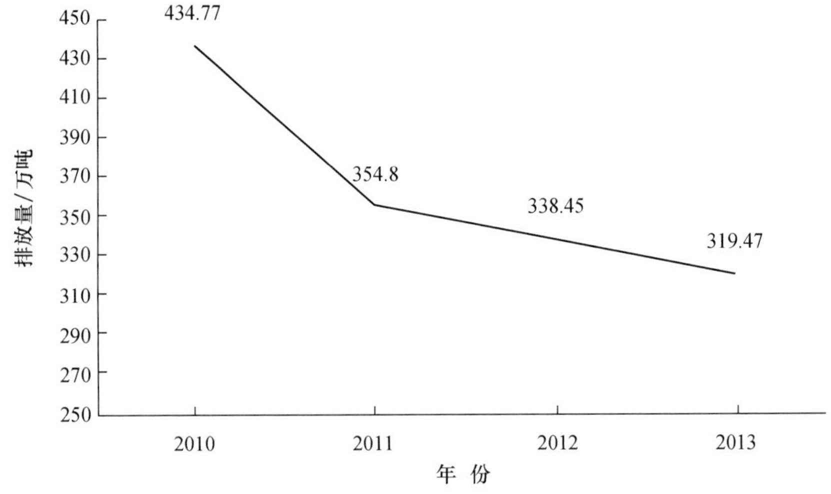

图 5-8　2010—2013 年工业化学需氧量排放量

大气治理力度继续稳步推进，工业 SO_2、工业氮氧化物排放总量得以控制，但工业烟(粉)尘排放优化效应呈现较大幅度下降(图 5-10)。这可能是因为，一方面，国家在约束性指标设计时，忽视了烟(粉)尘排放总量与增量控制，使其未受到地方政府和企业的重视；另一方面，经济走势下滑的压力下，在经济发展与环境治理间选择了前者，结构减排和工程减排失效。

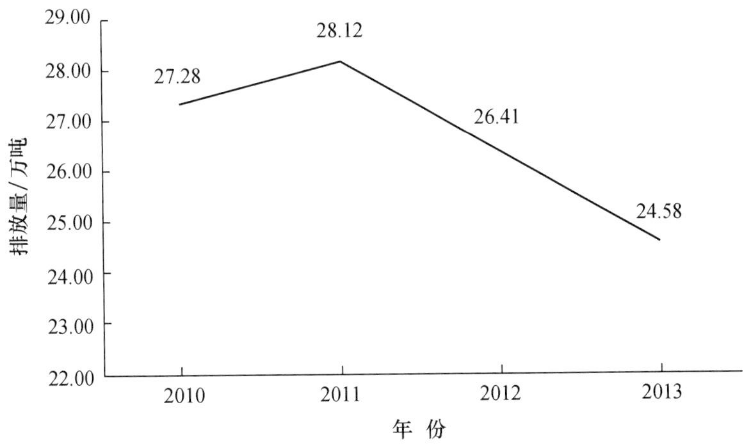

图 5-9 2010—2013 年工业氨氮排放量

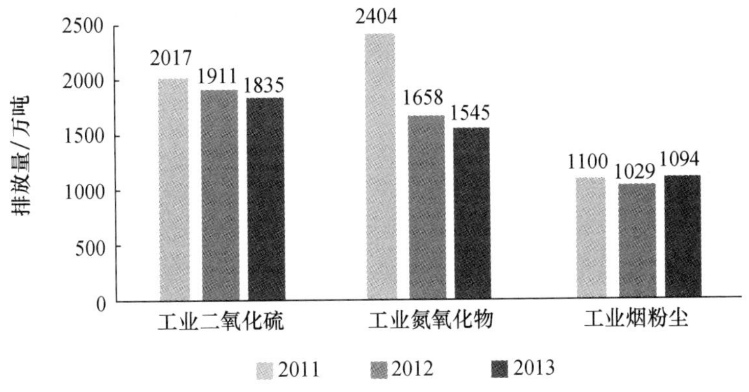

图 5-10 2011—2013 年工业大气污染物排放量

(二) 各省份绿色生产发展指数(GPPI 2015)

课题组构建了绿色生产指数、绿色生产发展指数的指标评价体系以及相应的算法(详见附录),基于国家相关部门发布的 2014、2015 年可获得的最新数据,计算各省份绿色生产发展指数(GPPI 2015)和绿色生产指数(GPI 2015),从发展速度、建设水平两个维度,客观、中立地评价绿色生产建设与发展,并根据 GPPI 2015 的均值和标准差将其分为四个等级[①],进一步统计了 GPPI 2015 的地域分布(表 5-5,5-6)。

① GPPI 等级划分办法与 ECPI 保持一致,即发展指数高于均值 1 倍标准差以上的省份为第一等级;发展指数高于均值,但不足 1 倍标准差的省份为第二等级;低于均值,但不足 1 倍标准差的省份为第三等级;低于均值 1 倍标准差以上的省份为第四等级。下文中均采用该等级划分办法。

表 5-5 2015 年各省份绿色生产发展指数(GPPI 2015) 单位:分

排名	地区	GPPI	产业升级	资源增效	排放优化	指数等级
1	西藏	59.36	55.71	59.41	62.06	1
2	安徽	54.46	54.21	57.33	52.49	1
3	四川	53.64	52.72	57.11	51.73	1
4	宁夏	53.38	45.06	53.48	59.54	1
5	贵州	52.37	39.61	70.48	48.36	2
6	河南	52.29	59.49	55.65	44.38	2
7	北京	52.16	44.66	52.64	57.43	2
8	广东	50.71	47.56	51.667	52.36	2
9	天津	50.66	46.95	49.60	54.25	2
10	福建	50.64	43.84	51.669	54.97	2
11	湖南	50.30	49.47	52.77	49.06	2
12	江西	50.21	53.36	52.94	45.80	2
13	湖北	50.19	51.83	50.62	48.63	2
14	山东	50.02	48.75	49.30	51.51	2
15	江苏	49.36	45.01	47.79	53.81	3
16	重庆	49.06	54.12	48.48	45.71	3
17	广西	48.68	51.02	45.66	49.18	3
18	河北	48.67	52.22	45.68	48.26	3
19	陕西	48.43	51.00	46.17	48.20	3
20	青海	48.27	53.48	55.29	39.08	3
21	甘肃	48.19	49.97	43.65	50.26	3
22	云南	48.15	51.41	49.73	44.51	3
23	海南	48.14	48.38	38.23	55.40	3
24	黑龙江	47.40	51.64	44.61	46.32	3
25	辽宁	47.35	45.95	41.24	52.98	3
26	内蒙古	46.29	57.96	52.73	32.71	3
27	新疆	45.31	52.58	42.54	41.95	4
28	吉林	44.99	45.24	43.12	46.20	4
29	上海	44.62	45.12	50.47	39.86	4
30	山西	44.22	55.01	39.97	39.32	4
31	浙江	43.41	46.69	49.95	36.03	4

表 5-6　2015 年各省份绿色生产指数(GPI 2015)　单位:分

排名	地区	GPI	产业升级	资源增效	优化排放
1	北京	63.62	75.07	64.00	54.74
2	海南	59.35	52.46	43.84	76.15
3	青海	58.86	42.66	46.86	80.00
4	西藏	58.20	51.66	35.66	80.00
5	广东	55.90	63.04	57.51	49.34
6	新疆	54.35	44.04	39.88	72.93
7	上海	54.21	74.22	54.69	38.85
8	天津	54.16	65.62	62.99	38.94
9	云南	54.06	44.52	42.07	70.20
10	江苏	53.15	63.55	54.12	44.61
11	福建	52.69	49.43	54.10	54.09
12	山东	52.09	52.54	62.44	43.99
13	重庆	51.87	54.51	61.17	42.92
14	黑龙江	51.78	49.33	44.99	58.70
15	浙江	51.25	59.27	54.19	43.03
16	贵州	50.99	44.13	44.25	61.18
17	吉林	50.70	44.24	49.36	56.55
18	四川	50.35	48.27	45.44	55.59
19	甘肃	49.99	47.39	40.79	58.85
20	陕西	49.50	44.77	55.57	48.50
21	湖南	49.22	48.38	47.62	51.06
22	安徽	48.96	46.75	52.46	48.00
23	江西	48.89	45.24	46.93	53.11
24	湖北	48.834	49.31	49.69	47.84
25	广西	48.829	42.02	45.66	56.31
26	内蒙古	48.23	44.37	45.05	53.51
27	河南	47.29	43.69	55.85	43.57
28	辽宁	46.43	50.60	47.51	42.50
29	山西	44.59	48.73	47.21	39.52
30	宁夏	44.21	45.93	47.74	40.28
31	河北	43.69	42.76	46.60	42.21

1. 各省份绿色生产发展差异显现，半数省份不及平均水平

各省份绿色生产发展快慢不一。从各省份绿色生产发展指数等级分布来看，半数省份绿色生产发展指数不及全国平均水平(图 5-11)。从绿色生产发展速度上来看，整体发展速度维持较高水平，第二梯队有 23 个省份，跟跑者占半壁江山，但仍有六个省份(包括云南、黑龙江、浙江、上海、内蒙古、山西)不及平均水平；此外，各省份发展速度两极分化，发展速度最快与垫底省份相差超过 50%(图 5-12)。

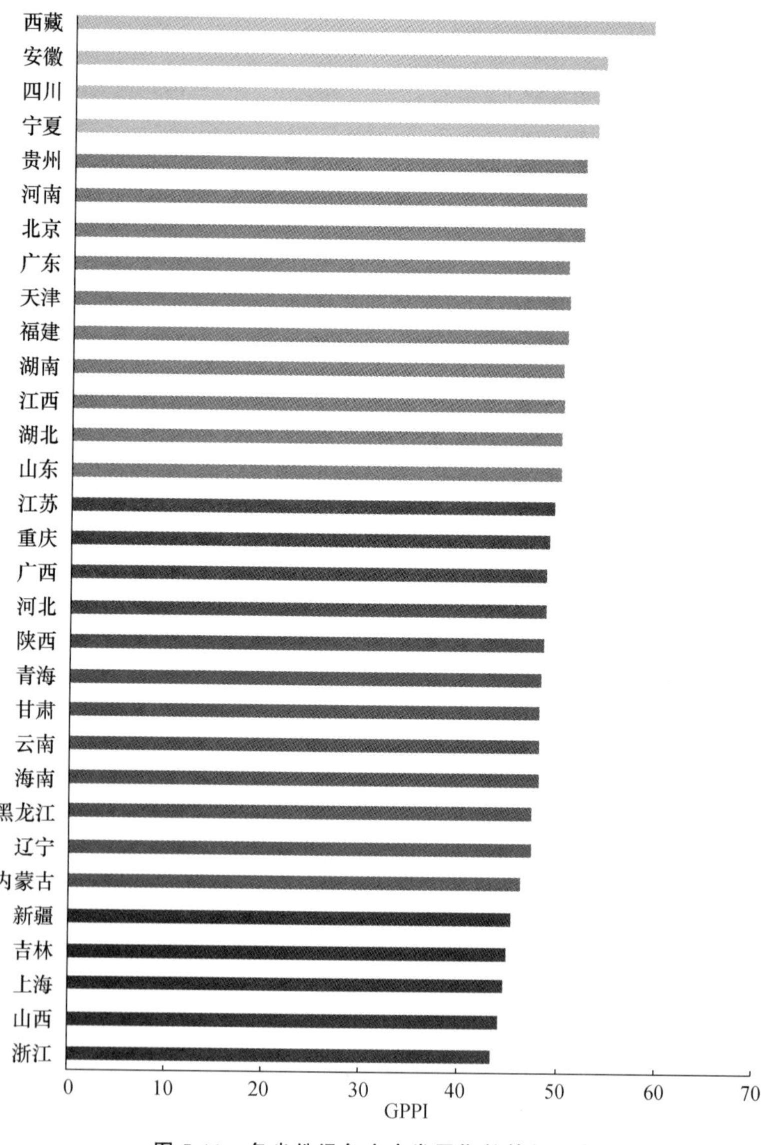

图 5-11 各省份绿色生产发展指数等级分布

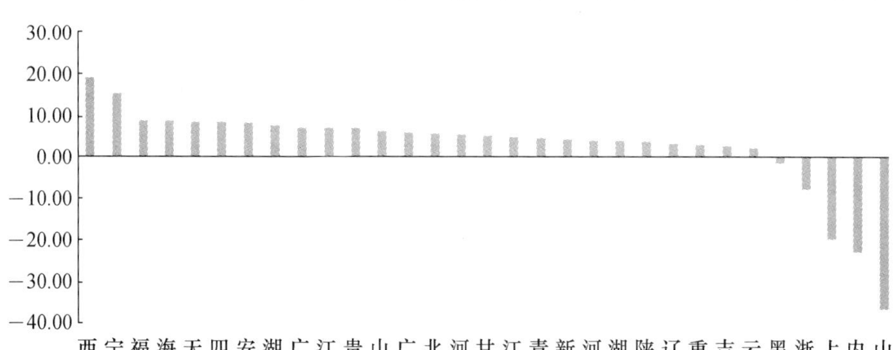

图 5-12　2015 年各省份绿色生产发展速度

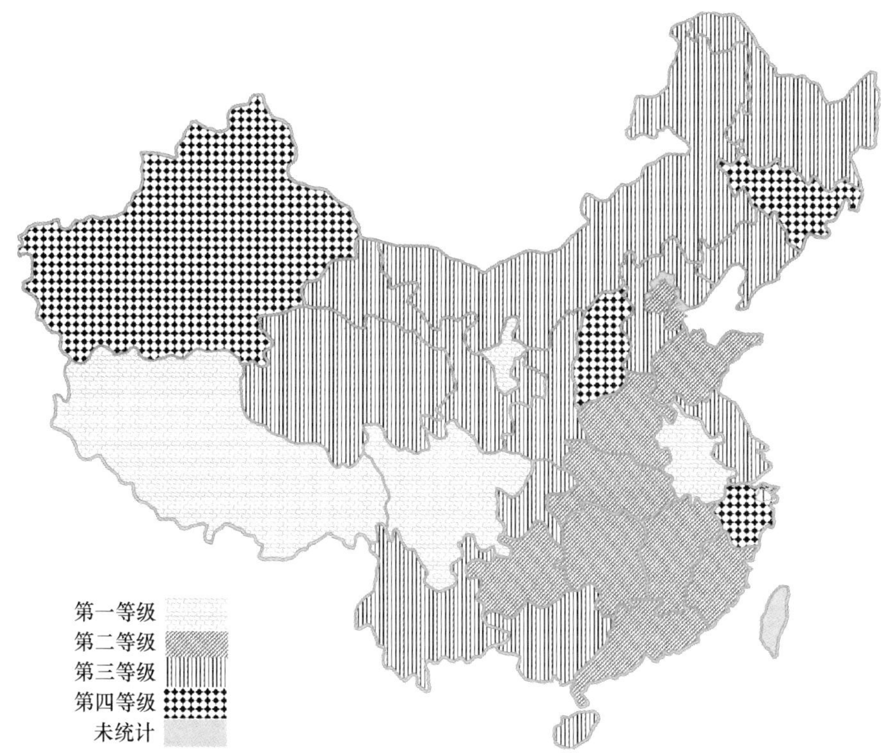

图 5-13　绿色生产发展指数等级地域分布

说明：由于比例尺原因，图中未呈现港澳、南海和澎湖诸岛；由于数据所限，也未列出港澳台等地区的生态文明情况。

绿色生产发展指数等级分布具有明显的地域特征(图 5-13)。第二等级省份集中分布在中东部地区,包括贵州、河南、北京、广东、天津、福建、湖南、江西、湖北、山东。第三等级、第四等级集中分布在北部、中西部地区,包括重庆、江苏、广西、河北、陕西、青海、甘肃、云南、海南、黑龙江、辽宁、内蒙古、新疆、吉林、上海、山西和浙江。大多数省份在产业升级、资源增效、排放优化中至少存在两个维度的发展滞后,绿色生产发展需要大推进。此外,上海、江苏、浙江成为东部地区绿色生产建设的"垫底者",三个省份地域相连,有相似的发展思路和挑战,产业升级和排放优化严重拉低了这些省份绿色生产发展速度,急需破解难题。

2. 产业升级全面增速发展,东部沿海省市有待加速

产业升级发展与经济水平密切相关。从绿色生产发展指数上来看,16 个省份超过平均水平,但第一等级省份只有四个,跟跑者居多;东部沿海省份绿色生产发展指数都属于第三、第四等级,源于这些省份原有的产业发展基础较为成熟;部分经济发展滞后的省份,在产业升级发展方面仍然滞后,如吉林、辽宁、宁夏等,新常态下抓住产业优化升级的突破口是实现经济转型发展的首要选择(产业升级发展指数等级分布及地域分布具体如图 5-14 所示)。

从发展速度方面来看,各省份产业升级全面实现增速发展,但发展速度有差异。中西部地区发展速度较快,西藏、河南、江西、广西四省份产业升级发展速度实现两位数增长;海南、江苏的发展速度不及 1%(图 5-15)。

3. 资源增效发展参差不齐,高能耗短板凸显

资源增效发展参差不齐,过半省份发展指数不及平均水平。从资源增效发展指数等级分布来看,华中、华南省份多位于第二等级,第四等级多数分布在北部地区(图 5-16)。从发展速度上来看,两个省份实现两位数增长,而六个省份资源增效发展全面回落,呈现负增长,除海南外,其余都属于北部地区省份(图 5-17)。

资源增效发展垫底的省份,高能耗短板凸显。辽宁、吉林两省单位产值工业、农业水耗、工业固体废物综合利用提高率都为负增长;海南省的单位产值工业水耗、工业固体废物综合利用提高率严重滞后;山西省单位产值工业能耗、水耗大幅度超过其他各省等。从上述各省情况可以看出,工业发展必然带来能源消耗,但资源、能源粗放使用一方面降低了能效,另一方面也带来了严重的环境污染问题。提升资源增效要着眼于提升传统产业的能效和资源利用率,也希冀于通过产业结构调整,对高能耗行业进行改造升级与转型。

4. 排放优化两极分化严重,发展速度均值为负

排放优化与绿色生产发展高度相关,在发展指数等级分布上呈现出一致性。从排放优化发展指数上来看,有 22 个省份属于第二、三等级,在均值水平上下浮动,这是中国排放优化整体发展不佳的主要体现;第四等级省份有五个,既包括西

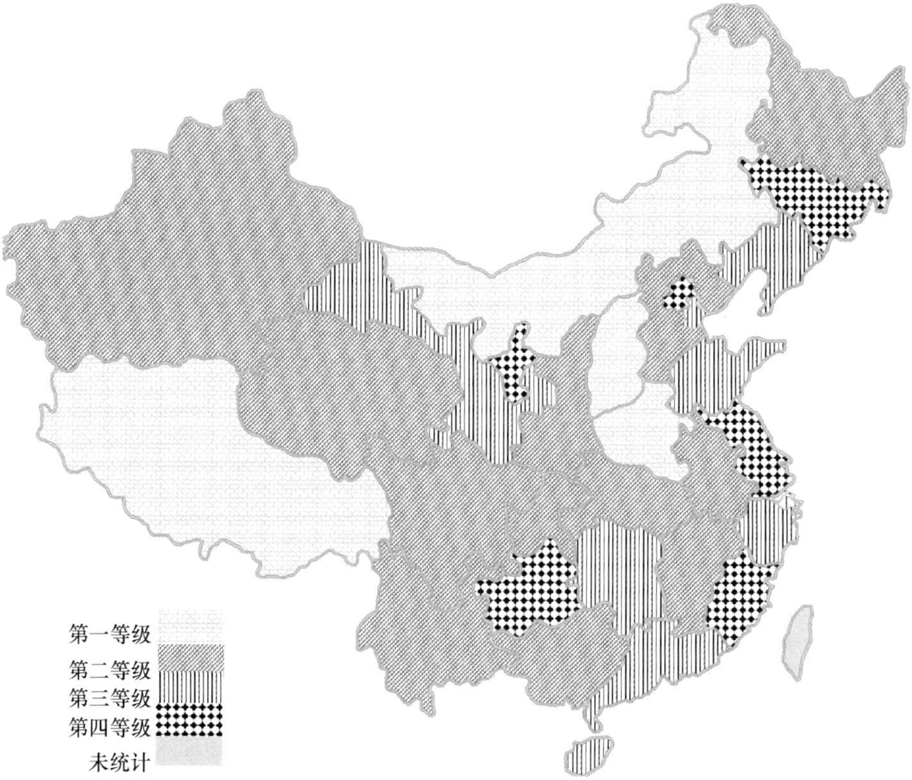

第一等级
第二等级
第三等级
第四等级
未统计

图 5-14　中国内地 2015 各省份产业升级发展指数等级分布

说明：由于比例尺原因，图中未呈现港澳、南海和澎湖诸岛；由于数据所限，也未列出港澳台等地区的生态文明情况。

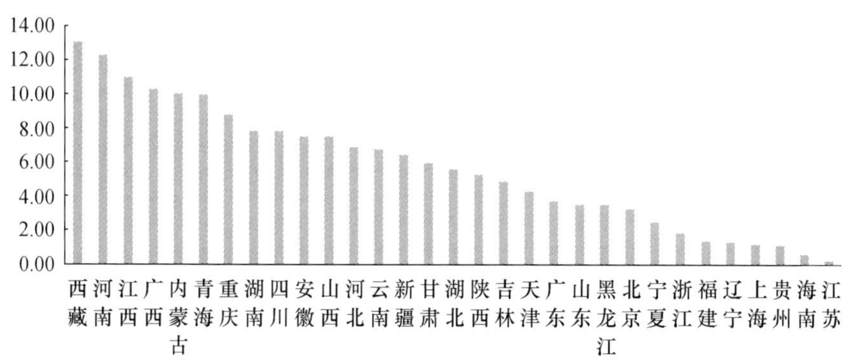

图 5-15　2015 各省份产业升级发展速度

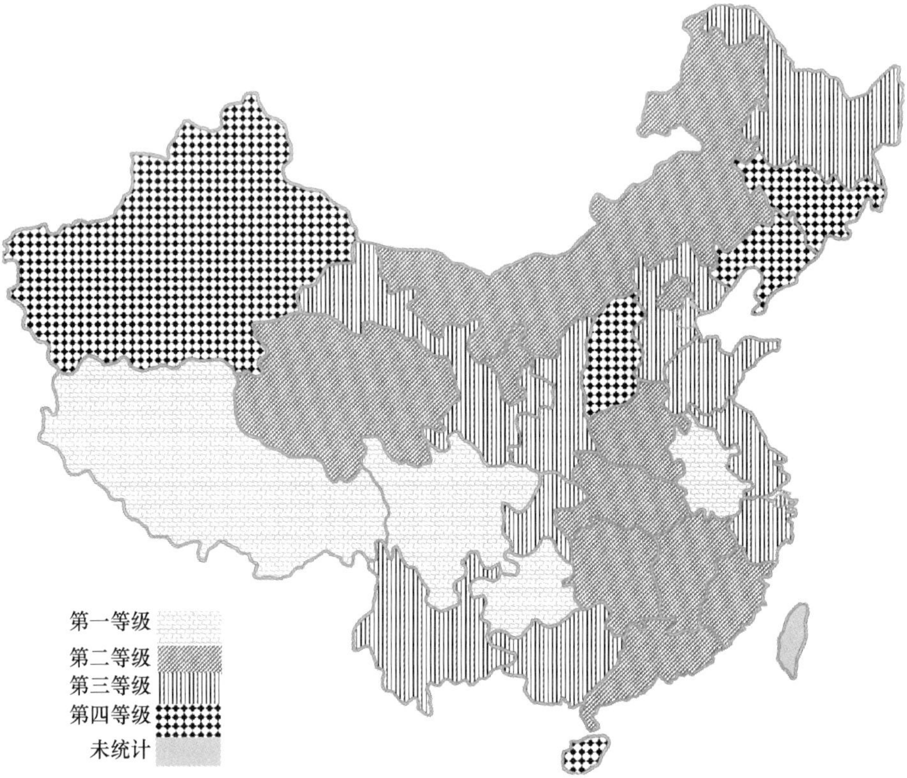

第一等级
第二等级
第三等级
第四等级
未统计

图 5-16　2015 年度各省份资源增效发展指数等级分布

说明：由于比例尺原因，图中未呈现港澳、南海和澎湖诸岛；由于数据所限，也未列出港澳台等地区的生态文明情况。

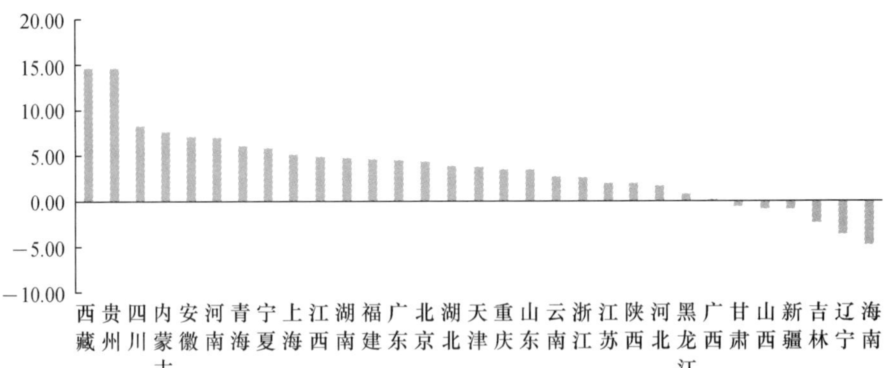

图 5-17　2015 各省份资源增效发展速度

北部地区资源依赖型经济省份，也包括经济发展处于第一梯队的上海和浙江（图5-18）。究其原因，内蒙古、山西、青海源于工业生产中对资源进行粗放式开采，导致污染物排放严重超出环境承载力，环境污染严重。上海、浙江排放优化发展严重滞后有共性原因，即工业化学需氧量、工业氨氮排放优化效应远落后于其他省份，水污染治理失效。此外，浙江工业烟（粉）尘排放总量失控，严重制约排放优化发展。

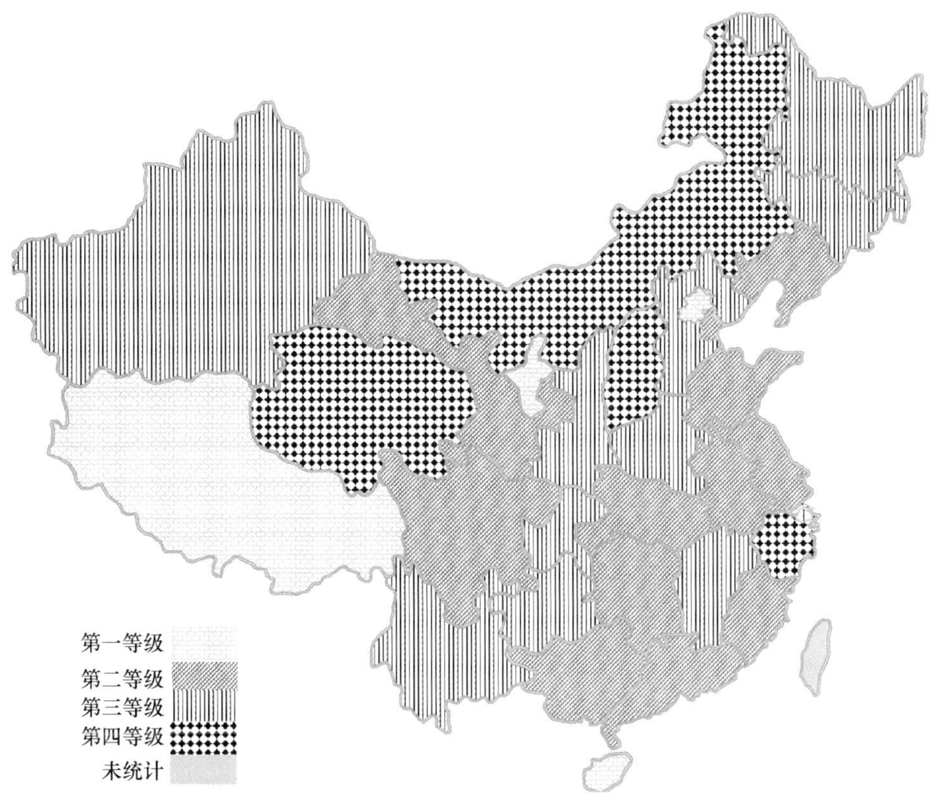

图 5-18　2015 年各省份排放优化发展指数等级分布

说明：由于比例尺原因，图中未呈现港澳、南海和澎湖诸岛；由于数据所限，也未列出港澳台等地区的生态文明情况。

各省域排放优化发展速度参差不齐，平均水平为负增长。排放优化发展速度处于第一等级的只有宁夏和西藏，有八个省份实现两位数增长；同时，有九个省份排放优化负增长，甚至发展速度跌落近－100％，拉低排放优化发展速度平均水平，使其成为唯一一个发展速度平均水平为负增长的二级指标；发展最快的宁夏与发展最慢的山西相差 128.21％（图 5-19）。

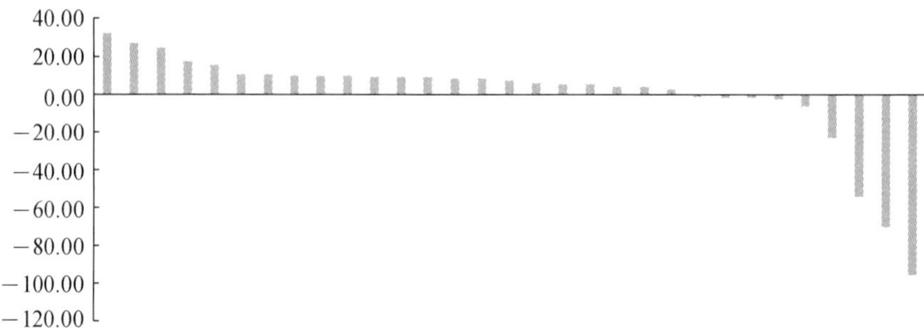

图 5-19　2015 各省份排放优化发展速度

二、绿色生产发展类型分析

各省份绿色生产建设呈现出建设水平、发展速度的差异化特征。研究基于绿色生产指数和发展速度两个维度,将各省份绿色生产建设发展分为领跑型、追赶型、前滞型、后滞型和中间型五种类型(表 5-7)。绿色生产领跑型和追赶型省份共有 14 个,发展速度优势明显,形成了领跑与跟跑占优的格局。

表 5-7　各省份绿色生产建设水平和发展速度的得分、等级及类型

类型	地区	建设水平/分	发展速度/(%)
领跑	北京	63.62	5.69
	海南	59.35	8.68
	西藏	58.20	19.17
	广东	55.90	6.12
	天津	54.16	8.62
	福建	52.69	8.90
追赶	四川	50.35	8.45
	甘肃	49.99	5.08
	湖南	49.22	7.70
	安徽	48.96	8.13
	江西	48.89	7.11
	广西	48.83	7.22
	河南	47.29	5.35
	宁夏	44.21	15.44

（续表）

类型	地区	建设水平	发展速度
中间	青海	58.86	4.53
	新疆	54.35	4.49
	云南	54.06	2.27
	江苏	53.15	4.83
	山东	52.09	6.24
	重庆	51.87	2.90
	黑龙江	51.78	−1.14
	浙江	51.25	−7.54
	贵州	50.99	7.03
	吉林	50.70	2.84
	陕西	49.50	3.83
	湖北	48.83	4.04
	辽宁	46.43	3.34
	河北	43.69	4.11
前滞	上海	54.21	−19.63
后滞	内蒙古	48.23	−22.80
	山西	44.59	−36.33

通过类型分析，研究描述与分析了中国各省份绿色生产建设发展的共性和差异，发现排放优化发展速度差异是绿色生产领跑与滞后（包括前滞型和后滞型）的分水岭，是实现从落后梯队向跟跑者、领跑者转变的助推器；排放优化发展滞后源于工业污水治理短板；科技创新是加速产业升级、推动绿色生产发展的主战场。

三、绿色生产发展态势与驱动因素分析

绿色发展理念依靠方式转变来实现。在全国继续大力推进生态文明建设的背景下，绿色生产建设取得了一定程度的进步，但在发展态势上却呈现出进步速度放缓的趋势，全国进步速度全面回落，进入减速轨道，各省之间进步变化率差异较大，这主要源于排放优化的大幅度退步，排放优化负效应凸显。

通过相关性分析发现，工业污染物排放对环境的影响是当前中国绿色生产发展中的核心问题，是未来绿色生产建设着力突破的维度。其中，高新技术创新与发展是产业升级的突破口，工业固体废物治理成为提高资源效能的主要抓手，控制水污染物排放是当前实现排放效应优化核心所在。

1. 粗放式排放是绿色生产的症结与瓶颈

工业污染物排放对环境的影响是当前中国绿色生产发展中的核心问题。驱动分析表明，绿色生产发展指数(GPPI)与排放优化相关系数为0.980，呈现高度正相关。在当前发展阶段，工业污染物排放优化是实现绿色生产的主要内容和途径，污染物排放总量及效应直接决定了生产过程与结果是否“绿色化”。2015年，九个省份排放优化为负增长，甚至发展速度跌落近100%，拉低排放优化发展速度平均水平，使其成为唯一一个发展速度平均水平为负增长的二级指标。五大工业污染物排放优化进步变化率喜忧参半，其中工业氮氧化物进步明显，近八成省份实现加速进步；而工业烟(粉)尘问题严重，3/4省份大幅度减速，18个省份减速超过10%，成为大气治理的短板，警示作用显现；水污染物减排效应两极分化严重，工业化学需氧量、工业氨氮排放优化进步变化率排名第一与垫底的省份相差均将近400%。虽然近几年来，工业污染物排放总量得以控制，呈现下降的趋势，但环境问题仍凸显，这是因为粗放式排放已形成累积效应，超越了环境承载能力，工业污染物排放总量控制的进步短期内不足以改变环境问题的严重程度。此外，排放优化发展速度差异是绿色生产领跑与滞后(包括前滞型和后滞型)的分水岭。研究发现，排放优化进步变化率对绿色生产发展贡献最大，两者排名几乎完全一致。排放优化是实现从落后梯队向跟跑者、领跑者转变的助推器。

2. 产业结构优化升级是实现绿色生产的基础支撑

没有产业支撑的增长都是空谈。研究显示，中国第三产业发展进一步壮大，第三产业产值占GDP比重接近50%的临界点，即将步入后工业时代，第三产业逐步成为经济增长的关键支撑，推动经济转型升级。但在经济新常态下，产业升级步入慢车道，拉动力减弱，产业结构优化与升级压力显现，尤其是东部地区压力更大。创新是破解发展难题、推动发展动力转换的关键举措。但“十二五”期间，全国研发经费投入强度、万人专利授权数、高技术产值占GDP比重等指标的发展速度都呈现出不同程度的下降，各省份在创新指标维度上也呈现出较大差距。科技创新驱动力不足，这是制约产业结构优化与升级转型的症结所在。同时，产业升级与污染物排放之间的关系值得深思。服务业是国民经济的重要基础，发展服务业是中国经济步入新常态下实现产业结构优化与升级、寻找新的经济增长点的主要抓手。但发展服务业对环境会产生什么样的影响呢？是减少污染物排放的突破口吗？在相关分析中，我们发现，产业升级与排放优化的相关系数为0.12，为不显著相关。虽然近些年第三产业得到了快速的发展，产业结构也不同程度地呈现出升级与优化，但这只是结构层面的改善，产业质量与效率提升还有很大差距。低附加值服务业的较大规模存在会减缓污染物优化排放效应，绿色生产建设进程相对缓慢。

3. 资源增效是绿色生产发展的主要抓手

资源增效考察绿色生产发展节约高效的特征,既强调工业生产中能源与资源的总量与增量控制,又注重资源的重复、可循环利用。研究显示,资源增效呈现两极发展,高碳型能源结构尚未改变。近十年中,全球遭遇新一轮经济危机,中国曾依赖高投资的强刺激政策走出经济低谷,但这催生了能源消费总量的快速增长,中国能源消费总量已达到世界第一,对能源与资源的粗放式使用以及能源消费结构不合理是主要因素。中国经济步入增长速度换挡周期。工业在支撑经济增长的同时,却带来了工业能源消费的刚性增长。近几年,单位产值工业能耗下降幅度逐步放缓,甚至大幅度退步,这种发展态势源于工业生产过程中能源利用方式粗放,传统产业能源与资源利用效率较低。研究发现,资源增效发展垫底省份的单位产值工业水耗、单位产值农业水耗的下降率,以及工业固体废物综合利用提高率严重滞后,甚至为负增长,高能耗短板凸显。此外,中国能源消费结构属于高碳型,严重依赖煤炭资源。"十二五"期间,我国能源消费结构得以进一步优化,新能源与可再生能源消费比重有所提高,发展速度呈现波动式增长。最新数据显示,煤炭占能源消费总量比重为66%,仍属于煤炭时代。而全球能源消费结构呈现油气主导的特征,油气消费比例几近60%,煤炭消费比例占30%,OECD国家早已进入油气时代。中国需要加快能源结构调整,尽快走出煤炭、进入油气等清洁能源消费时代。在注重节约资源、降低能耗的同时,我们也应重视资源消耗与污染物排放之间的关系。工业发展必然带来能源消耗,资源、能源粗放使用和"一煤独大"的能源消费结构是造成污染物排放失控、超出环境承载力的重要因素,也带来了严重的环境污染问题。

四、绿色生产发展评价思路与框架体系

评价要坚持科学、客观、中立的准则。开展绿色生产(Green Production)发展评价,既要遵循科学化原则,又要抓住绿色生产的本质,真实、客观地反映绿色生产发展的全貌。课题组结合绿色生产的内涵与特征以及当前发展阶段中面临的压力与挑战,总结绿色生产具有产业结构、资源能耗、污染排放的三大核心要素,其中产业结构是绿色生产的基础支撑,资源能耗和污染排放是绿色生产的核心目标和主要抓手,进而形成评价绿色生产发展的三个主要变量,产业升级、资源增效和排放优化。在此基础上,构建绿色生产量化评价的框架和指标体系。

(一) 粗放发展模式不可持续,实现绿色发展理念转变

改革开放三十多年来,中国依靠"投资+消费+出口"三驾马车驱动,创造了

经济增长奇迹，形成了“高投入，高能耗，高污染”的粗放发展模式，致使能源与资源约束趋紧，环境污染严重等能源危机、环境危机和发展危机的出现。在推进国家治理体系和治理能力现代化背景下，生态文明建设与发展的核心在于发展方式的转变，即实现什么样的发展。

粗放的发展模式难以为继，不可持续，必须探寻新的替代模式与发展路径。绿色发展主要源于对传统发展理念、发展路径、发展模式的反思，是一种资源节约、环境友好的发展方式。

(二) 绿色生产的内涵与特征

1989 年，联合国环境规划署提出了“清洁生产”(Clean Production)的概念，强调对产品和产品的生产过程采取预防污染的策略来减少污染物的产生，是可持续发展理念在生产过程中的体现。绿色生产是对清洁生产的继承与发展，指以节能、降耗、减污为目标，以管理和技术为手段，实施工业生产全过程污染控制，使污染物的产生量最少化、符合环境承载力要求的一种生产模式①。绿色生产强调生产模式的转变，是实现绿色发展的重要维度和体现。

绿色生产具有节约高效、低碳清洁、高科技化的特征。节约高效强调全面实现资源与能源利用的总量控制、重复使用和综合利用，提高资源与能源利用效率，以最小的资源消耗带来最大的经济效益。低碳清洁强调生产过程低能耗、低排放、低污染，尽可能减少对碳基能源的依赖，运用可再生能源替代不可再生的化石能源，从根本上改变工业生产的基础与发展模式，促进能源革命与可持续发展。高科技化是指工业生产运用科技创新重构生产过程，改造、升级传统生产模式，提升生产的内生发展动力。

(三) 中国实现绿色生产的压力与挑战

绿色生产是中国推进生态文明建设、实现绿色发展的必然选择。但在绿色生产建设与发展中仍然面临着多重压力与挑战。

1. 资源与能源的强约束

绿色生产面临的最大压力是水、土地、能源等的长期强约束。从土地资源来看，中国陆地面积位居世界第三，但后备土地资源不足，沙漠、戈壁等不能利用的土地面积较大，人均耕地面积仅是世界平均水平的 40%。而且，工业化、城镇化的发展，致使建设用地不断扩张，加剧了土地资源不足问题。从水资源来看，水资源短缺成为中国发展中面临的主要瓶颈之一。2013 年中国人均水资源仅为世界水

---

① 臧洪、丰超等. 绿色生产技术、规模、管理与能源利用效率——基于全局 DEA 的实证研究. 工业技术经济，2015(01)：145—154.

平的 1/4，而且水资源分布不均衡，某些地区水资源严重短缺并已成为常态。从能源供给与消费来看，中国经济发展中生产了大量能耗密集型产品，是世界上最大的能源生产国和消费国。中国能源短缺问题凸显，即使是相对比较丰富的煤炭资源也存在对外依存问题，能源供需矛盾日益突出。水、土地、能源等资源不足形成对绿色生产的强约束。

2. 环境问题凸显的制约

高投入、高能耗、高污染的发展模式超出环境承载力，加剧了经济发展与环境保护之间的矛盾，带来了严重的环境污染，这是中国当前发展转型中面临的首要问题。中国快速的经济发展带来了大量污染物的排放，水和空气污染严重。同时，工业生产中产生了大量固、液体废弃物，存放不当和综合利用率不高加重了土壤污染。水、大气、土壤污染是当前经济建设与环境保护之间张力的集中体现，也是绿色生产建设与发展面临的主要挑战。

3. 发展路径惯性与基础能力薄弱

粗放型经济增长方式产生了发展路径惯性，成为绿色生产转型的最大阻力。这主要体现在产业结构、能源结构和科技创新三个方面。中国产业结构和区域发展不均衡，工业结构重型化严重，并存在典型的二元性特征，产业体系的薄弱形成了粗放式的增长方式。以煤炭为主的资源禀赋结构和能源结构致使工业生产对能源高度依赖问题十分突出，使得传统发展道路得以延续。整体科技创新能力与水平的落后是中国实现绿色生产的重要阻力，同时也是动力。科技创新对经济发展的贡献率比较低，大量落后工艺技术的存在与先进技术的缺失，使得中国传统发展陷入“锁定效应”。

根据上述分析，我们发现绿色生产有三个核心要素：产业结构、资源能耗、污染排放。产业结构是绿色生产的基础，没有产业支撑的增长都是空谈；资源消耗和污染排放是绿色生产的核心目标和主要抓手，通过节能低耗、控污与减污实现生产的绿色化、清洁化。在此基础上，课题组提出了绿色生产量化评价的三个主要变量：产业升级、资源增效、排放优化。

(四) 绿色生产发展评价的指标体系与分析方法

1. 指标体系

在分析中国绿色生产转型的压力，辨析绿色生产核心要素的基础上，课题组从产业升级、资源增效、排放优化三个维度构建了绿色生产发展指数、绿色生产指数(GPI)的量化评价框架与指标体系(如表 5-8 及 5-9 所示)，分别从动态发展与静态水平两方面描述、分析与评价中国绿色生产发展进展、类型特征、发展态势与驱动因素。

表 5-8 绿色生产发展指数评价指标体系(GPPI 2015)

一级指标	二级指标	三级指标	指标性质
绿色生产发展指数(GPPI)	产业升级	第三产业产值占地区生产总值比重增长率	正指标
		第三产业就业人数占地区就业总人数比重增长率	正指标
		R&D经费投入占地区生产总值比重增长率	正指标
		万人专利授权数增长率	正指标
		高技术产值占地区生产总值比重增长率	正指标
	资源增效	工业单位产值能耗下降率	正指标
		单位工业产值水耗下降率	正指标
		单位农业产值水耗下降率	正指标
		工业固体废物综合利用提高率	正指标
	排放优化	工业化学需氧量排放效应优化	正指标
		工业氨氮排放效应优化	正指标
		工业 SO_2 排放效应优化	正指标
		工业氮氧化物排放效应优化	正指标
		工业烟(粉)尘排放效应优化	正指标

表 5-9 绿色生产指数评价指标体系(GPI 2015)

一级指标	二级指标	三级指标	指标性质
绿色生产指数(GPI)	产业升级	第三产业产值占地区生产总值比重	正指标
		第三产业就业人数占地区就业总人数比重	正指标
		R&D经费投入占地区生产总值比重	正指标
		万人专利授权数	正指标
		高技术产值占地区生产总值比重	正指标
	资源增效	工业单位产值能耗	逆指标
		单位工业产值水耗	逆指标
		单位农业产值水耗	逆指标
		工业固体废物综合利用率	正指标
	排放优化	工业化学需氧量排放效应	逆指标
		工业氨氮排放效应	逆指标
		工业 SO_2 排放效应	逆指标
		工业氮氧化物排放效应	逆指标
		工业烟(粉)尘排放效应	逆指标

产业升级是衡量绿色生产发展的基础性指标。通过结构优化升级促进绿色生产发展的途径有两条:一是通过化解产能过剩、培育发展现代服务业和战略性新兴产业所进行的结构优化;另一方面是发展现代产业体系,运用高新技术改造传统产业,即转型的动力来自技术创新和升级。因此产业升级的指标着眼于结构

和创新两个维度。产业升级包括五个三级指标，第三产业产值占 GDP 比重增长率、第三产业就业人员占地区就业人员比重增长率、研发经费投入强度增长率、万人专利授权数增长率和高技术产值占 GDP 比重增长率。前两个三级指标指向产业结构布局，后三个指标指向创新维度。

资源增效考察绿色生产发展节约高效的特征，包括能耗与能效两个方面。能耗包括生产中消耗的水、能源的总量与增量控制，能效强调资源的重复、可循环利用。资源增效包括四个三级指标，单位产值工业能耗下降率、单位产值工业水耗下降率、单位产值农业水耗下降率、工业固体废弃物综合利用提高率[①]。

排放优化主要考量绿色生产中工业生产污染物排放对环境的影响。污染物排放既要着眼于总量维度，也要考虑是否在环境承载力范畴内。排放优化包括五个三级指标，工业化学需氧量排放优化效应、工业氨氮排放优化效应、工业 SO_2 排放优化效应、工业氮氧化物排放优化效应、工业烟(粉)尘排放优化效应。

2. 算法和分析方法

研究采用相对评价法，计算各省份 GPPI 2015 得分和排名，反映各省份绿色生产发展速度；并运用相关性分析、聚类分析等描述与分析中国绿色生产建设的类型、发展态势与驱动因素。

(1) 相对评价的算法。

与 ECPI 2015 保持一致，研究采用 *Z* 分数(标准分数)计算各省份 GPPI 2015 得分。首先，将三级指标原始数据利用 SPSS 软件转换为 *Z* 分数；然后，根据各指标权重加权求和，依次计算出二级指标、一级指标的 *Z* 分数；最后，将 *Z* 分数分布转换为 *T* 分数，实现对各省份生态文明发展状况的量化评价。在数据标准化处理、特殊值处理、*Z* 分数计算、*T* 分数计算等方面，与 ECPI 采用相同的方法与步骤(详见第一章)。

在指标体系权重分配方面，通过专家咨询以及对绿色生产三要素的分析，将 GPPI 2015 二级指标权重分配如下：产业升级 30%、资源增效 30%、排放优化 40%。三级指标权重采用德尔菲法确定，各三级指标权重分配如表 5-10 所示。GPI 2015 的算法思路与 GPPI 2015 相似，权重分配如表 5-11 所示。

① 资源增效还应考量能源消费结构的优化，如新能源与可再生能源消费比重增长率，但由于中国地方统计年鉴中对能源消费结构的统计口径不统一，致使无法从地方统计年鉴中找到可用于比较的能源消费结构数据，因此 GPPI 2015 中对各省份的绿色生产发展评价舍弃了新能源与可再生能源消费比重增长率指标，但全国绿色生产发展速度评价中予以考虑，赋予权重分为 5，相应各三级指标的权重也相应调整。

表 5-10　绿色生产发展指数评价体系指标权重

一级指标	二级指标	二级指标权重/(%)	三级指标	三级指标权重分	三级指标权重/(%)
绿色生产发展指数(GPPI)	产业升级	30	第三产业产值占地区生产总值比重增长率	6	9.00
			第三产业就业人数占地区就业总人数比重增长率	3	4.50
			R&D 经费投入占地区生产总值比重增长率	4	6.00
			万人专利授权数增长率	3	4.50
			高技术产值占地区生产总值比重增长率	4	6.00
	资源增效	30	工业单位产值能耗下降率	5	9.38
			单位工业产值水耗下降率	3	5.63
			单位农业产值水耗下降率	3	5.63
			工业固体废物综合利用提高率	5	9.38
	排放优化	40	工业化学需氧量排放效应优化	4	9.41
			工业氨氮排放效应优化	4	9.41
			工业 SO_2 排放效应优化	3	7.06
			工业氮氧化物排放效应优化	3	7.06
			工业烟(粉)尘排放效应优化	3	7.06

表 5-11　绿色生产指数评价体系指标权重

一级指标	二级指标	二级指标权重/(%)	三级指标	三级指标权重分	三级指标权重/(%)
绿色生产指数(GPI)	产业升级	30	第三产业产值占地区生产总值比重	6	9.00
			第三产业就业人数占地区就业总人数比重	3	4.50
			R&D 经费投入占地区生产总值比重	4	6.00
			万人专利授权数	3	4.50
			高技术产值占地区生产总值比重	4	6.00
	资源增效	30	工业单位产值能耗	5	9.38
			单位工业产值水耗	3	5.63
			单位农业产值水耗	3	5.63
			工业固体废物综合利用率	5	9.38
	排放优化	40	工业化学需氧量排放效应	4	9.41
			工业氨氮排放效应	4	9.41
			工业 SO_2 排放效应	3	7.06
			工业氮氧化物排放效应	3	7.06
			工业烟(粉)尘排放效应	3	7.06

(2) 分析方法。

研究采用聚类分析描述中国绿色生产发展的类型特征,找寻区域绿色生产发展的共性与个性特征；运用进步率分析、相关性分析描述中国绿色生产建设的发展态势与驱动因素，为推动绿色生产转型找准方向和突破口。相应分析方法与ECPI 2015保持一致(详见第一章)。

总的来说，产业升级、资源增效、排放优化是实现生产方式转变、推动绿色生产发展的三大驱动力。破解粗放式排放症结，是实现绿色生产建设从量变向质变飞跃的突破口。工业生产中，水、大气、土壤污染治理是优化排放的集中体现，要对污染物排放的总量和增量双重控制，多种减排手段有效结合，实现污染物排放从粗放式向内涵式转变，加速推动绿色生产发展进程。科技创新是加速产业升级、推动绿色生产发展的主战场。产业结构升级与优化是实现绿色生产的基础。发挥科技创新的引领作用，用科技创新激发活力，促进结构的改善，提高产业质量与效率，进而推动产业迈向中高端水平，提升绿色生产的内生发展动力。资源增效是实现绿色生产加速发展的主要推动力。绿色生产要坚持降低能耗、提高能效两措施并举。提升资源增效要着眼于提升传统产业的能效和资源利用率，也希冀于通过科技创新驱动产业结构调整，对高能耗行业进行改造升级与转型，走高效低碳工业化道路。

第六章　绿色生产建设发展类型分析

绿色生产发展指数展示了中国各省份绿色生产发展动态的系统性图景。但纵观各省份绿色生产建设现状,呈现出建设水平、发展速度的差异化特征。本章将运用类型分析方法,从绿色生产建设水平和发展速度两个维度入手,探寻中国各省份绿色生产建设发展的共性和差异,为推动绿色生产的进一步发展提供思路和启示。

一、各省域绿色生产建设发展类型:领跑与追赶占据多数

绿色生产建设水平和发展速度分别从静态、动态两个方面展现了中国绿色生产建设的全貌。研究基于绿色生产指数和发展速度两个维度,将各省份绿色生产建设发展分为领跑型、追赶型、前滞型、后滞型和中间型五种类型①。领跑型地区包括北京、海南、西藏、广东、天津、福建六个省份,它们的绿色生产建设水平和发展速度都处于全国领先水平;追赶型由四川、甘肃、湖南、安徽、江西、广西、河南、宁夏八个省份组成,它们呈现出建设水平较低,但发展速度较快的特征;中间型地区最多,包括青海、新疆、云南、江苏、山东、重庆、黑龙江、浙江、贵州、吉林、陕西、湖北、辽宁、河北 14 个省份,这些地区的建设水平和发展速度中至少有一项处于中等水平;前滞型地区只有上海一个,建设水平较高,但发展速度缓慢;后滞型省份包括内蒙古和山西,它们的建设水平和发展速度都处于全国较低水平(表 6-1,图 6-1)。从各个省份绿色生产建设类型分布来看,领跑型和追赶型省份占了半壁江山,发展速度优势明显,形成了领跑与跟跑占优的格局。

表 6-1　各省份绿色生产建设水平和发展速度的得分、等级及类型

地区	建设水平	建设水平等级分	发展速度	发展速度等级分	等级分组合	类型
北京	63.62	3	5.69	3	3-3	领跑
海南	59.35	3	8.68	3	3-3	领跑
西藏	58.20	3	19.17	3	3-3	领跑

① 类型分类具体方法参照第二章各省份生态文明建设发展的类型分析。

（续表）

地区	建设水平	建设水平等级分	发展速度	发展速度等级分	等级分组合	类型
广东	55.90	3	6.12	3	3-3	领跑
天津	54.16	3	8.62	3	3-3	领跑
福建	52.69	3	8.90	3	3-3	领跑
四川	50.35	1	8.45	3	1-3	追赶
甘肃	49.99	1	5.08	3	1-3	追赶
湖南	49.22	1	7.70	3	1-3	追赶
安徽	48.96	1	8.13	3	1-3	追赶
江西	48.89	1	7.11	3	1-3	追赶
广西	48.83	1	7.22	3	1-3	追赶
河南	47.29	1	5.35	3	1-3	追赶
宁夏	44.21	1	15.44	3	1-3	追赶
青海	58.86	3	4.53	2	3-2	中间
新疆	54.35	3	4.49	2	3-2	中间
云南	54.06	3	2.27	2	3-2	中间
江苏	53.15	3	4.83	2	3-2	中间
山东	52.09	2	6.24	3	2-3	中间
重庆	51.87	2	2.90	2	2-2	中间
黑龙江	51.78	2	−1.14	1	2-1	中间
浙江	51.25	2	−7.54	1	2-1	中间
贵州	50.99	2	7.03	3	2-3	中间
吉林	50.70	2	2.84	2	2-2	中间
陕西	49.50	1	3.83	2	1-2	中间
湖北	48.83	1	4.04	2	1-2	中间
辽宁	46.43	1	3.34	2	1-2	中间
河北	43.69	1	4.11	2	1-2	中间
上海	54.21	3	−19.63	1	3-1	前滞
内蒙古	48.23	1	−22.80	1	1-1	后滞
山西	44.59	1	−36.33	1	1-1	后滞

注：建设水平的上下分界线分别为 52.40、50.58；发展速度的上线分界线分别为 4.90、0.56。

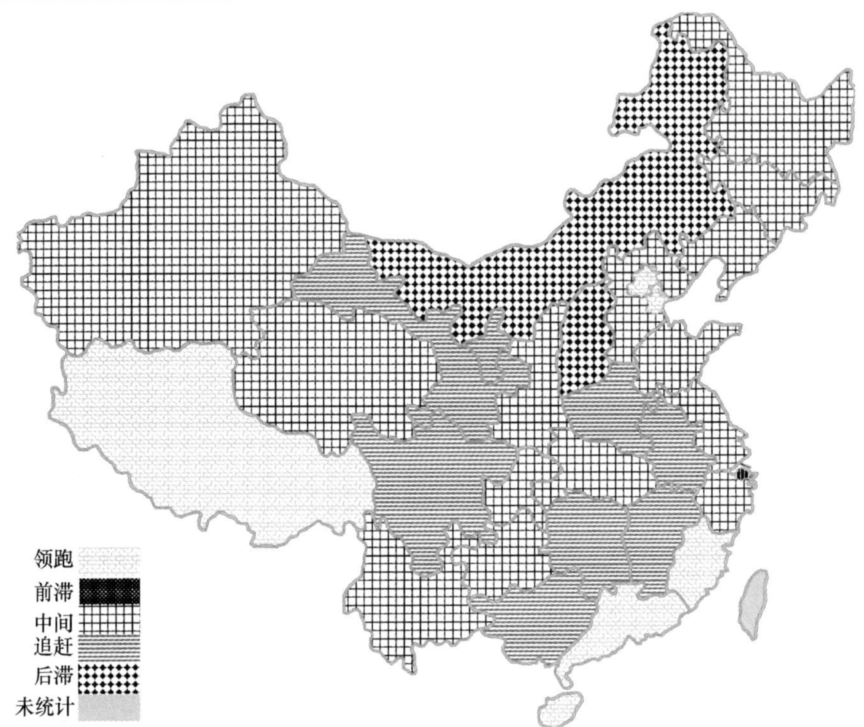

图 6-1　各地区绿色生产建设发展类型分布图

说明：由于比例尺原因，图中未呈现港澳、南海和澎湖诸岛；由于数据所限，也未列出港澳台等地区的生态文明情况

二、领跑型省份双重优势明显，需要寻找新的增长点

领跑型省份大部分集中分布在东部沿海地区，得益于原有经济发展基础，绿色生产建设水平与发展速度双重优势明显。在发展速度中，二级指标排放优化、资源增效都高于全国平均水平，其中排放优化优势明显，产业升级则略低于全国平均值，且在类型内发展速度参差不齐(表 6-2)。

表 6-2　2015 年领跑型地区绿色生产的基本状况

地区	产业升级	资源增效	排放优化	绿色生产发展速度	绿色生产建设水平
北京	3.29	4.37	8.49	5.69	63.62
海南	0.66	−4.64	24.68	8.68	59.35
西藏	13.02	14.72	27.11	19.17	58.20
广东	3.75	4.57	9.07	6.12	55.90

（续表）

地区	产业升级	资源增效	排放优化	绿色生产发展速度	绿色生产建设水平
天津	4.31	3.73	15.52	8.62	54.16
福建	1.39	4.66	17.70	8.90	52.69
类型平均值	4.40	4.57	17.10	9.53	57.32
全国平均值	5.69	3.71	−0.22	2.73	51.49

注：表中各二级指标均为 2014—2015 年的发展速度（%），绿色生产建设水平用绿色生产指数（GPI 2015）表示，后同。

领跑型地区产业升级发展缓慢，急需寻找新的增长点。从表 6-2 中可以发现，除西藏外，其他五个省份的产业升级发展速度都落后于全国平均水平，尤其是海南、福建等省份，弱势明显。领跑型地区属于经济发展引领者，原有经济基础雄厚，在经济发展中大力发展第三产业，不断推进结构优化与升级，产业结构较为成熟与稳定。但同时，我们也发现这些区域在科技创新方面呈现出不同程度的发展滞缓，R&D 经费投入强度、万人专利授权数增长率、高技术产值占地区生产总值比例增长率等指标参差不齐（表 6-3），部分省份出现负增长，这说明创新驱动力有待提升，产业升级方面空间较大，这也是领跑型地区继续保持绿色生产发展优势的着力点。

表 6-3 2015 年领跑型地区产业升级指标具体状况 单位：%

地区	第三产业产值占地区生产总值比重增长率	第三产业就业人数占地区就业总人数比重增长率	R&D 经费投入强度增长率	万人专利授权数增长率	高技术产值占地区生产总值比重增长率
北京	1.43	1.37	2.18	17.08	−1.73
海南	7.43	10.02	−2.08	18.92	27.47
西藏	0.91	1.26	16.00	18.38	33.01
广东	2.62	2.84	6.91	4.80	2.15
天津	3.15	0.35	6.43	2.87	7.96
福建	1.27	1.66	4.35	0.07	−0.61

三、追赶型省份引领绿色生产速度式发展

追赶型省份主要为中部省份，是绿色生产呈现速度式发展的集中体现和引领者。追赶型省份三个二级指标的发展速度都领先全国平均水平，产业升级和排放优化优势明显（表 6-4）。

表 6-4　2015 年追赶型地区绿色生产的基本状况　　单位：%

地区	产业升级	资源增效	排放优化	绿色生产发展速度	绿色生产建设水平
四川	7.80	8.33	9.02	8.45	50.35
甘肃	5.94	−0.46	8.59	5.08	49.99
湖南	7.85	4.84	9.72	7.70	49.22
安徽	7.53	7.14	9.32	8.13	48.96
江西	10.97	4.87	5.89	7.11	48.89
广西	10.24	0.23	10.19	7.22	48.83
河南	12.25	7.11	−1.14	5.35	47.29
宁夏	2.50	5.86	32.34	15.44	44.21
类型平均值	8.14	4.74	10.49	8.06	48.47
全国平均值	5.69	3.71	−0.22	2.73	51.49

追赶型省份产业升级发展速度优势一方面来自于中部崛起战略下，地方政府通过发展第三产业促使产业结构优化与升级，提升第三产业产值和就业人数的规模；另一方面，更大的驱动力来自科技创新(表 6-5)。产业升级发展速度最快的江西、广西、河南三省份，在万人专利授权数增长率、高技术产值占地区生产总值比重增长率方面保持两位数的高增长，而宁夏是追赶型中唯一一个产业升级发展速度落后于全国发展水平的省份，其高技术产值比重增长率呈现−9.01%的负增长。科技创新是驱动产业升级的主要因素，追赶型地区在经济加速发展过程中，更应通过科技驱动发展高附加值的第三产业，用绿色科技推动产业升级、资源增效和排放优化，继续保持绿色生产建设的速度优势。

表 6-5　2015 年追赶型地区产业升级指标具体状况　　单位：%

地区	第三产业产值占地区生产总值比重增长率	第三产业就业人数占地区就业总人数比重增长率	R&D 经费投入强度增长率	万人专利授权数增长率	高技术产值占地区生产总值比重增长率
四川	9.79	1.71	3.40	1.64	18.40
甘肃	7.46	0	0	7.23	13.10
湖南	4.57	0.60	2.31	8.46	23.31
安徽	7.18	2.15	12.81	−1.82	13.40
江西	4.89	0.99	6.82	38.12	11.36
广西	5.28	0.53	0	21.67	26.65
河南	15.93	1.22	5.71	12.90	21.06
宁夏	3.31	0.75	3.85	16.17	−9.01

四、中间型省份个性特征显著，需多举措并举

中间型省份数量最多，达 14 个，但这并不意味着中间型是一个“大杂烩”，反而中间型是绿色生产发展类型的“跷板区”。中间型省份发展类型的变动能够主导全国绿色生产发展的整体趋势。

具体来看，在中间型省份中，大致可以分为三类（表 6-6），第一种是发展速度或者建设水平属于中等，其另一维度则处于第一等级，如青海、新疆、云南、江苏、山东、贵州。这些省份属于中间类型的领先者，只要撬动处于中间等级的维度，使其发展提速或水平提升，则可进入到全国领跑类型。第二种是发展速度或者建设水平属于中等，而另一维度则处于第三等级，即既没有优势又存在短板，如黑龙江、浙江、陕西、湖北、辽宁、河北等。这些省份需要加快短板建设，以免跌落至后滞类型。第三种是发展速度和建设水平都处于中间等级，没有突出的亮点，如重庆、吉林。这些省份要坚持“两条腿走路”，在保持原有基础上，充分运用竞争优势实现水平与速度双维度的赶超。

表 6-6 2015 年中间型地区绿色生产的基本状况 单位：%

地区	产业升级	资源增效	排放优化	绿色生产发展速度	绿色生产建设水平
青海	9.94	6.15	−0.74	4.53	58.86
新疆	6.39	−0.77	7.02	4.49	54.35
云南	6.76	2.76	−1.48	2.27	54.06
江苏	0.23	2.05	10.36	4.83	53.15
山东	3.56	3.54	10.28	6.24	52.09
贵州	1.18	14.70	5.66	7.03	50.99
重庆	8.77	3.57	2.01	2.90	51.87
吉林	4.90	−2.19	5.07	2.84	50.70
黑龙江	3.55	0.88	−6.17	−1.14	51.78
浙江	1.87	2.68	−22.25	−7.54	51.25
陕西	5.25	2.05	4.09	3.83	49.50
湖北	5.60	3.92	2.96	4.04	48.83
辽宁	1.35	−3.50	9.96	3.34	46.43
河北	6.88	1.78	3.79	4.11	43.69
类型平均值	4.73	2.69	1.90	2.98	51.25
全国平均值	5.69	3.71	−0.22	2.73	51.49

五、前滞型省份排放优化成症结，产业升级创新动力不足

前滞型省份绿色生产水平与发展速度呈两极化，排放优化成为症结所在。在2015年绿色生产发展类型中，上海是唯一一个前滞型省份，个性特征明显，发展速度劣势成为其加快推进绿色生产的难点与突破口(表6-7)。

表6-7 2015年前滞型地区绿色生产的基本状况 单位：%

地区	产业升级	资源增效	排放优化	绿色生产发展速度	绿色生产建设水平
上海	1.24	5.13	−53.85	−19.63	54.21
全国平均值	5.69	3.71	−0.22	2.73	51.49

在绿色生产建设与发展中，上海面临共性难题，即如何实现排放优化。从三级指标具体数据来看，上海的主要短板在于污水排放失控。工业化学需氧量、工业氨氮排放效应优化均位于全国第29位，几近垫底(表6-8)。这是因为虽然两大污染物排放量均略有下降，但Ⅰ～Ⅲ类水河长骤减，由110.86千米下降至46.07千米，位列全国倒数第一名。

表6-8 2015年前滞型地区水治理指标数据及排名

地区	工业化学需氧量排放效应优化	全国排名	工业氨氮排放效应优化	全国排名
上海	−134.61%	29	−104.05%	29

此外，前滞型地区产业升级需要提升创新动力。上海产业升级发展速度远低于全国平均水平，与领跑型地区面临相似的问题。上海作为经济发展的领先区域，产业结构和发展比较成熟，年度进步空间有限；另一方面，则是因为高技术产值比重增长率为−9.60%，排名全国倒数第二，万人专利授权数增长率也处于全国中下游水平，创新驱动力不足，与经济水平明显不匹配。

六、后滞型省份发展速度过缓，水污染治理短板凸显

后滞型省份在建设水平和发展速度两个维度呈现双重滞后特征，尤其是发展速度大幅度落后于全国平均水平，这主要取决于内蒙古、山西两地排放优化负效应的影响(表6-9)。

表 6-9　2015 年后滞型地区绿色生产的基本状况　　单位：%

地区	产业升级	资源增效	排放优化	绿色生产发展速度	绿色生产建设水平
内蒙古	9.98	7.65	－70.23	－22.80	48.23
山西	7.50	－0.76	－95.87	－36.33	44.59
类型平均值	8.74	3.45	－83.05	－29.56	46.41
全国平均值	5.69	3.71	－0.22	2.73	51.49

内蒙古、山西两地是典型的资源依赖型经济地区，主导产业主要依靠地区的自然资源比较优势发展而来。这样的发展模式势必呈现两大特征：一是产业结构单一化、生产产品初级化和产业链条可持续性差；二是工业生产对资源进行粗放式开采，能耗高、环境污染严重，经济发展与生态环境建设之间的矛盾日益激化。资源依赖型经济发展模式最终导致该地区在资源增效以及排放优化方面明显滞后。

后滞型地区排放优化负效应显著，水治理成短板。近几年，全国自上而下高度重视大气治理，相应的内蒙古和山西的空气污染物排放得以控制，但排放优化的短板则集中凸显在污水排放和治理环节，内蒙古、山西Ⅰ～Ⅲ类水河长骤减，分别由 3675.34、556.68 千米下降至 1496.09、163.27 千米，工业化学需氧量和工业氨氮的排放效应优化排名均在全国垫底(表 6-10)。

表 6-10　2015 年后滞型地区水治理指标数据及排名

地区	工业化学需氧量排放效应优化	全国排名	工业氨氮排放效应优化	全国排名
内蒙古	－148.84%	30	－150.89%	30
山西	－210.03%	31	－211.63%	31

在发展模式转型中，后滞型地区的产业升级取得一定进展。推动产业结构调整与升级是实现资源依赖型模式转型的重要突破口。与其他两个二级指标相比，内蒙古和山西在绿色生产建设过程中，产业升级发展速度相对较快，领先全国平均水平。第三产业产值比例、第三产业就业人数比例、R&D 经费投入强度、高技术产值比例等都位于全国中上游水平。值得重视的是，产业升级不是一个简单的调整三大产业的结构布局，而是更要注重发展什么类型的第三产业。后滞型地区要摆脱其他省份的“先产值，后结构”的第三产业发展路径，应该实现着眼于依靠科技创新发展高附加值的第三产业的发展路径跃变。

七、绿色生产建设类型分析的总结与启示

（1）第一，排放优化是实现从落后梯队向跟跑者、领跑者转变的助推器。

污染物排放是生产过程对生态环境影响的直接体现，也是现阶段环境问题凸显的症结所在。从发展速度维度来看，排放优化发展速度差异是绿色生产领跑型与后滞型的分水岭，领跑型省份排放优化发展速度优势明显，而前滞和后滞型省份排放优化则呈现两位数负增长，负效应凸显。排放优化成为区分领跑与滞后的主要因素，是前滞型和后滞型省份提升发展速度的着力点，是实现从落后梯队向跟跑者、领跑者转变的助推器。

（2）第二，工业污水治理失灵导致排放优化发展滞后。

绿色生产建设的前滞型和后滞型省份呈现出排放优化负增长的共性特征，即都是由于水体质量Ⅰ～Ⅲ类水河长度骤减带来的。在全国日益重视大气污染治理的背景下，工业污水治理成为排放优化的短板，亟待提高水污染物排放优化效应。

（3）第三，科技创新引领产业升级成为推动绿色生产发展的主战场。

经济发展的历史轨迹呈现出科技创新推动产业革命的特征，产业革命、现代经济增长都是由科技进步与创新引起的。因此，创新驱动型发展模式成为当今世界国家发展的主流模式，也是中国实现绿色发展的战略选择。目前，中国第三产业产值占GDP比重已接近50％的临界点，第三产业的发展进入一个新的阶段，如何通过强化创新、提升产业与产品的技术含量和附加价值，推动优化产业结构、构筑与转换比较优势、竞争优势，是国家和各个省份发展中面临的现实问题。传统产业对经济增长的贡献不断弱化，低附加值产业难以支撑经济的持续增长，而高新技术产业对增长的驱动力则不断递增，因此，加快高技术产业和新兴产业的培育和发展，是调整优化产业结构的需要，更是推动绿色生产、实现绿色增长的需要。

第七章　绿色生产发展态势和驱动分析

本章主要开展对绿色生产建设的发展态势和驱动因素分析。在发展态势方面，主要描述中国绿色生产建设的进步变动情况，探寻绿色生产在各个维度的发展轨迹；在驱动分析方面，通过相关性分析找寻绿色生产建设的驱动因素，为未来绿色生产建设找准着力突破的维度。

一、绿色生产发展态势分析

绿色发展理念依靠方式转变来实现。在全国继续大力推进生态文明建设的背景下，绿色生产建设取得了一定程度的进步，但在发展态势上却呈现出进步速度放缓的趋势。

(一) 全国发展态势：进步速度全面回落，排放优化负效应凸显

绿色生产是生态文明建设的重要组成部分。随着绿色发展理念被正式纳入政府议程，绿色生产建设也取得了一定的进展。但根据研究结果来看，全国绿色生产建设进步速度全面回落。具体来看，全国 GPPI 进步率为－4.56%，产业升级、资源增效、排放优化三个二级指标也都呈现出进步变化率为负的结果，分别为－1.90%、－2.43%、－8.18%，排放优化的负效应明显(表 7-1，图 7-1)。

表 7-1　2014—2015 年全国绿色生产进步变化率　　单位：%

	产业升级	资源增效	排放优化	GPPI
全国	－1.90	－2.43	－8.18	－4.56

1. 经济新常态下，产业升级放缓，创新驱动力尤为不足

转型期的中国，在经济建设中呈现出新常态特征。新常态的核心要素之一就是“结构深刻、全面升级”。[①] 绿色生产建设首要的任务就是要产业结构的优化与升级，寻找绿色增长点。研究结果显示，2014—2015 年，产业升级的进步率为－1.90%，一方面是因为第三产业产值、就业人数的增长率出现小幅波动，更主要

① 厉以宁，吴敬琏，周其仁等. 读懂中国改革. 3：新常态下的变革与决策. 北京：中信出版社，2015，第 32 页。

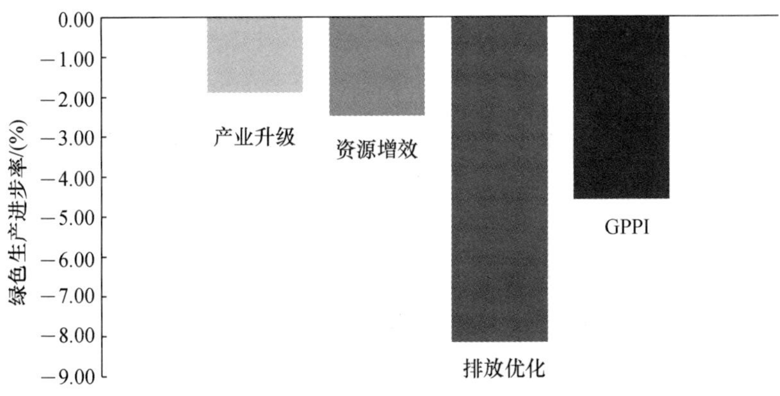

图 7-1　2014—2015 年全国绿色生产进步变化率

的是，拉动产业升级的创新动力不足。其中 R&D 经费、万人专利授权数以及高技术产值等指标的进步变化率均为负值(表 7-2)。创新是引领发展的第一动力，研发经费投入、发明专利、高技术产业都进入增长新轨道，但仍存在差距。

表 7-2　2014—2015 年全国产业升级进步变化率　　单位：%

三级指标	进步率
第三产业产值占地区生产总值比重增长率	−0.52
第三产业就业人数占地区就业总人数比重增长率	−1.19
R&D 经费投入占地区生产总值比重增长率	−2.16
万人专利授权数增长率	−5.40
高技术产值占地区生产总值比重增长率	−1.61

2. 能源消费结构得以优化，但工业能耗严重制约资源效能

目前中国严重的环境问题，是不合理的能源消费结构和工业化过程中大量燃煤长期积累的必然结果。

在资源增效方面，新能源、可再生能源消费比重、单位工业产值水耗呈现进步态势，其他三个指标不同程度的退步(表 7-3)。新能源消费比重的进步说明，能源消费结构正在不断优化中，但原有“一煤独大”的畸形结构仍没有得到扭转，是一个长期任务。

生产绿色化的一个显著特征应该是节约能源，一方面要减少能源使用，另一方面，要提高能源的使用效能。但 2014—2015 年，单位工业产值的能耗下降率出现−12.61%的负增长态势，这给我们敲响了警钟，通过技术进步对生产流程、生产管理等进行革新，提高能源使用效率。

表 7-3 2014—2015 年全国资源增效进步变化率 单位:%

三级指标	进步率
工业单位产值能耗下降率	−12.61
新能源、可再生能源消费比重增长率	4.65
单位工业产值水耗下降率	1.15
单位农业产值水耗下降率	−0.64
工业固体废物综合利用提高率	−2.26

3. 大气治理遭遇瓶颈

污染物排放是生产对环境影响的直接体现。如何优化排放效应是在环境治理中首要解决的问题。2014—2015 年,全国排放优化进步率达到了−8.18%,五大污染物的排放优化进步变化率均为负值,其中工业氮氧化物、工业烟(粉)尘的负效应凸显,这也是大气治理的瓶颈(表 7-4)。烟(粉)尘的排放量增多,一方面是因为粗放式的生产过程管理,导致大部分粉尘直接排放;另一方面则是因为能源消费结构失衡,清洁能源所占比例不高,煤等燃料的使用释放了大量的烟尘。此外,"十二五"以来,国家将 SO_2 和氮氧化物污染物排放量纳入节能减排的约束性指标,但并未考虑烟(粉)尘,这可能也是导致烟(粉)尘排放效应差的原因。

表 7-4 2014—2015 年全国排放优化进步变化率 单位:%

三级指标	进步率
工业化学需氧量排放效应优化	−2.96
工业氨氮排放效应优化	−3.03
工业 SO_2 排放效应优化	−1.23
工业氮氧化物排放效应优化	−24.26
工业烟(粉)尘排放效应优化	−12.85

(二) 各省份发展态势:喜忧参半,差异显著

2014—2015 年,各省份绿色生产发展呈现不同程度的进步,其中排放优化是区分进步快慢的主要因素。

1. 绿色生产发展进步变化率在各省份之间差异较大,排放优化起主导作用

2014—2015 年,全国 31 个省份中,实现绿色生产发展增速的只有 11 个,大部分省份减速发展,其中减速超过 20%的有三个省份。而且,省份间进步变化率差异显著,增速最快的天津为 21.55%,而减速最快的山西则为−50.93%,两者相差超过 70%(图 7-2)。

课题组对各省份进步变化率进行地理分布统计,分布特征如图 7-3 所示。从图中可以发现,各省份绿色生产进步率分布呈现金字塔型,全面回落居多;而且发展态势呈现地域集中特征,北部、中部地区进展缓慢,成为瓶颈地带。

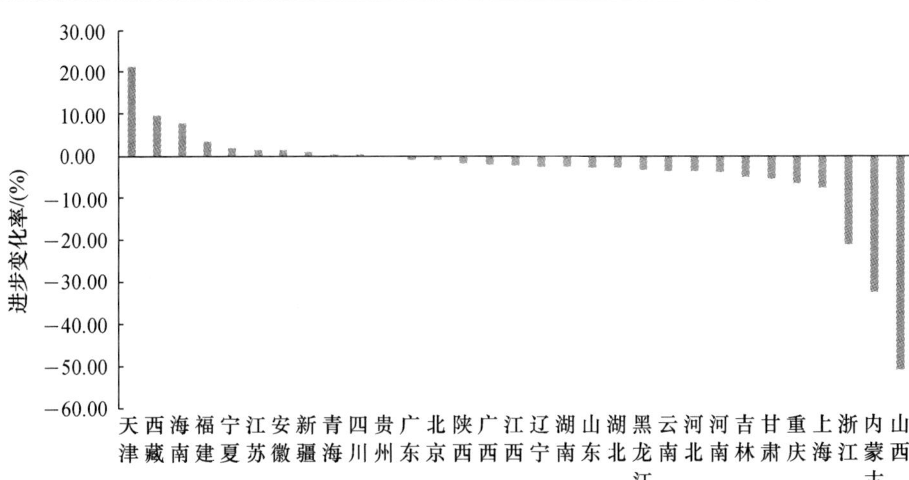

图 7-2 2014—2015 年各省域绿色生产进步变化率

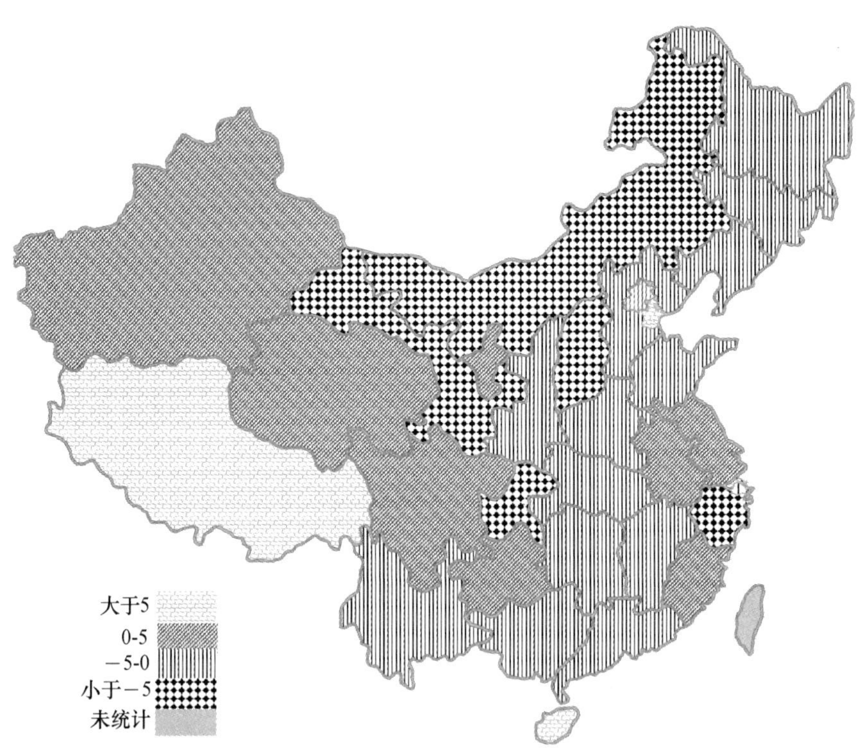

图 7-3 2014—2015 年各省份绿色生产进步变化率地理分布

说明：由于比例尺原因，图中未呈现港澳、南海和澎湖诸岛；由于数据所限，也未列出港澳台等地区的生态文明情况。

排放优化主导各省份绿色生产进步变化率的差异。表 7-5 罗列了绿色生产进步变化率在排名榜上位列两端的省份情况，我们可以发现排放优化进步变化率对绿色生产发展贡献最大，两者排名几乎完全一致。其中，海南省产业升级和资源增效的进步变化率在全国垫底，但由于排放优化的绝对优势使其名列三甲；而上海、内蒙古则相反，排放优化的短板效应凸显。

表 7-5 2014—2015 年部分省份绿色生产进步变化率及排名

地区	产业升级		资源增效		排放优化		GPPI	
	进步率/(%)	排名	进步率/(%)	排名	进步率/(%)	排名	进步率/(%)	排名
天津	−3.97	28	0.99	9	56.12	1	21.55	1
西藏	2.04	4	13.71	1	12.80	3	9.85	2
海南	−17.45	31	−11.87	31	42.11	2	8.05	3
上海	0.68	8	5.12	4	−23.10	28	−7.50	28
浙江	−2.96	23	−1.71	20	−48.87	29	−20.95	29
内蒙古	7.64	2	0.30	11	−86.95	30	−32.40	30
山西	−16.30	30	0.38	10	−115.38	31	−50.93	31

2. 排放优化进步变化率差异显著，两级相差超过 150%

2014—2015 年，各省份在排放优化进步变化率差异显著，九个省份实现了增速发展，但超七成省份在减速，而且减速幅度惊人，有五个省份减速超过了 10%，最大减幅为山西，为−115.38%，与排名第一的天津相差超过 150%（如图 7-4 所示）。

排放优化中，五大工业污染物排放优化进步变化率喜忧参半，其中工业氮氧化物进步明显，近八成省份实现加速进步（图 7-5）；而工业烟（粉）尘问题严重，3/4 省份大幅度减速，18 个省份减速超过 10%（图 7-6）；水污染物减排效应两极分化严重，工业化学需氧量、工业氨氮排放优化进步变化率排名第一与垫底的均为天津和山西，天津分别为 132.89%、116.52%，山西分别为−244.6%、−246.99%，两省进步变化率相差均将近 400%（图 7-7，7-8）。

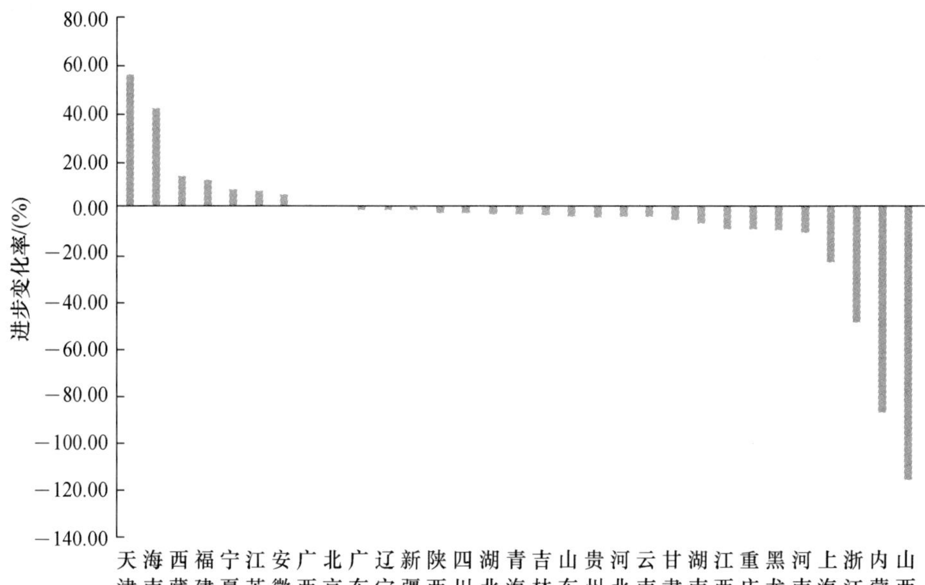

图 7-4　2014—2015 年各省份排放优化进步变化率

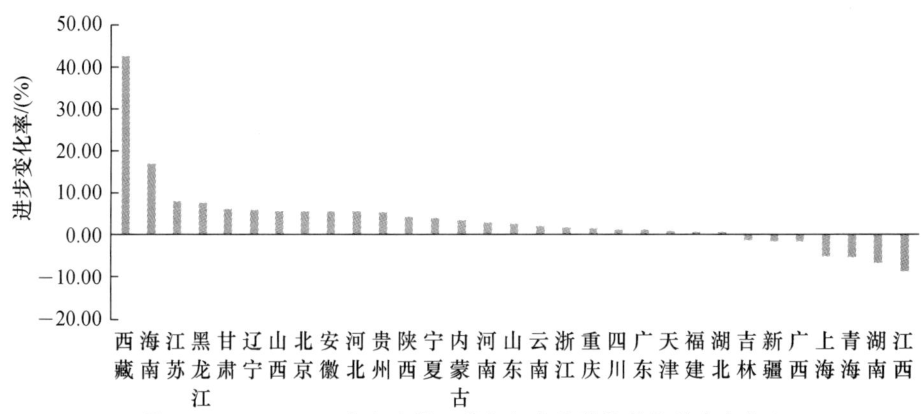

图 7-5　2014—2015 年各省份工业氮氧化物排放优化进步变化率

3. 产业升级放缓，源于技术进步动力不足

2014—2015 年，产业升级进步变化率放缓，11 个省实现增速发展，超过 60% 的省份产业升级降速，其中降幅最大的为山西和海南，分别达到了 −16.30%、−17.45%（图 7-9）。

在产业升级的各项指标中，高技术产值比重进步变化幅度最为明显，新疆(62.10%)、内蒙古(40.02%)、宁夏(11.21%)增速超过 10%；重庆、河南、青海、海

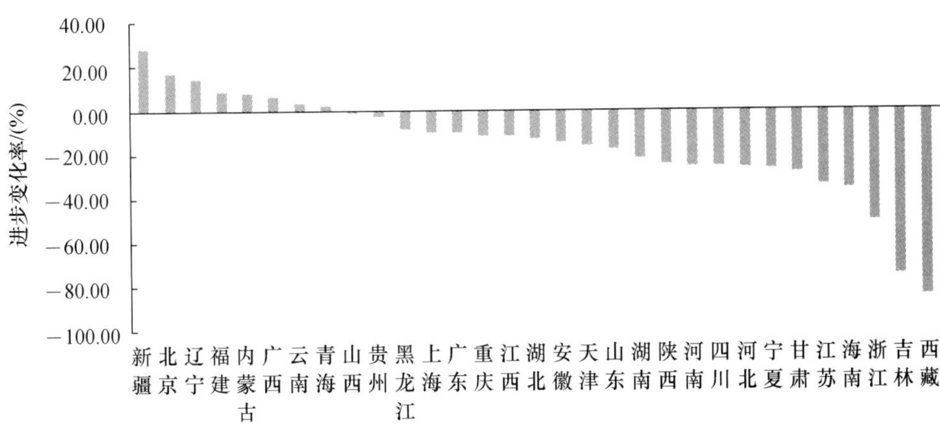

图 7-6　2014—2015 年各省份工业烟(粉)尘排放优化进步变化率

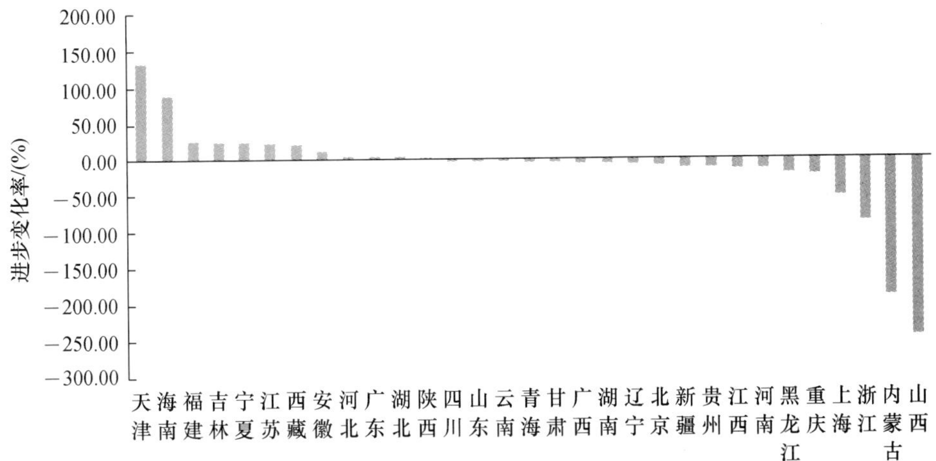

图 7-7　2014—2015 年各省份工业化学需氧量排放优化进步变化率

南、山西发展速度降幅较大，分别达到了－23.04%、－24.71%、－39.99%、－73.17%、－81.21%(图 7-10)，产业升级与结构优化的压力显现。

4. 资源增效喜忧参半，工业固体废弃物综合利用提高率发挥主要作用

2014—2015 年，全国 31 个省份中，实现资源增效增速发展的有 13 个省份，进步变化率最大的为西藏，达到 13.71%；18 个省份减速发展，吉林、海南减速超过 10%(图 7-11)。

在资源增效中，工业固体废弃物综合利用提高率的贡献最大，增速发展的省份有 18 个，占近 60%，但进步变化率差异较大，西藏、贵州、四川增幅超过了 10%，而海南、吉林的减速则超过了 20%(图 7-12)。

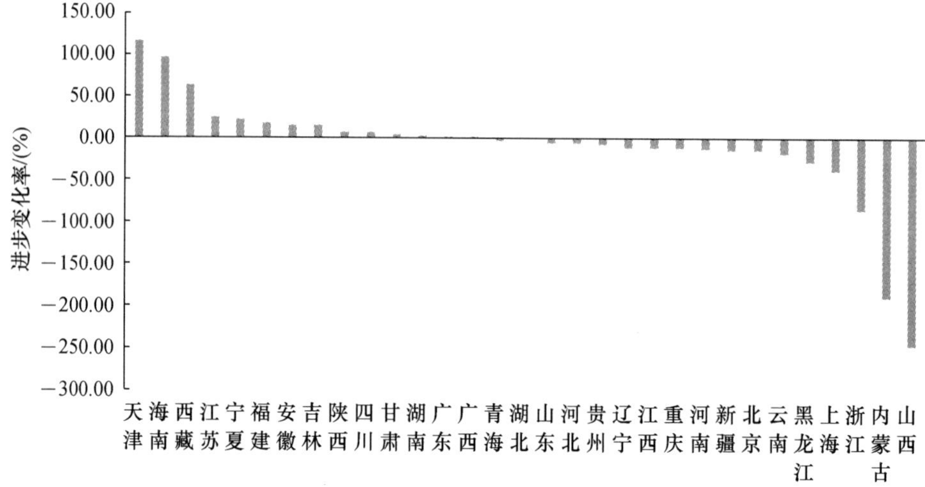

图 7-8　2014—2015 年各省份工业氨氮排放优化进步变化率

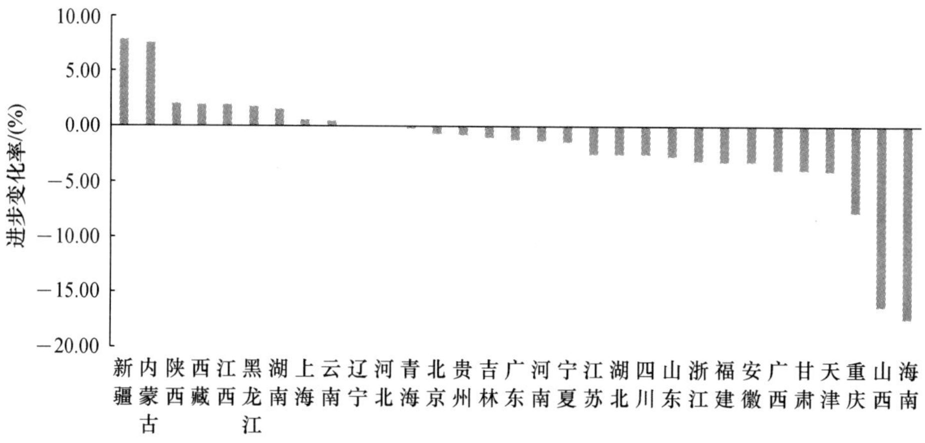

图 7-9　2014—2015 年各省份产业升级进步变化率

二、绿色生产发展驱动分析

对绿色生产发展开展驱动分析，主要讨论两个问题：绿色生产发展的主要驱动因素有哪些？这些因素的作用程度如何？在这我们用相关性分析来探寻绿色生产发展的驱动因素，为推进绿色生产发展找准切入点。

(一) 绿色生产发展指数(GPPI)与二级指标相关性

1. 工业污染物排放对环境的影响是当前中国绿色生产发展中的核心问题

GPPI 与各二级指标进步变化率的相关性程度如表 7-6 所示。GPPI 与排放

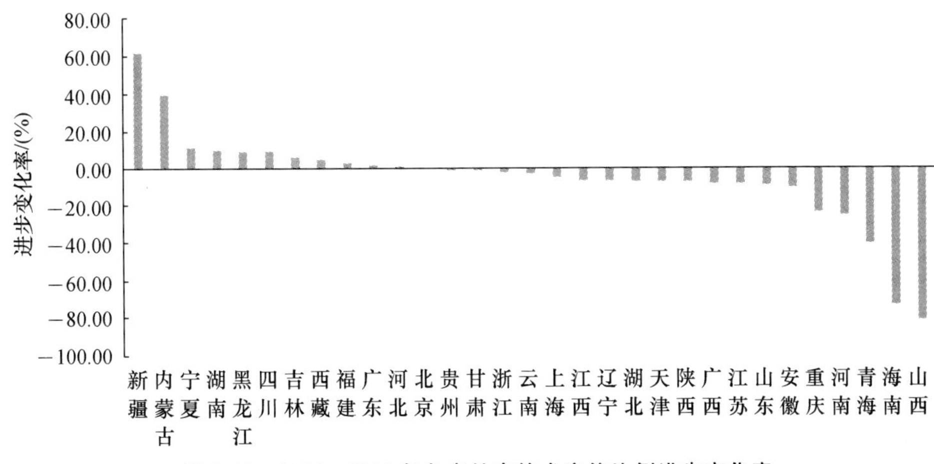

图 7-10　2014—2015 年各省份高技术产值比例进步变化率

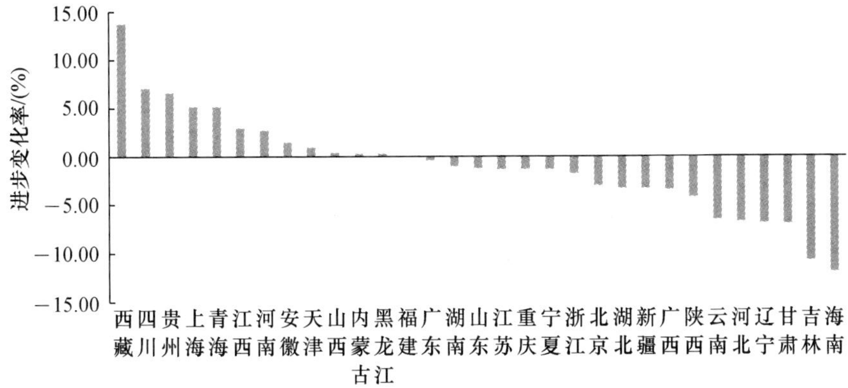

图 7-11　2014—2015 年各省份资源增效进步变化率

优化相关系数为 0.980,高度正相关[①]。在当前发展阶段,工业污染物排放优化是实现绿色生产的主要内容和途径,污染物排放总量及效应直接决定了生产过程与结果是否"绿色化"。近几年来,工业污染物排放总量得以控制,呈现下降的趋势,但环境问题仍凸显,这是因为粗放式排放已形成累积效应,超越了环境承载能力,工业污染物排放总量控制的进步短期内不足以改变环境问题的严重程度。减排要实现总量与增量双重控制,实现通过产业结构优化升级促进结构减排、通过技术、工艺革新促进工程减排,通过制度建设促进管理减排。

① 高度相关,是指在采用双尾检验时,相关性在 0.01 水平上显著,下同。

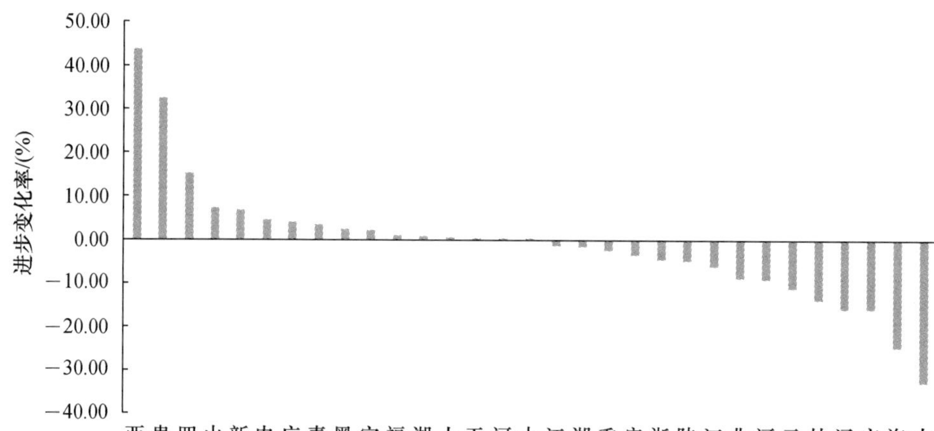

图 7-12　2014—2015 年各省份工业固体废物综合利用提高率进步变化率

表 7-6　GPPI 与二级指标相关性

	产业升级	资源增效	排放优化
GPPI	0.168	0.052	**0.980****
产业升级	1	0.247	0.012
资源增效		1	−0.108
排放优化			1

2. *产业升级与污染物排放之间的关系值得深思*

服务业在发达国家占据主要地位，发展服务业促使产业结构优化与升级也是新常态下中国转变增长方式和实现经济增长的着力点，因此对于服务业的环境影响给予了高度关注。发展第三产业是减排的制胜法宝吗？在相关分析中我们发现，产业升级与排放优化的相关系数为 0.12，为不显著相关。这是因为我们在大力推进发展第三产业，从结构上呈现出产业升级的进步，但这只是结构的改善，产业质量与效率还有待进一步提高。

低附加值服务业的较大规模存在会减缓污染物优化排放效应。

（二）二级指标与各自三级指标相关性

1. *高新技术创新与发展是产业升级的突破口*

坚持创新驱动是推动产业结构优化升级、实现绿色发展的重要支撑，是新常态下驱动经济发展的主要动力。产业升级与高技术产值占地区生产总值比例的相关系数为 0.863，高度正相关（表 7-7）。

表 7-7　产业升级与其三级指标的相关性

	第三产业产值占地区生产总值比重	第三产业就业人数占地区就业总人数比重	R&D 经费投入占地区生产总值的比重	万人专利授权数	高技术产值占地区生产总值比重
产业升级	−0.110	0.186	0.302	0.059	**0.863****

表 7-8 列举了部分省份创新对产业升级的贡献,高新技术产值比例进步率的差异导致了产业升级效率的不同。因此,创新支撑和引领产业升级,实现创新驱动和绿色发展是新常态下的核心任务。

表 7-8　部分省份创新对产业升级的贡献

地区	高技术产值占地区生产总值比重进步率	产业升级进步率
山西	−81.21	−16.30
河南	−24.71	−1.22
海南	−73.17	−17.45
重庆	−23.04	−7.76
青海	−39.99	−0.03
新疆	62.10	7.99
内蒙古	40.02	7.64

2. 工业固体废物治理成为提高资源效能的主要抓手

资源增效不仅要节约资源,降低能耗,关键是要资源节约循环高效使用。资源增效与工业固体废物综合利用提高率相关系数为 0.880,高度正相关。工业固体废物治理成为提高资源效能的主要抓手(表 7-9)。

表 7-9　资源增效与其三级指标的相关性

	工业单位产值能耗下降率	单位工业产值水耗下降率	单位农业产值水耗下降率	工业固体废物综合利用提高率
资源增效	0.135	0.344	0.267	**0.880****

随着中国经济和工业化进程的不断发展,工业固体废物也呈现快速增加的发展趋势。工业固体废物的大量堆积,不仅造成了资源的巨大浪费,而且由于工业固体废物的污染具有隐蔽性、滞后性和持续性,也给环境和人类健康带来巨大危害和威胁。对工业固体废物的妥善处置和综合利用已成为资源管理中的重要问题。随着技术的发展,中国工业固体废物的综合利用率不断提高,到 2014 年达到

62.75%。综合利用已成为工业固体废物的最大流向，但十年间综合利用率提高年均不足1%，对工业固体废物的综合利用还仅限于初级的粗放式利用，仍有较大的综合利用潜力。[①]

3. 控制水污染物排放是当前实现排放效应优化核心所在

相关分析结果表明，工业化学需氧量排放效应优化、工业氨氮排放效应优化与排放优化相关系数分别为0.992、0.987，高度正相关（表7-10）。工业水体污染防治是当前排放优化的中心任务。

表7-10　排放优化与其三级指标的相关性

	工业化学需氧量排放效应优化	工业氨氮排放效应优化	工业 SO_2 排放效应优化	工业氮氧化物排放效应优化	工业烟（粉）尘排放效应优化
排放优化	**0.992****	**0.987****	0.247	0.147	−0.166

大气、水、土壤污染防治是当前向污染宣战的三大战役，三者之间没有优先次序之分，都是环境治理的重中之重。全国高度重视大气治理、自上而下推动治霾行动，同时水污染防治已经迫在眉睫。行业污染物排放标准是否科学合理、工业污水处理厂建设和运行是否有进展、地方政府监管能力是否提升、对工业污水的乱排乱放的处理是否有效等，这都是控制水污染物排放的重要内容。

（三）GPPI与三级指标相关性

三级指标与GPPI之间的相关性显示，工业化学需氧量排放效应优化、工业氨氮排放效应优化与GPPI相关系数分别高达0.966、0.972，均为高度正相关（表7-11）。水污染治理是引领绿色生产的重要支撑。

表7-11　与GPPI相关显著的三级指标

三级指标	GPPI
工业化学需氧量排放效应优化	**0.966****
工业氨氮排放效应优化	**0.972****

12个三级指标与GPPI相关不显著，具体如表7-12所示。

① 2015—2020年中国工业固体废物综合利用行业分析与发展策略研究报告.中国产业研究报告网，http://www.chinairr.org，2014-12-15.

表 7-12　与 GPPI 相关不显著的三级指标

所属二级指标	三级指标	GPPI
产业升级	第三产业产值占地区生产总值比重	−0.208
	第三产业就业人数占地区就业总人数比重	−0.089
	R&D 经费投入占地区生产总值的比重	−0.271
	万人专利授权数	0.198
	高技术产值占地区生产总值比重	0.206
资源增效	工业单位产值能耗下降率	−0.057
	单位工业产值水耗下降率	−0.019
	单位农业产值水耗下降率	0.202
	工业固体废物综合利用提高率	0.022
排放优化	工业 SO_2 排放效应优化	0.204
	工业氮氧化物排放效应优化	0.155
	工业烟(粉)尘排放效应优化	−0.156

三、结论与展望

从以上分析可以发现,2014—2015 年中国绿色生产建设进入减速轨道,这主要源于排放优化的大幅度退步。现阶段,排放优化已成为制约中国绿色生产建设与发展进程的核心因素。如何突破这一瓶颈,实现生产方式的绿色转型是当前急需破解的难题。

(1) 破解粗放式排放症结,促进绿色生产步入从 0 到 1 的跃变轨道。

污染物排放主要源于工业生产过程。粗放式的排放致使绿色生产发展速度全面回落,仍处于−1～0 的低水平徘徊,也带来了严重的环境危机。向水、大气、土壤污染宣战则是优化排放的突破口。通过总量与增量控制,结构减排、工程减排、管理减排的有效结合,实现污染物排放从粗放式向内涵式转变,加速推动绿色生产发展进程。

(2) 转换动力,让创新成为绿色生产发展的新引擎。

产业结构升级与优化是实现绿色生产的基础。新常态下,产业升级步入慢车道,拉动力减弱。创新是破解发展难题、推动发展动力转换的关键举措。应发挥科技创新的引领作用,推动产业迈向中高端水平;用科技创新激发活力,进而提升绿色生产的内生发展动力。

第三部分
绿色生活发展评价报告

第八章　绿色生活建设发展评价总报告

生活方式的绿色化，是公众参与、推进生态文明建设的基本途径。为把握中国绿色生活建设发展的具体情况，明确发展的不同类型，找准发展的态势和驱动因素，本课题组进一步完善了绿色生活发展指数（Green Living Progress Index，GLPI），对全国除港澳台以外的 31 个省级行政区绿色生活建设的发展状况进行了评价。

2015 年全国绿色生活建设发展的总体特征是进步加速，但隐忧重重。进步加速表现在：与前一年度相比，绿色生活整体建设水平有所提升，并且建设提升速度在加快。但进步加速的背后，消费升级增速放缓，生活方式绿色化的动力有逐渐减弱趋势；资源节约和使用效率提升的建设虽发力加速，但仍未摆脱水平倒退的局面；部分生活污染物排放总量在逐步下降，但对生态、环境的改善效果仍不显著，建设取得的进步仍有待稳定。

一、绿色生活发展评价结果

全国及各省级行政区绿色生活发展指数（GLPI 2015），基于 2014 年和 2015 年的最新权威数据，测算了相对于前一年的全国绿色生活建设整体水平提升的速度，并获得了 31 个省级行政区绿色生活建设发展速度的排名。

1. 2015 年全国及各省绿色生活发展指数（GLPI 2015）

全国绿色生活建设的发展在 2014—2015 年间是进步的，发展速度为4.55%。三个二级指标对应的建设领域，则有不同表现。消费水平和结构正向升级迈进，生活污染物排放与环境容量之间的关系获得一定程度的改善。排放优化和消费升级建设领域为进步发展，与上年相较提升较为明显。但生活资源的使用效率却未能与消费升级和排放优化实现共同进步（表 8-1，图 8-1）。

表 8-1　全国绿色生活发展指数（GLPI 2015）　　单位：%

	绿色生活	消费升级	资源增效	排放优化
全国	4.55	5.19	−0.29	7.69

在努力减少环境负面影响方面，绿色生活建设的年度进步最为明显，排放优化进步幅度最高。具体从水体污染物排放和空气污染物排放两个方面来看，大部

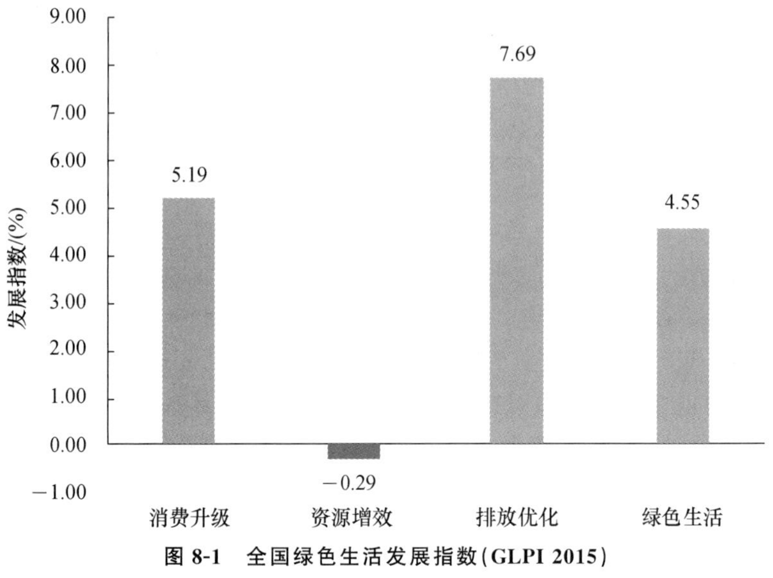

图 8-1　全国绿色生活发展指数(GLPI 2015)

分省份在化学需氧量、氨氮、SO_2、烟(粉)尘等主要污染物排放总量的下降上都取得了一定成绩,相应减轻了一些环境消纳污染物的负担,助力于推进水体质量和空气质量的改善。与此同时,数据分析显示,污染物排放量、排放强度能否与环境容量相协调,是绿色生活建设能否进步发展的主要影响因素,而现阶段中国绿色生活进步的主要推动力就是排放效果的持续优化。污染物排放减量了,与环境容量更相适应了,绿色生活发展速度就快,反之则发展受限。

在消费领域,令人欣喜和担忧的局面并存,提示我们绿色生活方式的建立已经迫在眉睫。一方面,国民收入、消费水平普遍持续增长,为生活消费从温饱到富足的层次提升提供了相应动力。医疗卫生条件不断完善、投入不断增加,为生活的健康和谐提供了必要的基础。教育投入水平的稳定提升为生态意识的普及和培育提供了保障。这些都令人感到欣喜。但令人担忧的是,中国大部分地区尚未超越消费不足的阶段,随着日常生活物质文化需求的快速提升,尤其是物质消费活动的迅速扩展,生活废弃物和污染物排放给环境带来的压力快速增大。能否避免重蹈西方国家消费社会先污染后治理的覆辙,在消费水平升级的过程中,同时实现消费结构的绿色化成为关键。

唯一没有进步的是生活领域的资源利用效率状况。这清晰地展现了生活需求快速提升带来的压力,也表明资源节约之风的普及依然任重道远。例如,与前一年度相较,超过 1/3 的省份人均煤炭的使用量增加,超过 2/3 的省份人均生活汽油的使用量明显抬升,更有 24 个省份人均生活用水量上升。这表明,在中国着力调整能源结构,减少传统化石能源消费的大背景下,生活用能结构的改善和优化仍然迫切。而在中国人均淡水资源十分有限的情况下,生活用水量的扩张同样令人忧心。当前,在生活资源效率的提升上,城乡都在进行多方面的有益尝试。例如,城镇积极推进公共交通网络的建设,推进绿色出行;农村大力普及可再生能源,如沼气和太阳能的使用等。这些努力都取得了有目共睹的成绩,但还未能全面缓解压力。

以 GLPI 2015 得分平均值加减 1 倍标准差来进行划分,可将 31 个省份绿色生活建设发展的速度划分为四个等级。处于速度最快的第一等级省份有四个,分别是宁夏、重庆、贵州和海南。速度居于第二等级的是 14 个省份,为甘肃、山东、福建、四川、江西、湖南、江苏、天津、内蒙古、湖北、广西、河南、广东和新疆。第三等级的省份有八个,是青海、陕西、西藏、安徽、云南、吉林、辽宁和河北。速度相对靠后的有五个省份,即黑龙江、北京、浙江、上海和山西(表 8-2,图 8-2)。

表 8-2 2015 年各省份绿色生活发展指数(GLPI 2015) 单位:分

排名	地区	GLPI	消费升级	资源增效	排放优化	等级
1	宁夏	56.55	49.80	51.28	65.87	1
2	重庆	56.44	53.75	63.91	53.35	1
3	贵州	53.64	59.69	52.26	50.27	1
4	海南	53.49	47.67	44.52	65.13	1
5	甘肃	53.07	59.15	46.87	52.46	2
6	山东	52.57	51.23	48.78	55.90	2
7	福建	52.26	51.98	51.37	53.36	2
8	四川	52.15	53.02	53.63	50.32	2
9	江西	52.09	55.50	45.94	53.40	2
10	湖南	51.42	53.24	50.62	50.24	2
11	江苏	50.92	49.23	51.41	52.28	2
12	天津	50.58	44.52	53.16	53.34	2
13	内蒙古	50.02	50.60	57.54	43.37	2
14	湖北	49.95	57.18	48.04	45.68	2
15	广西	49.88	46.96	55.40	48.29	2
16	河南	49.82	49.04	55.77	45.84	2
17	广东	49.71	48.13	46.55	53.41	2
18	新疆	49.57	52.00	43.01	52.43	2
19	青海	49.50	58.31	45.31	46.01	3
20	陕西	48.98	48.36	49.94	49.45	3
21	西藏	48.85	52.71	45.02	49.56	3
22	安徽	48.51	49.51	44.11	50.87	3
23	云南	48.23	43.59	58.24	44.31	3
24	吉林	47.40	44.64	47.98	49.09	3

（续表）

排名	地区	GLPI	消费升级	资源增效	排放优化	等级
25	辽宁	47.07	45.72	50.04	45.66	3
26	河北	47.01	49.12	49.45	43.58	3
27	黑龙江	44.63	53.02	44.73	37.85	4
28	北京	44.50	40.50	46.08	46.61	4
29	浙江	42.93	45.70	51.68	34.62	4
30	上海	42.55	46.84	52.67	30.69	4
31	山西	41.84	39.31	54.88	34.39	4

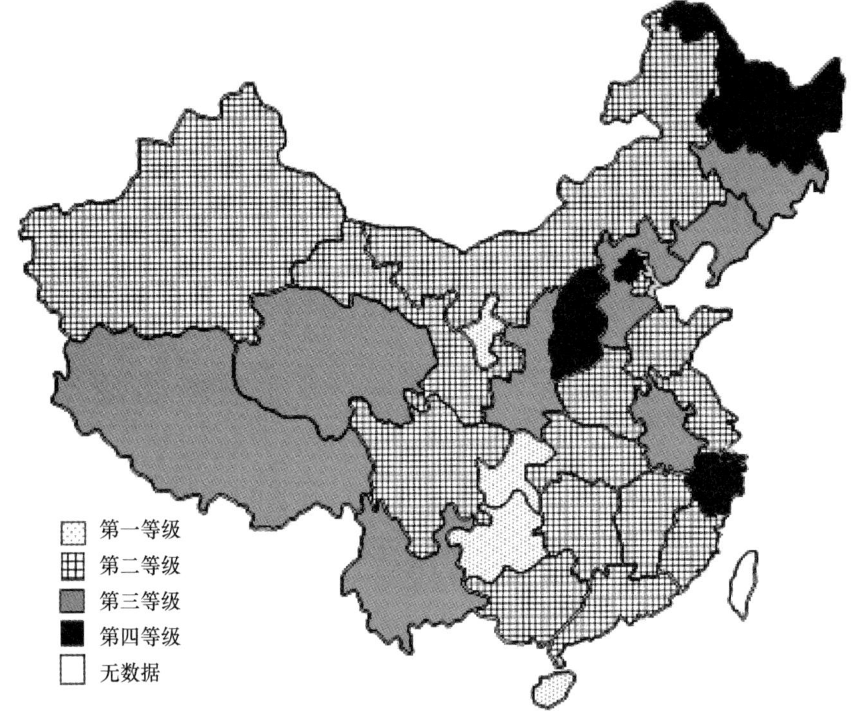

图 8-2　各省份 GLPI 等级示意图

说明：由于比例尺原因，图中未呈现港澳、南海和澎湖诸岛；由于数据所限，也未列出港澳台等地区的生态文明情况。

从各省 GLPI 2015 排行榜可以看到：

(1) 绿色生活建设整体发展趋势良好，18 个省份绿色生活建设发展速度高于全国平均水平。

从 GLPI 得分的四个等级来看，属于第一等级和第二等级的省份数量为 18 个。这些省份的发展速度都高于全国平均水平(49.55)，这表明大部分省份的绿色生活建设在 2015 年度得到了积极推进。

(2) 西部省份绿色生活发展势头迅猛。

在 GLPI 2015 排行榜中,12 个西部省份表现可圈可点,整体平均得分(51.41)高于全国平均水平(49.55)。西部省份占据第一等级 3/4 的席位,包揽排行榜前三名。第二等级中有五个西部省份。第三等级中西部省份又占据半壁江山。没有一个西部省份的 GLPI 得分处于第四等级。

(3) 东部省份绿色生活发展速度梯队明显。

东部 10 个省份的 GLPI 2015 排名呈现为三个梯队。第一梯队以海南为首,山东和福建随后,分别占据第四、第六和第七的领先位置。第二梯队以江苏为先,天津和广东殿后,排名分别为第 11、第 12 和第 17。第三梯队的排名先后是河北、北京、浙江和上海,在排行榜上的位置分别为第 26 位、第 28 至第 30 位。

(4) 东北、华北及浙沪绿色生活建设待加速。

纵观整个 GLPI 2015 得分排行榜,东北三省、京晋冀和浙沪八个省份的排名最为靠后。相较而言,东北三省的整体建设速度要略快于其他五个省份。华北地区除天津和内蒙古发展速度较快外,其他三个省份的发展速度都较为靠后,拉低华北地区整体发展速度。浙江和上海情况非常相似,主要是受到排放优化领域建设发展缓慢的限制,整体速度靠后。

2. 绿色生活二级指标评价结果

绿色生活建设的核心领域是消费、资源和排放。促进绿色生活建设的发展,就是要不断优化升级消费结构,不断提升资源利用效率,不断降低生活污染排放的环境影响。从 GLPI 2015 的三个二级指标来看,当前在中国消费升级形势良好,资源增效面临压力,排放优化成效明显(图 8-1)。

(1) 生活领域消费升级形势良好。

消费升级领域从消费水平、结构等方面来考察居民绿色消费的实力,日常消费的绿色化水平。通过人均可支配收入增长率、人均消费水平增长率、人均卫生总费用提高率、人均公共教育经费提高率和人均生活垃圾清运量减低率五个指标来进行考察和评价。

全国 2015 年消费升级发展速度为 5.19%,较前一年度有一定进步(图 8-1)。从 31 个省份的发展速度来看,只有山西的消费升级较上年度略有退步。

将 31 个省份消费升级发展指标得分划分为四个等级,可以看到有五个省份处于第一等级,分别是贵州、甘肃、青海、湖北和江西。第四等级的省份有五个,是吉林、天津、云南、北京和山西(图 8-3)。

绿色生活与生活的富足是相容的,绿色生活并非过苦日子,也不是限制消费,而是合理消费、绿色消费。在中国居民相对收入水平并不高的背景下,收入水平

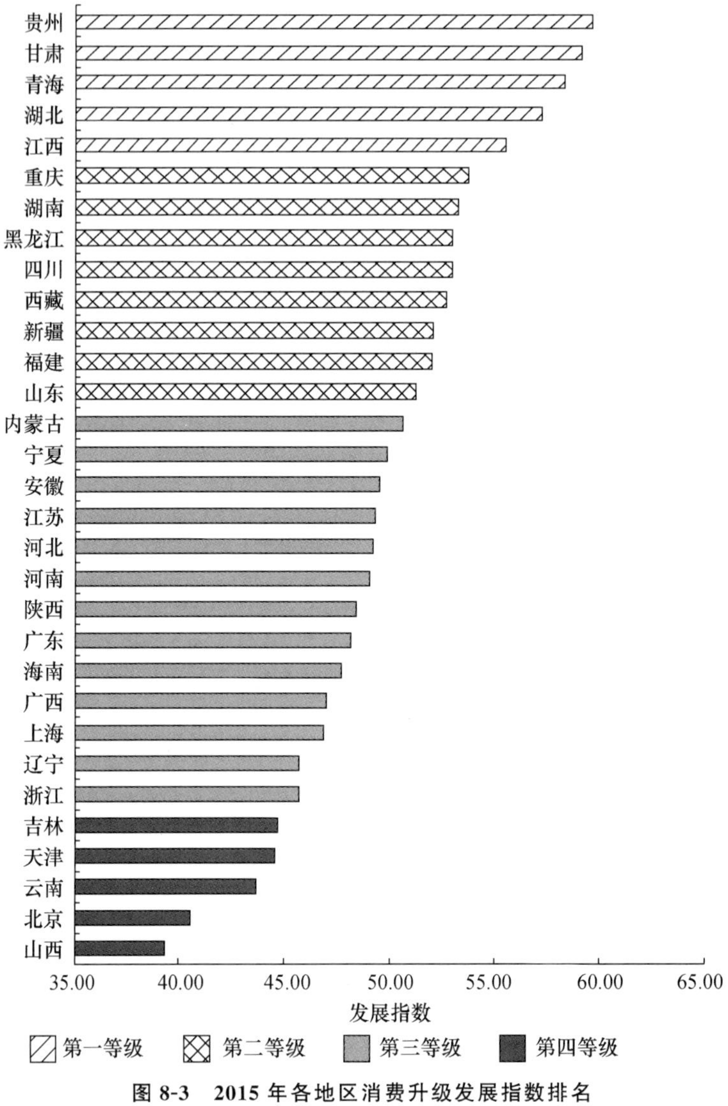

贵州
甘肃
青海
湖北
江西
重庆
湖南
黑龙江
四川
西藏
新疆
福建
山东
内蒙古
宁夏
安徽
江苏
河北
河南
陕西
广东
海南
广西
上海
辽宁
浙江
吉林
天津
云南
北京
山西

35.00 40.00 45.00 50.00 55.00 60.00 65.00

发展指数

第一等级 第二等级 第三等级 第四等级

图 8-3　2015 年各地区消费升级发展指数排名

的不断提升对绿色生活建设具有非常积极的意义。2015 年度，全国人均可支配收入增长率达到 10.14％。收入水平的提升，也带动了消费水平的提高，2015 年度全国人均消费水平增长率为 7.8％。

绿色生活是高质量的生活，建立在良好的社会福祉和公共服务基础上。中国在夯实绿色生活基础方面的努力，随着经济社会发展已经取得了不断进步。例如，医疗卫生服务不断提升，医疗卫生投入不断增加，2015 年人均卫生总费用提高率全国平均水平为 12.07％，湖南、福建和宁夏甚至超过 20％。再如，2015 年全国人均公共教育经费提高率为4.97%。

从消费结构优化的角度来看,绿色生活建设通过减少物质性消费品的购入和垃圾排放,增大服务类产品,尤其是精神文化消费品的消费比重来实现生活方式的生态环境友好化。从人均生活垃圾清运量降低率来看,实物领域的生活消费尚未达到拐点,仍处于消费量不断增加的过程中。2015年度只有12个省份的人均生活垃圾清运量相对减少。消费结构调整仍面临各方面的挑战。

(2) 生活领域资源增效面临压力。

资源增效领域从日常生活资源的消耗,包括水、化石能源、可再生能源等方面来考察资源利用的效率。考察内容包括人均生活用水降低率、人均煤炭生活消费降低率、人均汽油生活消费降低率、农村可再生能源利用提高率和公共交通条件提高率五个指标进行。

全国资源增效发展2015年处于小幅退步的进程中。就31个省份的具体情况来看,在资源消耗发展指标的得分中,处于得分第一等级的是重庆、云南、内蒙古、河南和广西五个省份。得分处于第四等级的有青海、西藏、黑龙江、海南、安徽和新疆等六个省份(图8-4)。

绿色生活应将生活资源消费控制在合理范围之内,避免消费过度和浪费。中国大部分地区淡水资源相对匮乏,水资源过度开发状况普遍,生活用水的节约是十分必要的。但从2015年度31个省份的生活用水节约状况来看,仅有七个省份实现了人均生活用水量的降低,节水并未形成普遍风尚,仍需紧抓。

日常生活相关的化石能源消费与资源消耗和环境污染排放紧密相关。随着经济的发展,中国居民生活能源消费总量呈不断上升,用能结构变化的总体趋势是向着清洁化、高效化的方向发展的。但煤炭在生活用能中仍占据相当比重,尤其是农村仍以煤炭为主①。2015年度,全国有1/3的省份人均煤炭生活消费量不降反增,需要有针对性地引导能源消费结构转变,促进能源利用效率的提高。此外,随着家用汽车的普及,汽油的生活消费量在日常生活中也不断提高,有2/3省份的人均汽油生活消费量在2015年度是上升的,全国平均水平也在上升。煤炭和汽油面临的增效建设任务不能放松。

减少传统化石能源的使用,同时增加可再生能源或新能源的使用,是提升能源使用效率相辅相成的两个方面。在生活直接能源消费方面,太阳能的利用已经得到了不断推进,农村太阳能热水器铺设面积2013—2015年不断扩大,人均占有面积也迅速提升。

集约化是提升绿色生活方式能源使用效率的重要途径,特别是在居住和交通

---

① 樊静丽 等. 我国居民生活用能特征研究. 中国能源. 2010, 32(8):33—36.

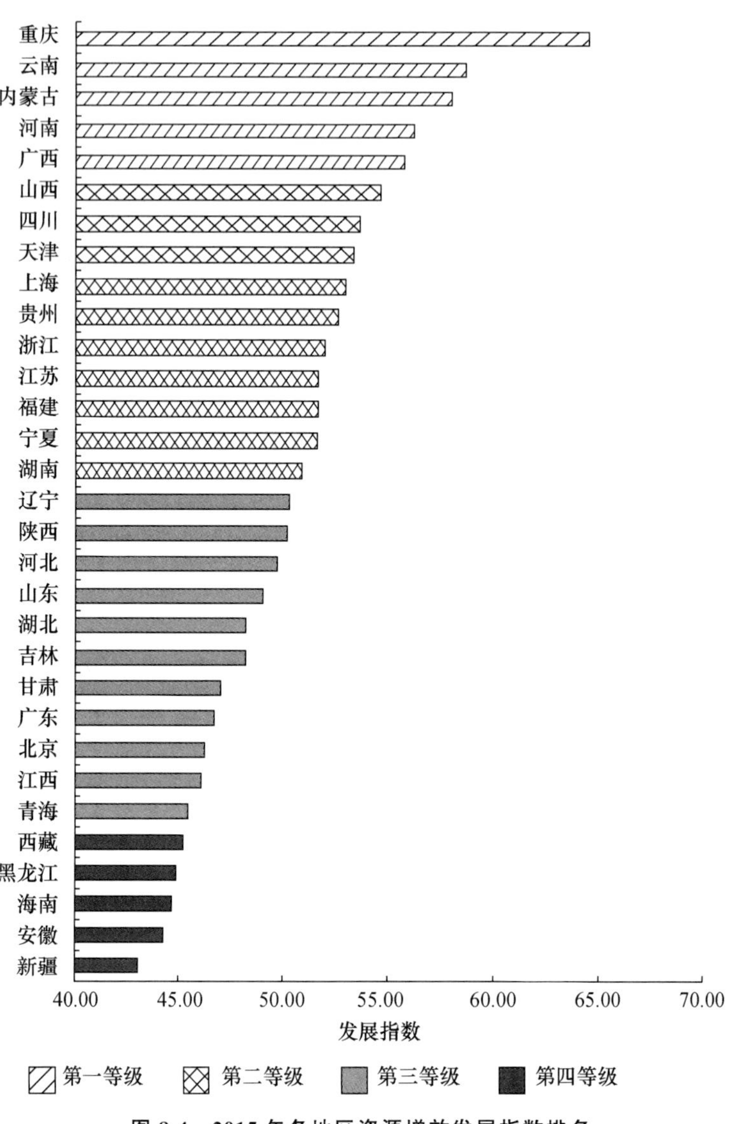

图 8-4　2015 年各地区资源增效发展指数排名

方面。居住的集约化可以通过集中供暖、供气等方式，提高用能效率。公共交通的普及和高效运转，是绿色出行的保障。以每万人拥有的公交车数量来看，各省份公共交通建设得到了有力推进。

(3) 生活领域排放优化成效明显。

排放优化领域重点考察生活源的污染物排放对环境产生的影响。因为生活固体废弃物对环境的影响难以直接衡量，排放优化建设主要从水体污染物和大气污染物两个方面来进行考察。相应考察指标涉及人均化学需氧量生活排放效应优化、人均氨氮生活排放效应优化、人均 SO_2 排放效应优化、人均氮氧化物排放效应优化和人均烟(粉)尘生活排放效应优化这五个方面。

与 GLPI 2015 相似,有 18 个省份的排放优化的发展速度高于全国平均水平。处于第一等级的省份只有两个,即宁夏和海南。宁夏在水体污染的生活排放方面表现不俗,海南除此之外,对烟(粉)尘生活源的排放控制也成效显著。得分处于第四等级的省份为黑龙江、浙江、山西和上海(图 8-5)。

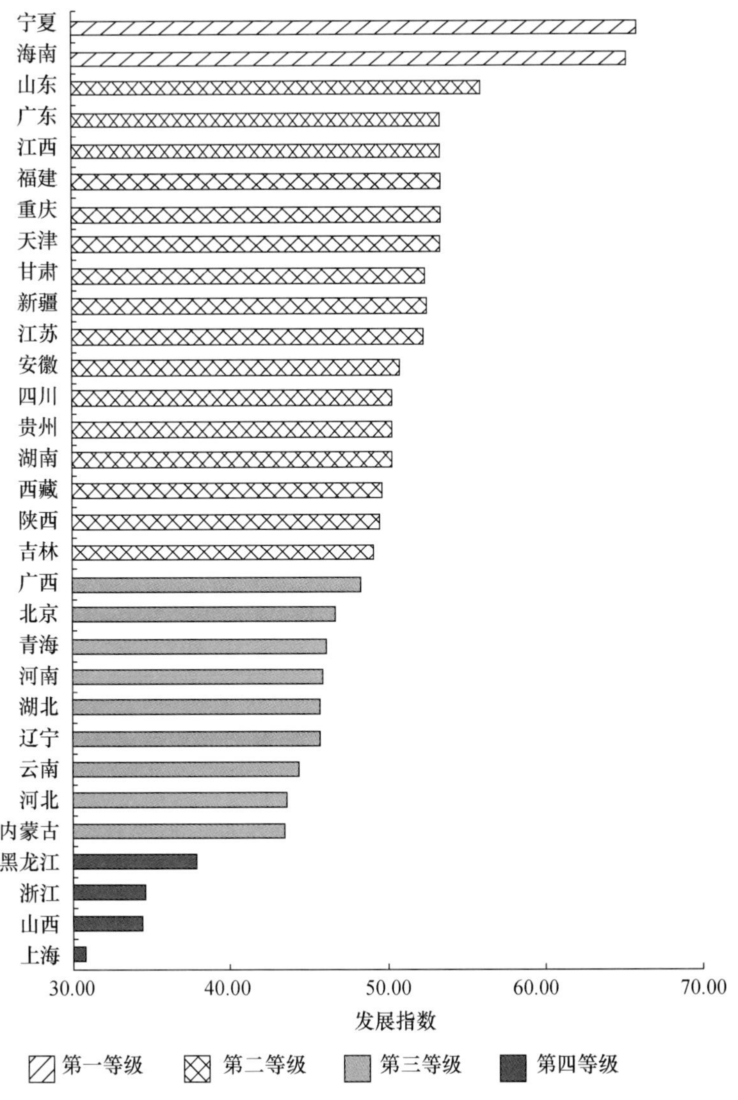

图 8-5 2015 年各地区排放优化发展指数排名

排放优化的考察强调，生活污染物排放产生的环境影响应该控制在环境承载力之内，不导致环境的持续恶化。从全国层面看，生活领域中排放优化的建设成效较为明显。涉及的水体污染物、空气污染物的人均排放中，只有人均氮氧化物排放水平略有上升，显示了生活领域节能减排的成效。

从总量上考察，生活领域的这五大污染物的减排呈现出不一致的发展趋势，提示空气污染物排放的减排任务更为艰巨。从 2012—2014 年三年的数据看，只有化学需氧量和氨氮的排放是在走低，而 SO_2、氮氧化物的排放总量则在走高。烟(粉)尘的排放总量在 2013 年出现小峰值。

二、绿色生活类型分析

当前，中国各省绿色生活发展速度并未受到建设水平限制。绿色生活发展指数与绿色生活指数(Green Living Index，GLI)的相关性分析显示，两者相关性不显著，相关系数为－0.179。这表明绿色生活建设的发展速度快慢未受到建设水平高低的限制。这也使得中国各省份的绿色生活建设类型丰富多样，可以划分为领跑型、追赶型、中间型、前滞型和后滞型省份。

领跑型包括福建、广东、江苏、江西、山东、天津和云南七个省份。追赶型包括贵州、辽宁、宁夏、青海、四川、西藏和重庆七个省份。前滞型包括河北、上海、新疆和浙江四个省份。后滞型包括安徽、甘肃、黑龙江、内蒙古和山西五个省份。中间型省份最多，有北京、海南、广西、河南、湖南、陕西、吉林和湖北八个省份。对各省份绿色生活发展进行类型分析后可以有如下发现：

(1) 领跑型省份资源利用效率待加强。

领跑型省份要进一步提升和发展，突破口在资源增效领域。因为这些省份的消费升级和排放优化领域，整体都处于进步之中。而资源增效虽然整体发展速度高于全国平均水平，但有一半领跑型省份实际上没有进展，反而是倒退的。除了汽油消耗快速增加带来的资源约束压力以外，煤炭和水资源消费量的增加也需要关注。农村可再生能源和公共交通的建设速度也较全国水平落后。

(2) 追赶型省份整体建设发展各领域仍存压力。

追赶型省份在绿色生活建设发展的三个领域中，除排放优化领域的平均速度略低于领跑型省份，消费升级和资源增效的平均速度都领先于其他类型。较快的速度并不意味着不存在劣势和问题，在消费升级领域，追赶型省份的压力主要体现在生活垃圾数量的明显增长上；在资源增效领域，追赶型省份面临生活用水量不断上扬的压力；在排放优化领域，追赶型省份在烟(粉)尘控制的成效方面，也普遍低于全国平均水平。

(3) 中间型省份应给足绿色生活发展动力。

中间型省份的绿色生活建设短板首先是消费升级领域。这些省份中,存在着人均可支配收入增长相对较慢的情况。与此同时,居民的消费意愿不强,人均消费水平增长率与人均可支配收入增长率有一定差距。在医疗卫生投入和教育经费投入的增长速度上,中间型省份大多低于全国平均水平。在资源增效领域,中间型省份除人均汽油消费量降低率未低于全国平均水平外,在其他资源利用效率推进方面,都还不尽如人意,大部分建设速度都落后于全国平均水平。中间型省份排放优化的痛点主要是 SO_2 和烟(粉)尘的控制。

(4) 前滞型和后滞型省份资源增效和排放优化进展拖后腿。

前滞型省份和后滞型省份在绿色生活建设发展的整体速度上,以及各二级指标领域发展的平均速度上,均处于相同等级。不同之处在于,在具体发展速度上,后滞型省份在这两个领域都大大低于前滞型省份。

前滞型省份中的大部分都面临人均生活用水量增加、人均汽油消费量增加的问题,对资源利用效率的提高提出了要求。不论是水体污染物还是大气污染物排放控制,部分前滞型省份都存在退步明显的问题,在协调生活污染物排放和环境承载力之间的关系上还远未达到平衡。

后滞型省份在资源利用效率方面的建设压力也集中在化石能源消费增加,尤其是汽油人均消费量猛增的问题上。此外,个别省份煤炭的减量使用也退步惊人,必须引起重视。在排放优化领域,主要建设压力是减少水体污染物对地表水、地下水的污染。

(5) 排放优化发展速度的快慢影响绿色生活发展整体速度的快慢。

从五种发展类型的整体状况来看,排放优化快,绿色生活发展快;排放优化慢,绿色生活发展慢。领跑型和追赶型的排放优化发展速度均值分别为 11.74% 和 11.16%,绿色生活发展速度分别为 7.35%和 9.22%。排放优化是领跑型和追赶型省份发展速度最快的领域。前滞型和后滞型省份的排放优化发展速度分别为−12.08%和−22.95%,绿色生活发展速度分别为−5.15%和−13.19%。排放优化又是前滞型和后滞型省份与全国平均发展速度差距最大的领域。

三、绿色生活发展态势分析

以全国连续三年的数据为基础,可以看到,与全国生态文明建设以及绿色生活建设均落入减速通道的情况相比,绿色生活建设还保持着较好的发展态势,整体处于持续加速的过程中,除消费升级进步速度有所放慢外,资源增效和排放优化建设速度都加快了(图 8-6)。但整体进步能否持续尚存疑问,主要体现在,通过消费升级促进生活方式绿色化的力度有逐渐减弱趋势;生活领域的资源节约和能源使用效率提升建设，虽发力加速，但仍没有成功跳出水平倒退的困局；部分生活污染物排放总量在稳定下降，但对环境质量的改善效果仍不显著，建设成效有待稳定。

绿色生活建设的进步隐忧重重。一方面，一些建设领域处于不断小幅退步过程中。以资源利用为例，从2013年至2015年，人均生活用水量和人均生活汽油使用量在持续攀升，只是势头有所放缓，但仍处于增量爬坡过程中。另一方面，一些建设领域建设进展先进后退，进步局势并不明朗。如人均煤炭生活消费量，若得不到控制，恐怕会继续上升，与建设目标背道而驰。此外，还有处于先退步后进步进程中的建设领域，如果只看进步阶段获得的成绩，很容易被局部表象蒙蔽。以生活源烟(粉)尘排放量的控制为例，三个年度全国整体的进步幅度超过36%，但其实是2013—2014年显著退步后，2014—2015年努力止跌的效果呈现。这些建设进展的波动性，给绿色生活建设的稳步推进提出了挑战。

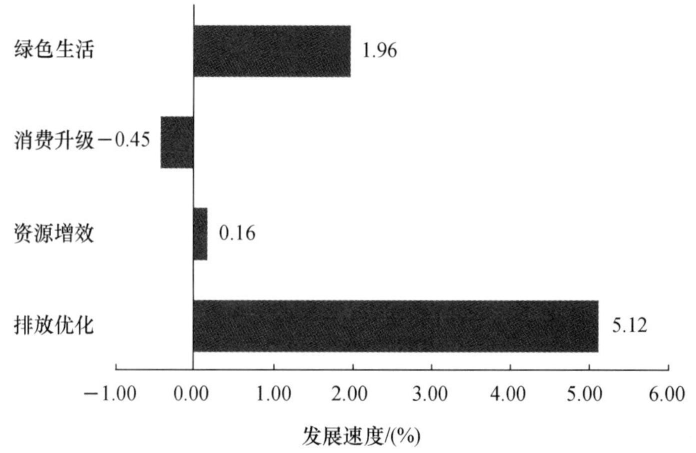

图8-6　2013—2015年全国绿色生活建设发展速度变化情况

对全国的绿色生活建设发展态势和驱动分析可见：

(1) 生活质量的提升在短时间内难以快速推动绿色消费方式的成型，中国许多地区还未超越消费不足的阶段。

在绿色生活建设发展整体处于进步加速的过程中，消费升级是唯一未能实现加速度提升的建设领域。虽然人均消费水平稳定地保持了增长的态势，但消费水平增长在当前更多的是直接推动了日常生活的物质消费，对消费结构优化的显著影响还未显现。很多地区还处于从满足基本生活需求走向满足相对富足生活的进程中。

(2) 绿色生活建设的第一推动力并不稳固,未来提速空间存疑。

排放优化是当前绿色生活建设发展加速贡献最大的领域,但不少省份的加速进步实际上建立在前两年巨大退步的基础上,建设水平仍未恢复到退步前的状况。排放优化仍在忙于消减增量。当污染物排放的增量和存量都得到控制时,绿色生活的建设成效或许才能真正显现。

(3) 人民群众日益增长的物质文化需求与粗放的生活方式之间的矛盾,是当前中国绿色生活建设的难点。

随着经济发展,社会福利和收入水平的提升,人们在日常生活领域的各类物质文化需求也不断扩大。例如,人们青睐私家车等更舒适便捷的出行方式,购买具有各种功能的新型家用电器,对旅游、教育等活动的消费支出增多等。然而,当前的生活方式仍存在诸多粗放之处,致使生活领域的资源约束日益趋紧。例如,公共交通规划、路网建设的合理性还有待提升,绿色交通系统整体性欠佳,新能源车使用的配套设施建设进展缓慢。再如,生活污水再利用率不高,生活垃圾处理系统不配套,垃圾分类收集、分类运输、分类利用相互衔接的环节还不顺畅等。具体体现为私家车保有量迅速上升,汽油消费不断增加,水体污染物减排成效不显著,垃圾清运量上扬等。一方面是需求的快速提升,另一方面是生活方式转型的相对滞后,使得在生活领域中实现人与自然和谐平衡的任务仍然相当艰巨。

上述事实表明,中国绿色生活建设要取得持续的进步,避免先污染后治理的道路,就必须巩固建设成果,防止发展速度下行,防患于未然。

有观点认为,中国人的生活正经历从温饱到富足的发展过程,在这个过程中生活资源消耗量的上升、生活污染物的增加是难以避免的,谈绿色生活方式的建立或许为时过早,甚至是不合时宜,首先应当满足适度的生活需要。但应该看到的是,之前是因为社会生产供给能力有限,消费能力有限,中国人的生活方式缺乏粗放发展的可能。而随着社会生产力的发展,生活水平的提高,中国人已不再是想花钱而没有钱花、不敢花。在这个变化的过程中,引导建立绿色生活方式就尤为重要和迫切。绿色生活方式并不是限制资源的消耗,并不认为资源消耗越少越好。问题在于消耗何种资源,如何消耗资源?绿色生活建设就是要在生活质量提升的过程中改变和避免粗放的、不合理的资源消耗方式,尽可能地提升资源效能,更多地减少生活方式带来的生态负担和环境负面影响,力求实现生活质量提升与生态环境保护之间的平衡。

也有观点认为,在整个生态文明建设事业中,与生产领域相比,绿色生活方式的建立并不紧迫,例如,从许多资源的消耗量和污染物的排放量来看,生活领域都并非最大贡献者,人均量也不高,并且随着经济社会的发展,仓廪实而知礼节,绿色生活方式的养成也将水到渠成，应顺其自然。这种观点只看到中国当前形势下，生活方式与生态环境之间的冲突尚未尖锐化，但没有看到这也正是建立绿色生活方式的机遇期。抓住这个机遇，方能防患于未然，同时能达到事半功倍的效果。此外，不论是绿色生活方式还是绿色生产方式的建立，都不可能立竿见影，也不是自然而然就能达到的，必须依靠全社会下大力气才有实现的可能。

研究显示，中国绿色生活建设的三驾马车，排放优化是当前拉动力最强的领域。这与部分污染物排放指标纳入了国民经济发展规划，成为硬约束指标有一定关系。这表明，只要有生活方式的相关建设被全社会重视起来，就会有不错的表现。绿色生活建设的推进应以排放优化为切入点，尽快全面纳入顶层设计中，加强引导和约束，以避免错失唯一机遇。

四、绿色生活发展评价思路及指标框架

发展评价通过生活方式绿色化速度的考察，衡量在原有基础上，绿色生活建设的快慢。

1. 绿色生活发展评价思路

从广义上看，绿色生活是指在各类生活活动中，实现资源占用效率最大化，环境负面影响最小化，促进人与自然生态系统和谐的健康优质生活方式之总和。这些生活活动涉及劳动活动、消费活动，以及政治生活、文化生活、宗教生活等方方面面。从狭义上看，绿色生活指在人们的日常生活活动，即衣、食、住、行等活动中，实现上述生态效益的生活方式。本研究主要从狭义的绿色生活概念出发，展开相应评价。

(1) 绿色生活建设发展的评价围绕着动力、效率和质量三个维度展开(图 8-7)。

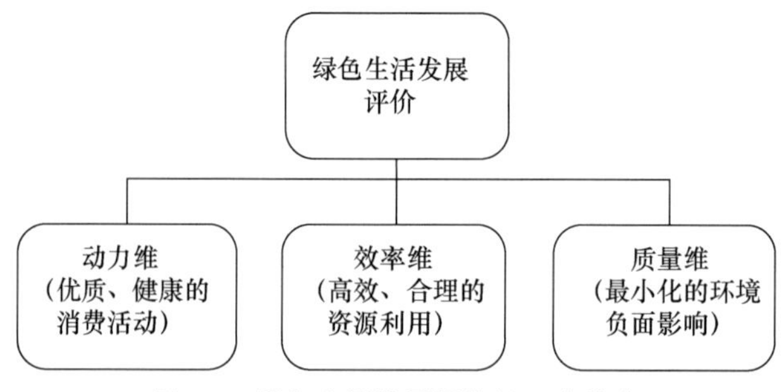

图 8-7　绿色生活发展评价的三个维度

从生态系统与环境、资源的“一体两用”关系来看，绿色生活建设试图在人类社会的生活领域，通过“善用”生态系统的资源储备和环境容量，减缓资源约束、减

轻环境负荷，逐步实现生活方式对生态系统索取和回馈的平衡，并走向提升生态系统承载能力、扩大环境容量的“强体”之路。

(2) 绿色生活不断发展的动力直接来自优质、健康的消费活动。

这样的消费活动以较高的收入水平作为前提。因为，绿色生活不是消费不足的生活，也不是仅仅满足了基本温饱需求的生活，而是面向人全面发展的富足生活。此外，消费水平的提升，从需求侧对绿色生活提供了动力。但仅有消费水平的数量提升还是不够的，在消费结构上，绿色生活的消费在物质消耗上应该是适度的，而非过量、浪费和奢侈的；精神领域的消费支出，例如促进人身心和谐、知识提升等方面的支出应不断增加。需要特别强调的是，绿色生活不是社会当中少部分人的生活方式，而是面向最广泛人群的生活方式。这一方面要求缩小贫富差距，另一方面也要求提升社会福利，增加公共产品供给，例如，良好的医疗卫生条件、较高的公共教育投入水平、多样的社会活动参与途径等。

(3) 绿色生活建设的效率体现在对资源的利用是否高效、合理。

与日常生活联系最为紧密的资源，是水资源和各类能源。在绿色生活方式中水资源应获得最大化的重复使用率。在能源消费的结构上，绿色生活应通过不断提高可再生能源和清洁能源的使用，从而减少常规化石能源的使用，减少碳排放，实现降低非可再生资源供给压力，降低环境负面影响的目的。在城镇等人口居住密集区域，通过加强公共基础设施建设，例如公共交通、集中供暖等，将能源消费集约化，提升能源使用效率。在乡村等人口居住密度相对较小的区域，调整能源结构，控制散煤燃烧污染。

(4) 绿色生活建设的质量呈现在日常生活方式对环境承载力的损害是否趋于最小化。

减小环境负面影响的途径包括：集中处理生活污水，提高污水处理的程度，尽可能减少水体污染物的排放，降低水污染；尽可能减少生活垃圾的产生，减少生活垃圾处理对大气、土壤和地下水产生的二次污染；尽可能降低生活源的大气污染物排放总量和人均量；保护生物多样性等。

2. GLPI 2015 框架体系

基于上述评价思路，在 GLPI 2014 的基础上，我们设计了绿色生活发展指数评价指标体系(GLPI 2015)。GLPI 2015 包含消费升级、资源增效、排放优化三个方面，共包含 15 个具体的测量指标(表 8-3)。

表 8-3 绿色生活发展指数评价指标体系(GLPI 2015)

一级指标	二级指标	三级指标	指标性质
绿色生活发展指数(GLPI)	消费升级	人均可支配收入增长率	正指标
		人均消费水平增长率	正指标
		人均卫生总费用增长率	正指标
		人均公共教育经费增长率	正指标
		人均生活垃圾清运量降低率	正指标
	资源增效	人均生活用水量降低率	正指标
		人均煤炭生活消费量降低率	正指标
		人均汽油生活消费量降低率	正指标
		农村可再生能源利用提高率	正指标
		公共交通条件提高率	正指标
	排放优化	人均化学需氧量生活排放效应优化	正指标
		人均氨氮生活排放效应优化	正指标
		人均 SO_2 生活排放效应优化	正指标
		人均氮氧化物生活排放效应优化	正指标
		人均烟(粉)尘生活排放效应优化	正指标

(1) 消费升级二级指标。

消费升级领域,主要从收入水平、消费水平、消费结构、社会公平、社会福利这五个方面,考察生活消费活动绿色化的进展。从数据的可得性出发,选择了人均可支配收入增长率、人均消费水平增长率、人均卫生费用增长率、人均公共教育经费增长率和人均生活垃圾清运量降低率这五个三级指标。

人均可支配收入增长率能够反映居民提高其收入水平的能力。尤其是收入平均水平不高的区域或群体,在中国经济运行进入新常态的背景下,收入的持续提升对绿色生活的实现有十分重要的意义。较高的人均可支配收入水平通常与较高的社会经济发展水平相连。

人均消费水平增长率旨在反映消费能力增长的速度。消费能力越高,消耗物质文化生活资料的能力就越强,实现绿色生活方式的能力就越强。从生产和消费两者的辩证关系来说,绿色消费能力的扩大能够推动绿色生产的发展,消费向绿色层次跃升能够提供绿色生产发展的动机和目的。

人均卫生费用增长率直接指向居民在医疗卫生方面的支出,以及政府和社会在保障居民健康方面的投入。人均预期寿命可以反映居民健康的普遍状况、医疗卫生条件,但国内相关数据更新频率较低,权威数据通常随着人口普查结果公布。故暂时不纳入指标体系。

人均公共教育经费增长率可以反映国家财政给人们提供的教育机会和教育

保障水平的提升速度，也是社会福利的重要方面。从另一个方面来说，不断增大的教育投入有助于提升人均受教育水平，普及和树立生态意识，为绿色生活方式的确立和展开提供精神动力。

人均生活垃圾清运量降低率旨在衡量日常生活消费结构是否趋向合理。绿色生活的消费结构应趋向于减少物质消耗，增加不必消耗物资，而是消耗时间的精神、文化类活动；摒弃以享受与攀比为目的的消费主义、拜金主义、物质主义的消费方式。

需要说明的是，在社会公平的考察方面，基尼系数能够较好地反映居民收入的平均程度，但因暂无覆盖全国 31 个省(市、自治区)的权威数据，暂时还无法将其纳入考察指标体系中。恩格尔系数能够较好地反映居民消费支出中食品购买所占比例，并反映生活水平高低；文教娱乐支出占消费支出比例能够反映精神类消费活动的支出多寡，但这两方面的数据都因缺少连续的、统计口径一致的原始数据，暂未能纳入发展指数的框架中。

(2) 资源增效二级指标。

资源增效领域，主要从水资源、化石能源、可再生能源三个方面，城镇和农村的能源使用的两个角度，考察生活方式中资源节约、能效提高的情况。具体选择了人均生活用水量降低率、人均煤炭生活消费量降低率、人均汽油生活消费量降低率、农村可再生能源利用提高率和公共交通条件提高率五个三级指标。

人均生活用水量降低率考察的是水资源使用效率的提升。人的生活依赖于地球生态系统提供的多种资源，除水资源和传统能源外，还包括耕地资源、森林资源、矿产资源等。从全球和全国来看，首当其冲的资源问题是水资源贫乏的问题。在日常生活中应大力节约水资源，增强水的循环使用。

煤炭、石油等化石能源，是日常生活消费的主要能源。这些能源的燃烧也是一些大气污染物如 SO_2、氮氧化物和烟(粉)尘，以及温室气体的主要来源。多使用可再生能源和清洁能源，减少煤和油的使用，有助于减缓资源约束和环境污染。

在中国生活一次能源的消费结构中，煤炭消费的比例一直相对较高，虽然已经不断下降，但仍需控制。随着农村生活水平的提升，一些地区冬季采暖需求增加，致使劣质散煤消费量反弹[①]，因此，需要进一步优化燃料，大力倡导新型生物质能源、太阳能等可再生能源的使用。人均煤炭生活消费量降低率和农村可再生能源利用提高率即分别考察这两个方面建设的成效。

人均汽油生活消费量降低率和公共交通条件提高率主要考察绿色出行生活

① 支国瑞，杨俊超，张涛，等. 我国北方农村生活燃煤情况调查、排放估算及政策启示. 环境科学研究. 2015,28(8):1179—1185.

方式的推进，以及相关领域的能源使用效率。绿色出行是兼顾能源效率和有益环境的生活方式。2015年中国汽油对外依存度已经超过60%[①]，传统能源私人汽车购买量的快速上涨，也推动了国内汽油消费需求的增长。一方面，应推动汽车消费结构的转型；另一方面，应大力倡导绿色出行，并加强公共汽车、地铁等公共交通工具和相关基础设施的供给和建设。

(3) 排放优化二级指标。

排放优化领域，主要从人的生活消费活动污染物排放量，与水体质量、土壤质量、大气质量、生物多样性状况这四个方面的关系展开考察。但衡量日常生活活动与土壤质量、生物多样性状况关系的相关数据难以获取，暂时难以直接考察。GLPI具体从水体和大气两方面选择了相关评价指标，集中考察生活源水体污染物化学需氧量和氨氮排放量对水体环境的影响，生活源大气污染物SO_2、氮氧化物和烟(粉)尘对空气质量的影响，并考虑了大气污染物扩散的影响因素。

生活污水中重金属等有毒无机物的含量低，但有机物含量高。生活污水的直接排放是地表水、地下水的污染主因之一。同时，生活源的化学需氧量、氨氮排放量控制，仍存在较大的减排空间，尚未能逆转水体环境污染的困境。虽然大部分国内城市都已建成污水处理厂，但管网配套不完善，污水收集处理率不高的问题仍普遍存在。将减排情况与水体质量情况挂钩，才能真正考察绿色生活方式对环境质量是否有所改善，反映污染减排的成效。

生活源的SO_2、氮氧化物和烟(粉)尘排放量，在大气污染物排放中占有不可忽略的比重。燃烧时对空气污染严重的劣质煤，现在仍然是中国居民生活用煤的主力军。推进集中供热、"煤改电""煤改气"等工程，以及推广优质清洁燃料等途径，转变居民燃料的使用方式，将有助于改善空气质量。此外，传统的煎炸爆炒等餐饮烹饪方式，也是空气污染物的重要来源，在适当改变传统烹饪方式的同时，还必须在餐饮业中普及高效油烟净化设施，在居民住宅中推广高效净化型家用吸油烟机。此外，还应减少私人汽车使用强度，鼓励绿色出行。

限于数据的可得性，排放优化领域的考察主要集中在对城镇生活源主要污染物与环境承载力关系的考察上。农村生活源主要污染物的排放还缺乏相关权威数据，暂时难以纳入考察。

绿色生活建设的成效可以从动态和静态两个方面来评价。如果评价是随着时间变化而进行的，就可以获得绿色生活建设动态的特征，如建设发展速度快慢。如果把评价放在某一时间点上，就可以获得绿色生活建设的静态特点，如建设水

① 杜燕飞. 报告称2015年中国石油对外依存度首次突破60%. 人民网. 2016年1月26日. http://energy.people.com.cn/n1/2016/0126/c71661-28086315.html.

平高低。绿色生活指数(GLI 2015)从静态特征角度评价绿色生活建设,与 GLPI 2015 构成了评价的两个维度。GLI 2015 也有相应的三个评价层面,即消费结构、资源效率、排放效应,共包含 16 个测量指标(表 8-4)。

表 8-4 绿色生活指数评价指标体系(GLI 2015)

一级指标	二级指标	三级指标	指标性质
绿色生活指数(GLI)	消费结构	人均可支配收入	正指标
		恩格尔系数	逆指标
		人均消费水平	正指标
		人均卫生总费用	正指标
		人均公共教育经费	正指标
		人均生活垃圾清运量	逆指标
	资源效率	人均生活用水量	逆指标
		人均煤炭生活消费量	逆指标
		人均汽油生活消费量	逆指标
		农村可再生能源利用率	正指标
		公共交通条件	正指标
	排放效应	人均化学需氧量生活排放效应	逆指标
		人均氨氮生活排放效应	逆指标
		人均 SO_2 生活排放效应	逆指标
		人均氮氧化物生活排放效应	逆指标
		人均烟(粉)尘生活排放效应	逆指标

GLI 2015 与 GLPI 2015 相比,增加了恩格尔系数这一指标,用以衡量居民生活富裕程度、消费方式和结构。

第九章　绿色生活建设发展类型分析

绿色生活建设的发展过程有快慢之别，而各地区速度的快慢又是建立在不同水平高低的基础上。以速度和水平为坐标，能为各地区建设发展的类型进行定位，更好地把握现状。

一、绿色生活建设发展类型划分概况

基于 GLI 2015 得分和绿色生活建设发展速度 2014—2015 的等级划分[①]，绿色生活建设发展同样可划分出五种类型，即领跑型、追赶型、前滞型、后滞型和中间型。领跑型包括福建、广东、江苏、江西、山东、天津和云南七个省份。追赶型包括贵州、辽宁、宁夏、青海、四川、西藏和重庆七个省份。前滞型包含河北、上海、新疆和浙江四个省份。后滞型，包括安徽、甘肃、黑龙江、内蒙古和山西五个省份。中间型最多，有北京、海南、广西、河南、湖南、陕西、吉林和湖北八个省份(表 9-1)。

表 9-1　2015 年各省级行政区绿色生活建设水平、发展速度得分、等级和类型

省市	GLI	GLI 等级分	绿色生活发展速度	发展速度等级分	等级分组合	类型
福建	53.32	3	10.80	3	3-3	领跑型
广东	59.33	3	6.63	3	3-3	领跑型
江苏	59.83	3	8.55	3	3-3	领跑型
江西	53.50	3	4.45	3	3-3	领跑型
山东	52.15	3	6.99	3	3-3	领跑型
天津	54.72	3	10.05	3	3-3	领跑型
云南	53.17	3	3.97	3	3-3	领跑型
贵州	47.49	1	5.59	3	1-3	追赶型
辽宁	47.47	1	4.82	3	1-3	追赶型
宁夏	48.43	1	20.90	3	1-3	追赶型
青海	50.02	1	6.56	3	1-3	追赶型

① 类型划分的方法请参见第二章。

（续表）

省市	GLI	GLI 等级分	绿色生活发展速度	发展速度等级分	等级分组合	类型
四川	50.07	1	6.68	3	1-3	追赶型
西藏	46.98	1	4.55	3	1-3	追赶型
重庆	48.65	1	15.40	3	1-3	追赶型
河北	51.93	3	−0.25	1	3-1	前滞型
上海	54.51	3	−18.86	1	3-1	前滞型
新疆	53.11	3	−5.21	1	3-1	前滞型
浙江	60.18	3	−7.66	1	3-1	前滞型
安徽	49.41	1	−2.04	1	1-1	后滞型
甘肃	46.14	1	−10.39	1	1-1	后滞型
黑龙江	47.50	1	−0.99	1	1-1	后滞型
内蒙古	46.39	1	−25.21	1	1-1	后滞型
山西	46.36	1	−40.49	1	1-1	后滞型
北京	54.22	3	1.16	2	3-2	中间型
海南	51.17	2	−6.98	1	2-1	中间型
广西	50.64	2	9.22	3	2-3	中间型
河南	50.39	2	7.20	3	2-3	中间型
湖南	50.43	2	7.79	3	2-3	中间型
陕西	50.38	2	4.86	3	2-3	中间型
吉林	49.17	1	2.58	2	1-2	中间型
湖北	48.46	1	2.65	2	1-2	中间型

注：建设水平的上下分界线分别为 51.91 和 50.38；发展速度的上下分界线分别为 3.48 和 −1.33。建设水平≥51.91 属于第一等级，50.38～51.91 为第二等级，<50.38 为第三等级。发展速度≥3.48 属于第一等级，−1.33～3.48 为第二等级，<−1.33 为第三等级。

二、领跑型省份的绿色生活进展

领跑型省份绿色生活建设发展的总体特征是又高又快：绿色生活建设水平较高，绿色生活建设发展速度相对较快。该类型省份的 GLI 得分均值为 55.15，绿色生活发展速度的均值为 7.35%。不论是类型均值，还是每个领跑型省份的 GLI 得分和发展速度分值，都处于第一等级水平（表 9-2）。在二级指标的发展速度上，领跑型省份的消费升级和资源增效发展平均速度属于第二等级，排放优化的发展平均发展速度属于第一等级（表 9-2，图 9-1）。

表 9-2 2015 年领跑型地区绿色生活发展的基本状况

省市	消费升级	资源增效	排放优化	绿色生活发展速度	GLI
福建	7.44	9.11	14.59	10.80	53.32
广东	5.81	−5.06	16.02	6.63	59.33
江苏	4.79	8.92	11.09	8.55	59.83
江西	10.12	−9.30	10.50	4.45	53.50
山东	9.14	−7.03	15.89	6.99	52.15
天津	4.46	7.04	16.49	10.05	54.72
云南	2.54	13.88	−2.40	3.97	53.17
领跑型	6.33	2.51	11.74	7.35	55.15
全国均值	6.00	−1.03	−1.04	1.08	51.15

从地域分布来看,领跑型省份以东部省份为主,包括天津、山东、江苏、福建和广东。这些东部省份 2014 年人均可支配收入水平都达到 2 万元以上,居民消费水平均超过 1.9 万元,高于全国平均水平,绿色生活升级的物质基础较好。此外,中部省份江西和西部省份云南各占领跑型省份一席(图 9-2)。

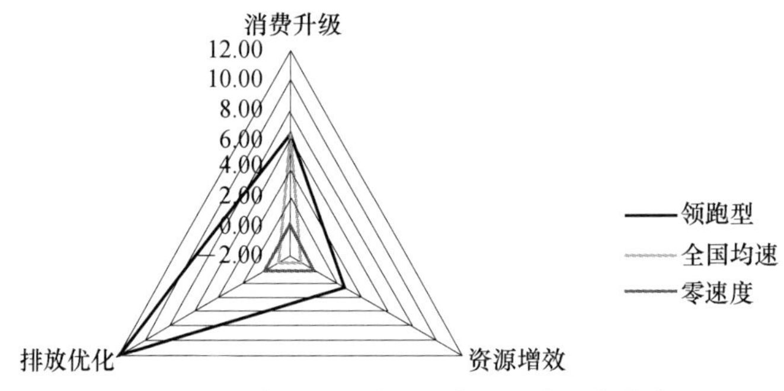

图 9-1 2015 年领跑型省份绿色生活发展的雷达图

在二级指标对应的建设领域,领跑型省份的突出优势主要体现在排放优化的快速发展上(图 9-1),建设平均速度处于第一等级水平(高于 4.42%)[①]。排放优化效应涉及的五个三级指标中,领跑型省份的平均水平在四个指标上都优于全国平均水平,只有人均烟(粉)尘生活排放效应优化的建设速度低于全国平均水平(表 9-3)。烟(粉)尘控制方面,福建和云南在总量上不降反升,使得领跑型领域的整体速度被拉低。从连续三年的数据来看,福建和云南存在生活源烟(粉)尘总量不断

① 排放优化发展速度三个等级的划分线为 4.42 和−6.49。消费升级的划分线为 6.66 和 5.35。资源增效的划分线为 2.60 和−4.66。

图 9-2 领跑型省份地域分布示意图

说明：由于比例尺原因，图中未呈现港澳、南海和澎湖诸岛；由于数据所限，也未列出港澳台等地区的生态文明情况。

上扬的问题，需要加强控制。在对节能减排工作越来越重视的情况下，对烟（粉）尘排放源的统计越来越细致，很可能短时期内许多地区的生活源烟（粉）尘排放总量会有不同程度的增加，需要不断加强控制。

领跑型省份在资源增效领域也有一定优势，其发展速度也高于全国平均水平，但处于第二等级，优势并不十分明显。在相关建设领域中，只有人均生活用水降低率和人均汽油生活消费降低率高于全国平均水平。其他领域的建设发展速度都低于全国平均水平，需要加以重视。在生活用水和汽油消费方面，一半以上的领跑型省份实际上是在退步的，只是退步程度没有全国平均水平那么多，属于短中取长，实际上也仍需加强建设，推进节约用水、循环用水，提高生活领域一次能源消费结构中新能源的比例，减少化石能源的消费（表 9-3）。

领跑型省份的消费升级建设发展速度略高于全国平均水平，速度处在第二等级(表 9-2)。消费升级领域各三级指标的速度都与全国均值较为接近,消费水平的提升速度略低于全国平均水平,人均卫生总费用的提高率、人均公共教育经费的提高率和人均垃圾清运量降低率都略高于全国平均水平(表 9-3)。这表明,领跑型省份在通过增加公共服务和教育的资金投入,促进消费结构升级转型方面,与全国是基本同步的。在生活垃圾的管理方面,除江西和山东外,其他领跑型省份都面临人均垃圾产生量不断增大的压力,进一步完善城市垃圾管理体系,提升公众的环境保护意识,从行政监管和公众参加等方面多管齐下,推进生活垃圾产生量的减少是这些省份应加强的工作。

表 9-3　2015 年领跑型省份绿色生活建设发展三级指标得分情况

二级指标	三级指标	福建	广东	江苏	江西	山东	天津	云南	领跑型均值	全国均值
消费升级	人均消费水平增长率	7.90	8.34	11.90	10.10	10.10	6.90	7.70	8.99	9.06
	人均卫生总费用提高率	22.32	14.72	16.69	11.68	15.86	10.46	11.22	14.71	14.25
	人均公共教育经费提高率	9.93	9.20	8.22	6.27	3.87	8.73	−0.84	6.48	6.09
	人均生活垃圾清运量降低	−5.82	−4.68	−10.27	11.85	7.57	−4.47	−4.00	−1.40	−1.77
资源增效	人均生活用水降低率	−1.11	−0.61	−2.50	−1.34	0.35	4.04	5.32	0.59	−2.11
	人均煤炭生活消费降低率	30.92	−1.61	12.92	−14.35	−30.23	8.70	9.15	2.21	7.91
	人均汽油生活消费降低率	−0.06	−20.49	15.80	−29.48	−10.83	9.99	23.80	−1.61	−33.04
	农村可再生能源利用提高率	3.53	0.64	9.39	17.58	8.52	−1.28	17.36	7.96	14.88
	公共交通条件提高率	4.10	−2.24	5.97	−9.00	5.47	9.83	13.73	3.98	5.53

（续表）

二级指标	三级指标	福建	广东	江苏	江西	山东	天津	云南	领跑型	全国均值
排放优化	人均化学需氧量生活排放效应优化	30.42	20.68	15.30	5.06	19.93	36.56	−4.09	17.69	−3.12
	人均氨氮生活排放效应优化	29.85	19.13	15.70	5.15	19.36	35.74	−2.51	17.49	−3.55
	人均 SO_2 排放效应优化	2.09	−7.42	3.54	14.98	5.52	4.55	2.43	3.67	2.27
	人均氮氧化物生活排放效应优化	3.66	39.47	8.40	−0.78	19.77	−12.06	−8.84	7.09	−11.42
	人均烟(粉)尘生活排放效应优化	−3.42	5.63	9.59	31.72	12.38	4.55	1.57	8.86	12.15

三、追赶型省份的绿色生活进展

追赶型省份绿色生活建设发展的总体特征是奋起直追：绿色生活建设基础相对薄弱，建设发展速度较快。该类型省份的 GLI 得分均值为 48.44，处于第三等级；绿色生活发展速度的均值为 9.22%，处于第一等级。在发展速度上，三个二级指标对应的领域均值都处于第一等级水平（表 9-4，图 9-3）。

表 9-4　2015 年领跑型省份绿色生活发展的基本状况

省份	消费升级	资源增效	排放优化	绿色生活发展速度	GLI
贵州	7.95	0.80	7.42	5.59	47.49
辽宁	3.68	11.58	0.60	4.82	47.47
宁夏	6.80	11.04	38.88	20.90	48.43
青海	10.94	7.71	2.42	6.56	50.02
四川	6.34	5.86	7.56	6.68	50.07
西藏	6.91	−1.12	7.04	4.55	46.98
重庆	4.88	27.56	14.18	15.40	48.65
追赶型	6.79	9.06	11.16	9.22	48.44
全国均速	6.00	−1.03	−1.04	1.08	51.15

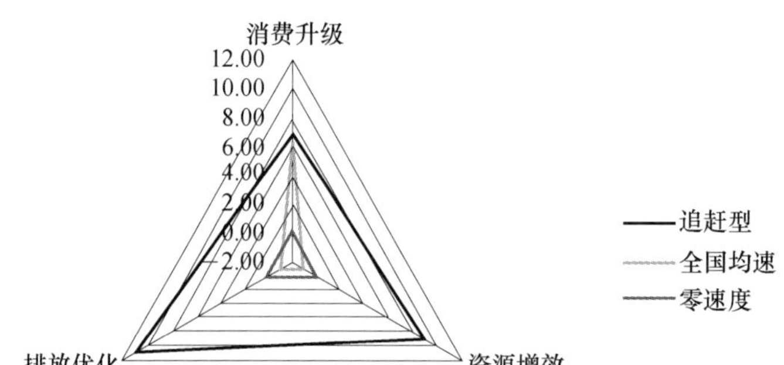

图 9-3　2015 年追赶型身份绿色生活发展的雷达图

在地域分布上，追赶型省份以西部省份为主，包括贵州、宁夏、青海、四川、西藏和重庆，在中国版图的西南组成连片区域。追赶型省份中还有辽宁省，在东北与其他西部省份遥相呼应(图 9-4)。从 2014 年人均可支配收入和居民消费水平

图 9-4　追赶型省份地域分布示意图

说明：由于比例尺原因，图中未呈现港澳、南海和澎湖诸岛；由于数据所限，也未列出港澳台等地区的生态文明情况。

来看，追赶型省份中，除了辽宁在这两个方面双双高于全国平均水平以外，其他省份都未达到全国平均水平，绿色生活建设的基础相对单薄。

从二级指标来看，追赶型省份排放优化的发展速度遥遥领先于其他类型的省份（图 9-3）。在全国五项具体指标中有三项发展速度出现负值的背景下，追赶型省份每一项排放优化指标都保持了进步发展，整体发展势头迅猛。不过在烟（粉）尘控制方面，追赶型省份虽然整体上是进步发展，但平均速度没有超越全国平均水平，并且主要是靠重庆 53.36%的进步速度来拉升整体水平的。其他追赶型省份在生活烟（粉）尘的控制上，还需要更多投入或才能跟进全国平均水平。

资源增效的发展速度也是追赶型省份的一大亮点，均值大大高于全国平均水平。主要得益于生活能源消费结构的逐步优化，煤炭生活消费的减少。但另一方面，汽油的消费却在增加，特别是贵州和青海，与上一年度相较，总量上升迅速。虽然这两个省份汽油生活消费总量和人均消费量的基础值都不高，但如果能保持较低的基础值水平或缓慢的增长态势，对生态环境的维护显然更为有利。这就需要在生活资源利用上抓住后发优势，积极推进利用方式的优化、转型。

消费升级的发展速度，追赶型省份的平均发展速度看起来虽然是略高于全国平均水平，但因为各省份得分差距不大，这个平均值已是五种类型省份中唯一的第一等级水平。在生活消费上，追赶型省份的居民可谓能挣敢花，贵州、宁夏、西藏和重庆的人均消费水平增长率甚至高于人均可支配收入增长率。在公共医疗卫生服务、公共教育资源的投入上，追求型省份的平均发展速度也高于全国平均水平，体现了在这些区域相关领域建设得到的重视。但在城镇生活垃圾管理方面，除辽宁在清运总量和人均量的减少上有进步外，其他几个省份都面临着双增压力。这些省份应积极推进垃圾分类回收，促进生活废弃物的再生利用。

追赶型省份中，重庆是绿色生活建设各领域进步速度均较为领先的省份，与其他省份相较短板较少，只有生活垃圾和生活用水的减量化方面，发展速度低于全国平均水平，其他相关建设领域发展速度都高于全国平均水平。而辽宁和青海优势领域数量相对少些，发展速度低于全国平均速度的三级指标超过八个，其中排放优化领域涉及空气污染物排放的三个指标的表现都不够令人满意，需要加强建设。尤其是青海，SO_2、氮氧化物和烟（粉）尘的人均排放量控制方面，都出现了退步，应该遏制住退步的趋势，减少对环境的负面影响（表 9-5）。

表 9-5　2015 年追赶型省份绿色生活建设发展三级指标得分情况

二级指标	三级指标	贵州	辽宁	宁夏	青海	四川	西藏	重庆	追赶型均值	全国均值
消费升级	人均消费水平增长率	13.10	8.70	11.70	9.70	8.40	11.30	11.10	10.57	9.06
	人均卫生总费用提高率	14.46	16.26	23.16	13.16	18.70	13.78	17.63	16.74	14.25
	人均公共教育经费提高率	13.97	−9.99	5.84	25.63	1.53	27.00	9.12	10.44	6.09
	人均生活垃圾清运量降低	−4.03	1.98	−7.19	−1.12	−0.36	−15.51	−10.96	−5.31	−1.77
资源增效	人均生活用水降低率	−3.04	−4.17	−5.54	−10.00	−5.64	−4.82	−4.76	−5.42	−2.11
	人均煤炭生活消费降低率	22.62	12.82	34.13	2.53	16.75	—	53.52	23.73	7.91
	人均汽油生活消费降低率	−44.08	34.81	2.07	−37.17	−20.24	—	−11.12	−12.62	−33.04
	农村可再生能源利用提高率	14.32	12.09	10.14	127.84	27.45	14.81	65.96	38.94	14.88
	公共交通条件提高率	9.09	0.90	5.60	−12.65	9.77	−10.47	28.89	4.45	5.53
排放优化	人均化学需氧量生活排放效应优化	11.60	4.77	76.82	10.53	9.79	12.60	7.60	19.10	−3.12
	人均氨氮生活排放效应优化	12.14	1.77	73.31	11.29	9.56	13.04	5.63	18.11	−3.55
	人均 SO_2 排放效应优化	2.44	1.20	6.84	−1.39	3.63	3.20	6.19	3.16	2.27
	人均氮氧化物生活排放效应优化	6.69	−6.72	6.04	−7.17	4.55	−1.07	3.15	0.78	−11.42
	人均烟(粉)尘生活排放效应优化	1.26	0.21	7.26	−6.83	8.87	3.55	53.36	9.67	12.15

注：西藏的煤炭生活消费量、汽油生活消费量原始数据缺失，未能直接计算出进步速度。在发展指数的计算中以各省均值对缺失值进行了填补，以下缺失值的处理方式相同，不再另做说明。

四、中间型省份的绿色生活进展

中间型省份绿色生活建设发展的总体特征是平流缓进：绿色生活建设基础处于中下水平，略低于全国平均水平，属于第二等级；建设发展速度高于全国平均水平，处于第一等级，速度排在追赶型和领跑型省份之后。虽然建设水平不算很高，但绿色生活三个二级指标领域都呈进步发展状态，表现为正增长。其中，消费升级的发展速度处于第三等级，资源增效和排放优化处于第二等级(表 9-6，图 9-5)。

表 9-6　2015 年中间型省份绿色生活发展的基本状况

省份	消费升级	资源增效	排放优化	绿色生活发展速度	GLI
北京	2.55	−3.89	3.89	1.16	54.22
广西	2.08	21.46	5.41	9.22	50.64
海南	0.33	−2.95	−15.49	−6.98	51.17
河南	4.05	20.24	−0.22	7.20	50.39
湖北	10.00	−2.51	1.01	2.65	48.46
湖南	9.16	5.31	8.63	7.79	50.43
吉林	3.37	−2.93	6.12	2.58	49.17
陕西	1.48	5.01	7.28	4.86	50.38
中间型	4.35	6.23	1.82	3.90	50.09
全国均速	6.00	−1.03	−1.04	1.08	51.15

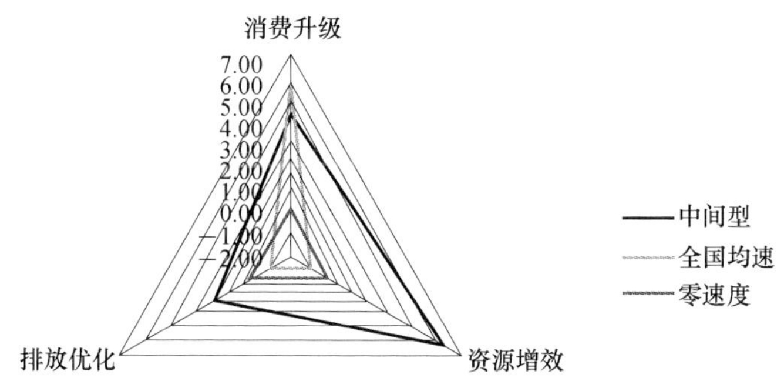

图 9-5　2015 年中间型省份绿色生活发展的雷达图

中间型省份主要分布于中国版图的中部，有五个省份南北相连，整体呈南北带状分布(图 9-6)。由中部省份(河南、湖北、湖南)、西部省份(陕西、广西)、东部省份(北京、海南)以及东北的吉林组成。除北京以外，其他省份的居民收入水平和消费水平都不算高，与全国平均水平有一定的差距。建设水平的相对优势领域在排放优化方面，其各指标的水平得分都优于全国平均水平。

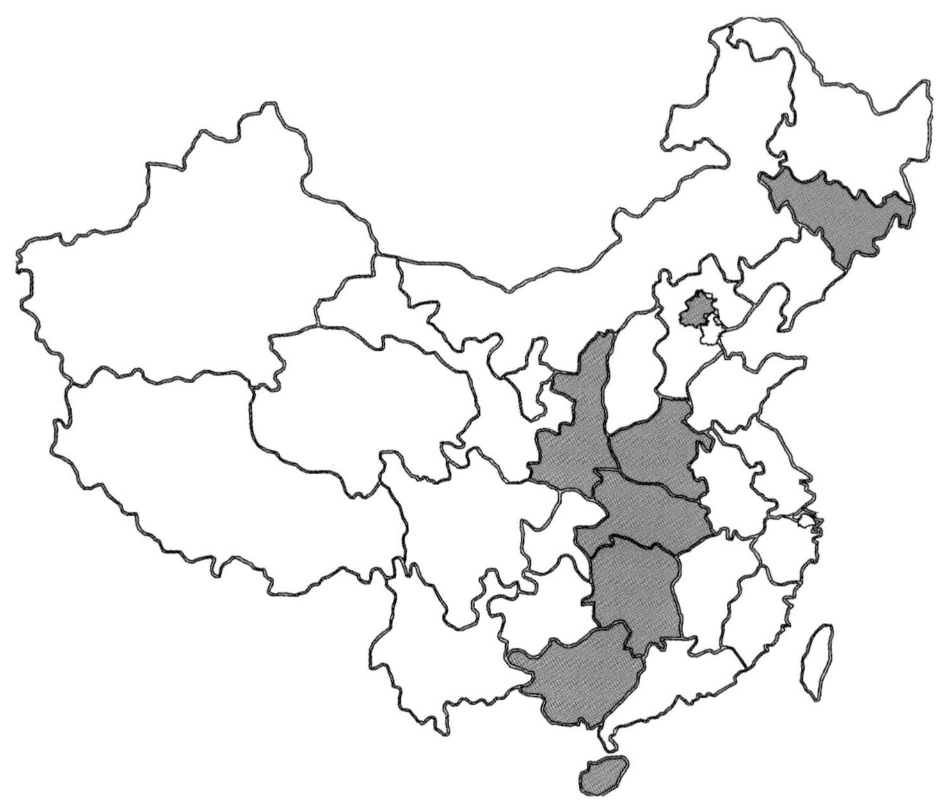

图 9-6 中间型省份地域分布示意图

说明：由于比例尺原因，图中未呈现港澳、南海和澎湖诸岛；由于数据所限，也未列出港澳台等地区的生态文明情况。

在各二级指标的发展速度上，消费升级表现相对乏力，虽然呈进步发展态势，但却是各绿色生活发展类型中消费升级平均速度最慢的。从相应建设领域来看，生活垃圾的减量化建设成效不够显著，北京、广西、海南、河南、吉林和陕西的生活垃圾清运总量都在上升，使得相应的人均指标表现不佳，还需紧抓生活垃圾的分类再生利用。

资源增效是中间型省份三个二级指标中进步幅度最大的。虽然在资源增效领域有一半的省份发展速度整体为负增长，但另一半进步的省份中，广西与河南的较大发展幅度抬升了整体速度。具体到三级指标对应的建设领域，农村可再生能源的利用和城市公共交通的基础建设在中间型省份都得到了普遍推进，但化石能源消费的结构调整和节约、高效利用则情况不一，过半省份存在退步情况。此外，中间型省份普遍面临生活用水总量上扬、水资源取用压力增大的情况，加强城镇水再生利用应成为重点推进的方面(表 9-7)。

排放优化领域整体保持了进步，不过海南和河南没有与整体步调保持一致，存在负增长情况。海南面临的问题主要是生活源的氮氧化物排放总量突增，人均氮氧化物产生的环境影响随之大增。海南是全国空气质量最优质的区域，现在大气污染物的排放总量还未直接造成空气质量的大范围恶化，但应该警惕污染物排放的后续效应，以及累积效应，将排放总量控制在不影响环境质量的范围内。河南已经需要应对积重难返的局面，例如，地表水质的改善还没有进入良性轨道，虽然生活源的水体主要污染物有所下降，但以河流为代表的地表水体质量下滑的速度更快。

表 9-7　2015 年中间型省份绿色生活建设发展三级指标得分情况

二级指标	三级指标	北京	广西	海南	河南	湖北	湖南	吉林	陕西
消费升级	人均消费水平增长率	4.70	7.60	8.70	8.60	10.80	9.20	5.50	10.10
	人均卫生总费用提高率	10.20	7.44	1.66	11.05	12.16	20.54	17.99	17.80
	人均公共教育经费提高率	6.63	6.97	9.73	−0.68	16.34	2.15	−4.50	1.72
	人均生活垃圾清运量降低	−7.32	−8.38	−11.89	0.08	3.22	5.86	−2.77	−15.26
资源增效	人均生活用水降低率	−2.69	−1.65	−8.83	0.21	−3.01	−3.76	−4.27	−1.59
	人均煤炭生活消费降低率	−11.06	60.13	—	51.71	−11.03	15.00	−75.46	−6.58
	人均汽油生活消费降低率	−3.76	16.70	−8.08	19.72	−6.72	−4.34	56.79	22.86
	农村可再生能源利用提高率	−6.94	18.61	1.36	12.57	9.22	13.51	26.18	7.97
	公共交通条件提高率	4.27	2.17	−0.86	5.81	2.65	3.85	5.15	4.49
排放优化	人均化学需氧量生活排放效应优化	8.18	6.25	62.41	−1.54	0.07	14.67	11.20	14.21
	人均氨氮生活排放效应优化	6.06	7.45	59.85	−1.24	0.81	15.12	12.02	14.25
	人均 SO_2 排放效应优化	0.90	−0.78	31.61	−0.29	0.10	1.60	2.21	0.52

（续表）

二级指标	三级指标	北京	广西	海南	河南	湖北	湖南	吉林	陕西
排放优化	人均氮氧化物生活排放效应优化	−11.16	3.67	−358.83	3.42	−4.83	2.31	0.52	2.49
	人均烟(粉)尘生活排放效应优化	13.34	9.50	76.46	−0.64	9.31	5.26	0.99	0.28

注：海南的煤炭生活消费量缺少原始数据，故无法计算相应的建设发展速度。

五、前滞型省份的绿色生活进展

前滞型省份绿色生活建设的总体特征是锦衣徐行：在较高的建设水平基础上，有着较慢的发展速度。绿色生活建设水平相对较高，该类型 GLI 平均得分仅次于领跑型省份，处于第一等级水平；绿色生活建设发展速度较为缓慢，该类型平均发展速度仅高于后滞型省份，处于第三等级。二级指标的发展速度都低于全国平均水平，消费升级的发展速度属于第二等级，资源增效和排放优化处在第三等级水平（表 9-8，图 9-7）。

表 9-8　2015 年前滞型省份绿色生活发展的基本状况　　单位：%

省份	消费升级	资源增效	排放优化	绿色生活发展速度	GLI
河北	6.50	−11.36	3.02	−0.25	51.93
上海	10.38	4.61	−58.41	−18.86	54.51
新疆	7.51	−42.68	13.34	−5.21	53.11
浙江	3.92	9.75	−29.40	−7.66	60.18
前滞型	5.72	−6.79	−12.08	−5.15	54.18
全国均速	6.00	−1.03	−1.04	1.08	51.15

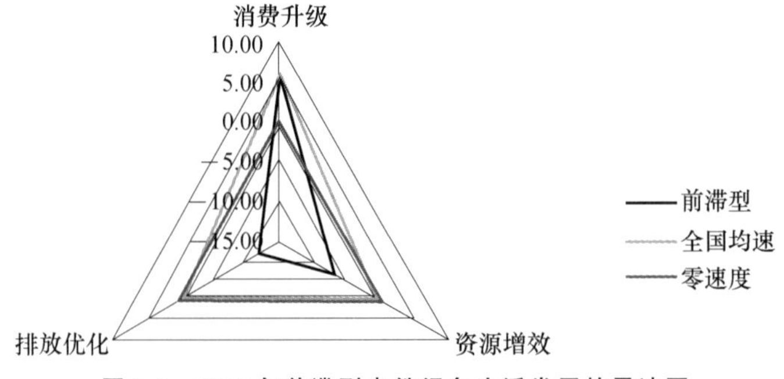

图 9-7　2015 年前滞型省份绿色生活发展的雷达图

前滞型省份分布相对分散，包含三个东部省份（即河北、上海和浙江）；以及西部省份新疆（图 9-8）。从人均可支配收入和消费水平来看，上海和浙江远高于全国平均水平，绿色生活建设的实力雄厚，尤其是在消费升级这一块。河北和新疆的居民收入水平和消费实力相对薄弱，在资源增效和排放优化领域则各有优势。

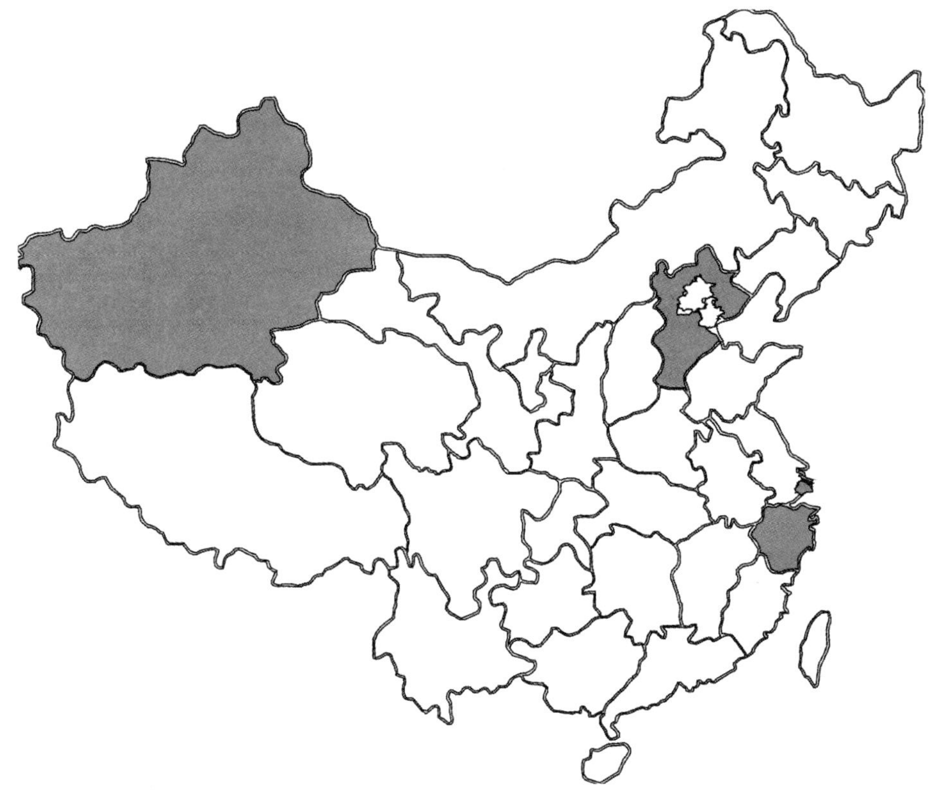

图 9-8　前滞型省份地域分布示意图

说明：由于比例尺原因，图中未呈现港澳、南海和澎湖诸岛；由于数据所限，也未列出港澳台等地区的生态文明情况。

前滞型省份二级指标对应的建设领域中，消费升级的发展速度最接近全国平均水平，与全国平均水平差距最小，平均值都呈正增长。在医疗卫生水平提高方面，这四个省份人均卫生总费用的平均提升速度略高于全国平均水平。城市生活垃圾的管理方面，得益于上海在生活垃圾清运总量和人均量上的减少，新疆人均生活垃圾清运量的减少，整体发展速度是优于全国平均水平的。但消费水平和教育投入等方面的发展速度还有待提升（表 9-9）。

前滞型省份的资源增效发展速度平均值为－6.79%，低于全国平均水平

−1.03%，不过只在用水和汽油消耗这两个方面发展速度是负增长状态，即人均生活用水量和人均生活汽油消耗量不断增长。生活用水的节约方面，前滞省份中只有上海实现了进步；作为全国人均生活用水量排在首位的省份，上海的进步值得肯定，也仍有更大进步空间。在汽油的生活消费方面，新疆面临着一年度消费总量和人均消费量翻一番以上的局面，相应的建设压力增加过快（表 9-9）。

表 9-9　2015 年前滞型省份绿色生活建设发展三级指标得分情况

二级指标	三级指标	河北	上海	新疆	浙江	前滞型均值	全国均值
消费升级	人均消费水平增长率	9.41	7.30	7.00	7.30	7.75	9.06
	人均卫生总费用提高率	18.35	12.67	16.15	10.50	14.42	14.25
	人均公共教育经费提高率	3.56	0.55	5.66	10.64	5.10	6.09
	人均生活垃圾清运量降低	−1.64	17.58	2.67	−7.75	2.72	−1.77
资源增效	人均生活用水降低率	−0.71	5.78	−3.25	−3.01	−0.30	−2.11
	人均煤炭生活消费降低率	−20.28	18.47	0.62	34.21	8.26	7.91
	人均汽油生活消费降低率	−49.33	−9.86	−216.55	−4.03	−69.94	−33.04
	农村可再生能源利用提高率	5.39	4.52	0.44	9.19	4.89	14.88
	公共交通条件提高率	11.50	1.68	3.60	4.29	5.27	5.53
排放优化	人均化学需氧量生活排放效应优化	0.83	−130.65	28.86	−46.55	−36.88	−3.12
	人均氨氮生活排放效应优化	2.27	−130.42	28.83	−46.20	−36.38	−3.55
	人均 SO_2 排放效应优化	−5.31	−21.39	3.07	5.80	−4.46	2.27
	人均氮氧化物生活排放效应优化	−22.82	−20.49	−2.59	9.91	−9.00	−11.42
	人均烟（粉）尘生活排放效应优化	41.13	58.99	−1.79	−58.64	9.92	12.15

前滞型省份的排放优化领域与其他二级指标领域相比较，加速建设的压力最大。排放优化下辖的五个三级指标建设领域，前滞型省份只在人均烟(粉)尘生活排放效应优化这个领域是进步发展的，其他领域都是负增长。在生活污水处理方面，四个前滞型省份都实现了化学需氧量、氨氮排放总量的下降，但从改善水体环境质量的角度来看，尚未能形成良性互动，尤其是浙江，重点监测河流的优质水河长度不增反减，水污染治理亟待进一步加强。

六、后滞型省份的绿色生活进展

后滞型省份的绿色生活进展可以用"施施而行"一词来形容：这些省份在绿色生活建设的相对水平上较为靠后，均值处于第三等级；在发展上速度提升不佳，负增长情况普遍，绿色生活发展速度均值属于第三等级水平。在二级指标上后滞型省份消费升级发展速度处于第二等级水平，资源增效和排放优化处于第三等级水平(表 9-10，图 9-9)。

表 9-10　2015 年后滞型省份绿色生活发展的基本状况

省份	消费升级	资源增效	排放优化	绿色生活发展速度	GLI
安徽	4.14	−29.37	13.82	−2.04	49.41
甘肃	11.12	−59.86	10.58	−10.39	46.14
黑龙江	9.89	−6.96	−4.67	−0.99	47.50
内蒙古	8.65	−25.46	−50.42	−25.21	46.39
山西	−0.86	8.55	−106.99	−40.49	46.36
后滞型	5.49	−18.85	−22.95	−13.19	47.16
全国均速	6.00	−1.03	−1.04	1.08	51.15

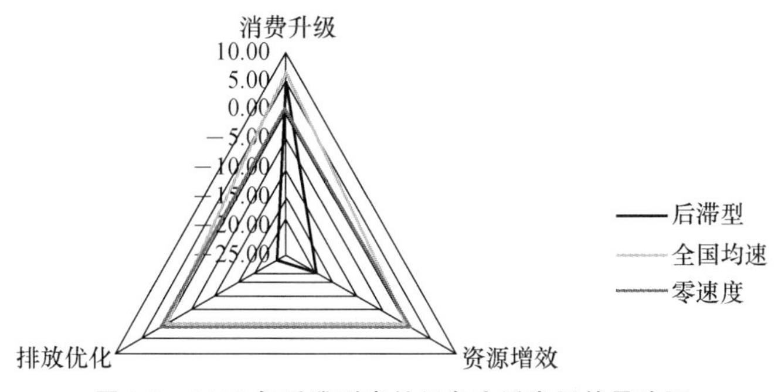

图 9-9　2015 年后滞型省份绿色生活发展的雷达图

后滞型省份在中国版图上主要聚集于北部区域，主要由中部省份安徽，西部省份甘肃、内蒙古，中部省份山西和东北的黑龙江构成(图 9-10)。在绿色生活建设水平上,这些省份的排名相对靠后,建设任务较重。但也有三个方面的亮点,一是人均生活垃圾产生量的平均值低于全国平均水平;二是人均生活用水量的平均值低于全国平均水平;三是人均汽油生活消费量的平均值低于全国平均水平。

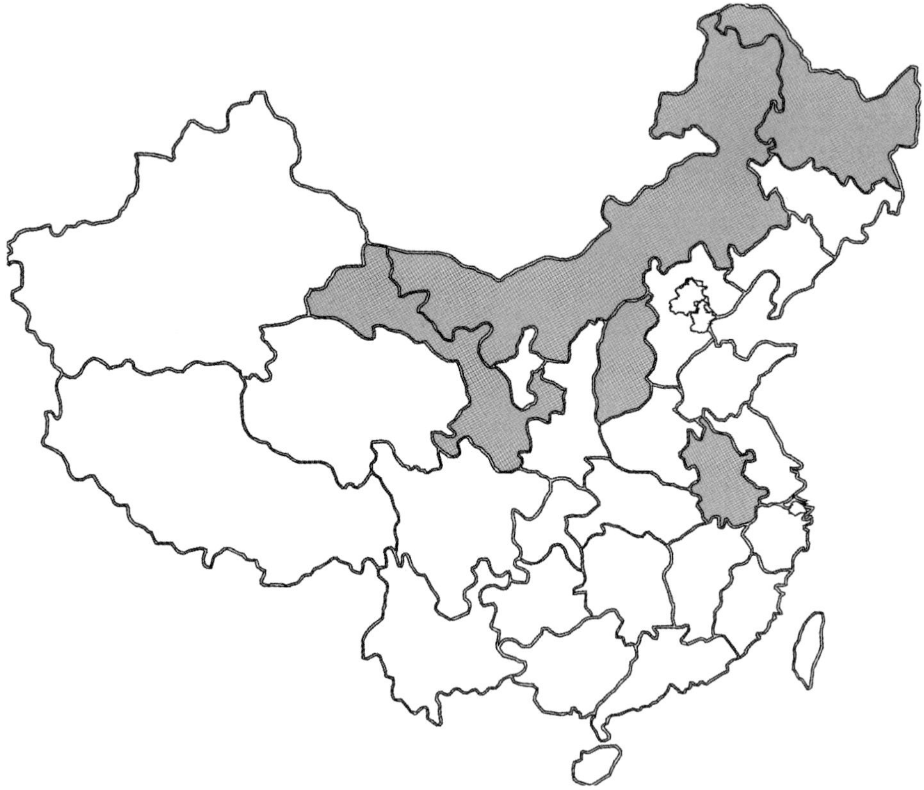

图 9-10　后滞型省份地域分布示意图

说明:由于比例尺原因,图中未呈现港澳、南海和澎湖诸岛;由于数据所限,也未列出港澳台等地区的生态文明情况。

从发展速度来看,在消费升级领域,后滞型省份速度尚可,处于第二等级。消费升级各三级指标对应领域都处于进步发展状态中。其中,人均消费水平增长率和人均生活垃圾清运量降低率的发展速度超过了全国平均水平(表 9-11)。消费升级领域能够获得尚可发展速度,源于各省在具体建设领域都在努力向前,除山西在公共教育经费投入和生活垃圾清运量减少上没有进步外,其他省份都处于进步之中,实属不易。

表 9-11　2015 年后滞型省份绿色生活建设发展三级指标得分情况

二级指标	三级指标	安徽	甘肃	黑龙江	内蒙古	山西	后滞型均值	全国均值
消费升级	人均消费水平增长率	7.00	10.80	16.10	8.70	5.00	9.52	9.06
	人均卫生总费用提高率	9.08	16.32	17.56	12.55	9.61	13.02	14.25
	人均公共教育经费提高率	0.69	6.27	3.47	4.54	−3.53	2.29	6.09
	人均生活垃圾清运量降低	1.60	11.02	5.84	8.79	−9.66	3.52	−1.77
资源增效	人均生活用水降低率	−0.55	−3.81	−3.99	2.67	0.86	−0.96	−2.11
	人均煤炭生活消费降低率	−90.14	33.88	−28.74	82.32	18.60	3.18	7.91
	人均汽油生活消费降低率	−49.63	−361.08	—	−269.71	−4.12	−171.14	−33.04
	农村可再生能源利用提高率	6.33	23.07	−13.66	11.91	3.16	6.16	14.88
	公共交通条件提高率	8.91	4.00	11.50	22.86	16.47	12.75	5.53
排放优化	人均化学需氧量生活排放效应优化	13.65	18.66	−1.21	−125.03	−228.31	−64.45	−3.12
	人均氨氮生活排放效应优化	14.31	17.49	−4.78	−128.32	−226.64	−65.59	−3.55
	人均 SO_2 排放效应优化	0.54	6.95	−15.49	16.43	−3.78	0.93	2.27
	人均氮氧化物生活排放效应优化	−10.23	3.75	−24.66	14.04	6.36	−2.15	−11.42
	人均烟(粉)尘生活排放效应优化	50.75	1.08	21.68	21.63	−2.25	18.57	12.15

注：黑龙江的生活汽油消费量原始数据缺失，故无法计算建设发展速度。

后滞型省份的资源增效发展速度普遍欠佳，只有山西处于进步之中，其他省份都呈负增长。问题较为集中的是用水和化石能源节约相关领域的建设发展。尤其是人均汽油的消费，除黑龙江没有数据外，其他四个省份全线飘红，生活消费需求增长与资源节约优化之间的矛盾较为突出。

在排放优化领域，后滞型省份的发展速度内部差异巨大，内蒙古和山西拉低整体水平。排放优化的差异表现在：甘肃实际上在排放优化领域的建设发展形势还是不错的，每个领域与上一年度相比，都有进步；安徽除因氮氧化物生活源排放总量上升，使得进步速度负增长外，其他领域也都有进步；黑龙江则是只在烟（粉）尘控制方面有进步成效，其他领域发展速度都有待提升；而内蒙古和山西在地表水污染治理上的退步，使得生活污水处理所做的努力被抵消，也大大降低了排放优化的建设发展速度，同时，山西还应紧抓生活源 SO_2 和烟（粉）尘排放的管理。

七、绿色生活发展类型分析小结

对各省份绿色生活发展进行类型分析后可以有如下发现：

（1）领跑型省份资源利用效率待加强。

领跑型省份要进一步提升和发展，突破口在资源增效领域。因为这些省份的消费升级和排放优化领域，整体都处于进步之中。而资源增效虽然整体发展速度高于全国平均水平，但有一半领跑型省份实际上没有进展，反而是倒退的。除了汽油消耗快速增加带来的资源约束压力以外，煤炭和水资源消费量的增加也需要关注。农村可再生能源和公共交通的建设速度也较全国水平落后。

（2）追赶型省份整体建设发展各领域仍存压力。

追赶型省份在绿色生活建设发展的三个领域中，除排放优化领域的平均速度略低于领跑型省份，消费升级和资源增效的平均速度都领先于其他类型。较快的速度并不意味着不存在劣势和问题，在消费升级领域，追赶型省份的压力主要体现在生活垃圾数量的明显增长上；在资源增效领域，追赶型省份面临生活用水量不断上扬的压力；在排放优化领域，追赶型省份在烟（粉）尘控制的成效方面，也普遍低于全国平均水平。

（3）中间型省份应给足绿色生活发展动力。

中间型省份的绿色生活建设短板首先是消费升级领域。这些省份中，存在着人均可支配收入增长相对较慢的情况。与此同时，居民的消费意愿不强，人均消费水平增长率与人均可支配收入增长率有一定差距。在医疗卫生投入和教育经费投入的增长速度上，中间型省份大多低于全国平均水平。在资源增效领域，中间型省份除人均汽油消费量降低率未低于全国平均水平外，在其他资源利用效率推进方面，都还不尽如人意，大部分建设速度都落后于全国平均水平。中间型省份排放优化的痛点主要是 SO_2 和烟(粉)尘的控制。

(4) 前滞型和后滞型省份资源增效和排放优化进展拖后腿。

前滞型省份和后滞型省份在绿色生活建设发展的整体速度上,以及各二级指标领域发展的平均速度上,均处于相同等级。不同之处在于,在具体发展速度上,后滞型省份在这两个领域都大大低于前滞型省份(图 9-11)。

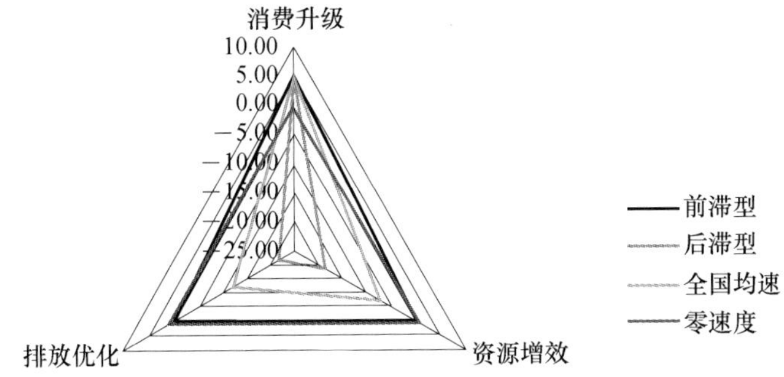

图 9-11　2015 年前滞型和后滞型省份绿色生活发展的雷达图

前滞型省份中的大部分都面临人均生活用水量增加、人均汽油消费量增加的问题,对资源利用效率的提高提出了要求。不论是水体污染物还是大气污染物排放控制,部分前滞型省份都存在退步明显的问题,在协调生活污染物排放和环境承载力之间的关系上还远未达到平衡。

后滞型省份在资源利用效率方面的建设压力也集中在化石能源消费增加,尤其是汽油人均消费量猛增的问题上。此外,个别省份煤炭的减量使用也退步惊人,必须引起重视。在排放优化领域,主要建设压力是减少水体污染物对地表水、地下水的污染。

(5) 排放优化发展速度的快慢影响绿色生活发展整体速度的快慢。

从五种发展类型的整体状况来看,排放优化快,绿色生活发展快;排放优化慢,绿色生活发展慢。领跑型和追赶型的排放优化发展速度均值分别为 11.74% 和 11.16%,绿色生活发展速度分别为 7.35% 和 9.22%。排放优化是领跑型和追赶型省发展速度最快的领域(图 9-12)。前滞型和后滞型省份的排放优化发展速度分别为 -12.08% 和 -22.95%,绿色生活发展速度分别为 -5.15% 和 -13.19%。排放优化又是前滞型和后滞型省份与全国平均发展速度差距最大的领域。

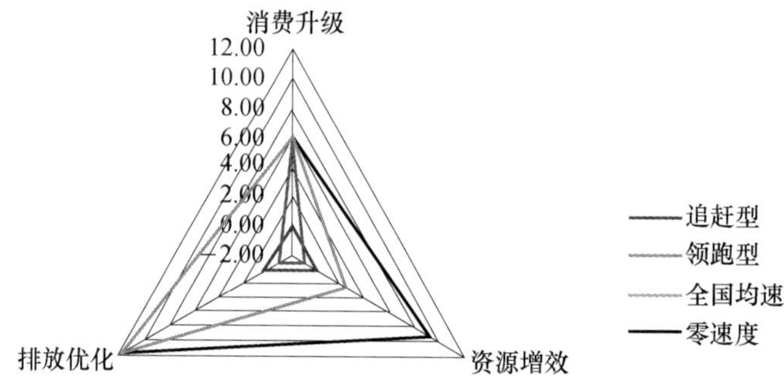

图 9-12　2015 年追赶型和领跑型省份绿色生活发展的雷达图

第十章　绿色生活发展态势和驱动分析

2014—2015年绿色生活建设发展呈现加速态势，半数以上省份建设发展处于加速进程中。具体表现为消费升级势头略有放缓，资源增效稍有加速，排放优化步伐加快。

当前，推动绿色生活发展的主要建设领域是排放优化。这表明，生活污染物排放的处理和控制得到了较多投入和重视，也取得了一定的成效。这同时也体现了解决生活污染物排放与环境承载力之间的矛盾，是当前绿色生活建设的重点。

一、中国绿色生活发展态势分析

2015年绿色生活建设处于小幅加速的过程中。但就二级指标来看，这种加速过程是由资源增效和排放优化的加速促成。具体到三级指标，除人均收入水平因统计口径变化不能直接进行比较外，14个指标加速和减速的各占一半。未来发展是否能持续加速还不十分明朗。

1. 全国整体绿色生活建设持续加速

从全国的整体趋势来看，2014—2015年的绿色生活建设进步变化率为1.96%。具体到各二级指标领域，除消费升级增速放缓外，资源增效和排放优化均处于加速建设的过程中，其中排放优化的进步变化率达到5.12%，是加速最快的领域（表10-1，图10-1）。

表10-1　2014—2015年全国绿色生活进步变化率　　单位：%

	消费升级	资源增效	排放优化	GLPI进步率
全国	−0.45	0.16	5.12	1.96

具体至三个二级指标对应的领域，呈现的趋势是消费升级趋势放缓，资源增效略有加速，排放优化加速明显。

（1）消费升级小幅减速，消费水平增长略感乏力。

人均消费水平增长率在2014—2015年间发展速度放缓，人均卫生总费用提高的步伐也有所放慢，人均生活垃圾清运量的增加则在加速。人均公共教育经费是加速表现最好的三级指标，使得消费升级整体表现没有十分落后。

（2）资源增效略有加速，公共交通条件提升加速提供主要贡献。

五个三级指标中，有人均生活用水降低率、人均汽油生活消费降低率和公共

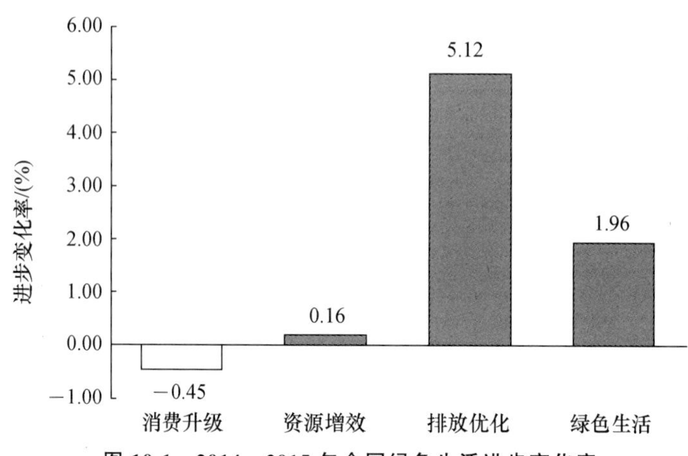

图 10-1　2014—2015 年全国绿色生活进步变化率

交通条件提高率处于加速状态，确保了资源增效的小幅加速。

(3) 排放优化加速明显，烟(粉)尘污染控制提速助力最多。

涉及水污染物排放控制的领域，增速放缓，需要得到足够重视。大气污染排放控制建设加速，尤其是与雾霾来源直接相连的颗粒物及细颗粒排放，加速达到36.09%。

2. 各省份绿色生活发展态势分析

对各省份绿色生活发展态势进行分析，有助于发现绿色生活建设中存在的问题和发展方向。

(1) 半数以上省份绿色生活发展加速，各省之间差异巨大，排放优化起到重要影响，资源增效的影响紧随其后。

全国有 17 个省份绿色生活发展处于增速阶段，14 个省份处于减速阶段。进步变化率最高的省份为天津(41.74%)，进步率最低为山西(−49.62%)，进步最快和最慢的省份间差距达到 91.37 个百分点(图 10-2，表 10-2)。

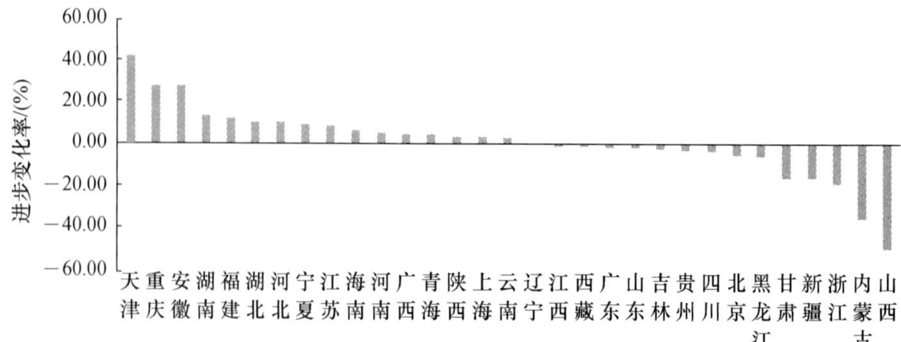

图 10-2　2014—2015 年各省份绿色生活总进步变化率

表 10-2　2014—2015 年各省份绿色生活总进步变化率及排名

排名	省份	绿色生活进步变化率	排名	省份	绿色生活进步变化率
1	天津	41.74	17	辽宁	0.59
2	重庆	27.28	18	江西	−0.33
3	安徽	27.26	19	西藏	−0.63
4	湖南	12.77	20	广东	−1.12
5	福建	11.84	21	山东	−1.28
6	湖北	10.37	22	吉林	−1.88
7	河北	9.89	23	贵州	−2.50
8	宁夏	8.86	24	四川	−2.86
9	江苏	8.27	25	北京	−4.78
10	海南	5.99	26	黑龙江	−5.59
11	河南	5.02	27	甘肃	−15.48
12	广西	4.39	28	新疆	−15.91
13	青海	4.22	29	浙江	−18.56
14	陕西	3.41	30	内蒙古	−34.92
15	上海	3.21	31	山西	−49.62
16	云南	2.82			

2014—2015 年，有六个省份的绿色生活进步变化率达到 10%以上，分别是天津、重庆、安徽、湖南、福建和湖北。但也有五个省份的进步变化率低于−15%，分别是甘肃、新疆、浙江、内蒙古和山西。

排放优化对进步变化率影响很大，是当前推动绿色生活发展的重要领域。进步率排前三位的省份，均得益于排放优化的大幅加速，排放优化进步率都大于50%。而进步率排在后三位的省份，又均是受到排放优化大幅减速的拖累，排放优化减速超过 50%(表 10-3)。排名前十位的省份中，进步率中排放优化贡献第一的有九个省份。

资源增效对进步变化率的影响紧随排放优化之后。在建设过程中，合理、高效利用资源，降低资源利用过程中的环境影响，是排放优化的前提。同样以 GLPI 进步变化率排名前三和后三的省份为例，可以看到，资源增效对天津、重庆和安徽 GLPI 的加速贡献都仅次于排放优化。而浙江、山西若无资源增效的加速建设，绿色生活发展的整体速率会变得更慢。

表 10-3 GLPI 进步变化率贡献分析

排名	地区	GLPI 进步变化率	第一贡献二级指标	第二贡献二级指标
1	天津	41.74%	排放优化(101.79%)	资源增效(6.77%)
2	重庆	27.28%	排放优化(53.63%)	资源增效(20.42%)
3	安徽	27.26%	排放优化(94.20%)	资源增效(−31.16%)
29	浙江	−18.56%	排放优化(−51.42%)	资源增效(6.51%)
30	内蒙古	−34.92%	排放优化(−66.62%)	消费升级(−0.99%)
31	山西	−49.62%	排放优化(−123.45%)	资源增效(8.50%)

对加速背后的具体情况分析可以发现，一些省份的加速往往是在此前减速、退步的基础上实现的。表面上看起来发展形势喜人，但不能忽略的是之前退步太多。例如天津，先是生活源烟(粉尘)排放总量大幅增长，导致巨大退步，建设压力攀升，后在总量没有继续提升的情况下，因人口增长而实现人均排放量的下降，实现了建设速度提升。

(2) 过半省份消费升级发展趋势放缓，各省间差距相对较小，生活垃圾处理产生较大影响。

与中国经济发展速度趋于放缓的背景一致，消费升级领域也呈现了放缓的势头，有 19 个省份的发展，2015 年间与 2014 年相比发生了减速。12 个加速的省份中，青海进步率最大，为 10.62%。进步率最小的为山西(−9.31%)(图 10-3，表 10-4)。

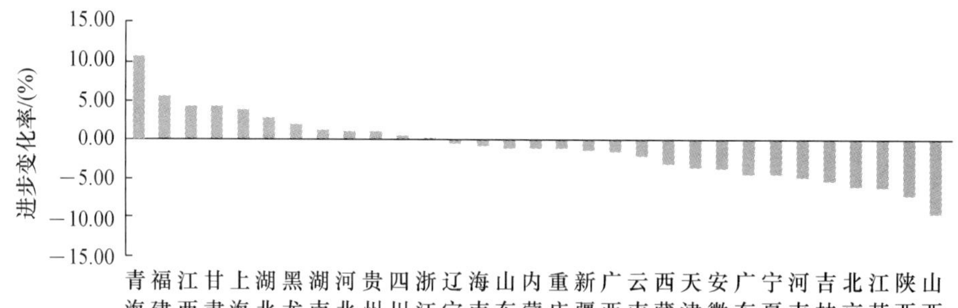

图 10-3 2014—2015 年各省份消费升级进步变化率

与资源增效和排放优化领域或绿色生活总体进步率相较，消费升级领域的差距相对较小。超过 10%进步率的省份只有一个，同时没有低于−10%进步率的省份。进步率最高和最低省份间的差距为 19.93 个百分点。资源增效和排放优化的这个差距分别为 86.62 个百分点和 225.24 个百分点。

表 10-4 2014—2015 年各省份消费升级进步变化率及排名 单位：%

排名	省份	消费升级进步变化率	排名	省份	消费升级进步变化率
1	青海	10.62	17	重庆	−1.00
2	福建	5.57	18	新疆	−1.18
3	江西	4.22	19	广西	−1.39
4	甘肃	4.20	20	云南	−1.88
5	上海	3.77	21	西藏	−2.97
6	湖北	2.79	22	天津	−3.35
7	黑龙江	1.89	23	安徽	−3.59
8	湖南	1.20	24	广东	−4.28
9	河北	1.16	25	宁夏	−4.30
10	贵州	1.02	26	河南	−4.62
11	四川	0.55	27	吉林	−5.05
12	浙江	0.18	28	北京	−5.77
13	辽宁	−0.30	29	江苏	−6.03
14	海南	−0.70	30	陕西	−6.94
15	山东	−0.88	31	山西	−9.31
16	内蒙古	−0.99			

消费升级建设速度能否加快，与生活垃圾能否恰当处理有较强的关联。绿色生活在物质消耗上应是适度的，并能够最大化的实现资源的循环利用，这能够反映在生活垃圾的处置量上。从消费升级进步变化率的排名来看，排在后三位的省份江苏、陕西和山西，在人均生活垃圾清运量的增长上速度不断加快，消费升级受到限制。而排名前三的省份青海、福建和江西，在控制人均生活垃圾清运量方面表现都较好（表 10-5）。

表 10-5 消费升级进步变化率贡献分析 单位：%

排名	省份	消费升级进步变化率	人均生活垃圾清运量降低率	排名	省份	消费升级进步变化率	人均生活垃圾清运量降低率
1	青海	10.62	7.33	29	江苏	−6.03	−12.84
2	福建	5.57	3.02	30	陕西	−6.94	−17.11
3	江西	4.22	12.19	31	山西	−9.31	−12.11

青海在消费升级领域能够领先于其他省份，首先得益于人均公共教育经费的增速较快（52.50%），即公共教育经费投入总量回升的影响。此外，青海的增速还受益于人均生活垃圾清运量的减少。排名第二的福建则是在人均消费水平的提升、人均卫生总费用的提升、人均公共教育经费的提升和人均生活垃圾清运量的降低这四个方面，都有大小不一的增速。

山西排名最为靠后，首当其冲是受到生活垃圾不断加速增长的困扰（−12.11%），另外，消费升级的其他方面也均有一定程度的减速，使得整体状况亟待改善。排名也靠后的陕西在生活垃圾处理控制方面（−17.11%），也需加大建设力度。

（3）一半以上省份资源增效加速，减少化石能源消费是资源高效利用的关键。

在资源增效领域，有17个省份发展速度在变快，其中河南的进步率最大，为28.84%。甘肃在31个省份中进步率最小，为−57.78%（图10-4，表10-6）。

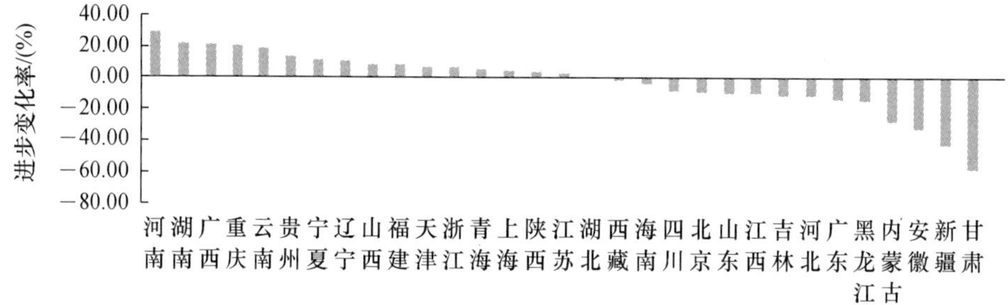

图10-4　2014—2015年各省份消费升级进步变化率

排名第一的河南，资源增效进步的增速，主要得益于以煤炭、汽油为代表的人均化石能源消耗的减速，人均煤炭生活消费量降低率达到65.98%、人均汽油生活消费降低率（51.31%）也表现不俗。除农村可再生能源利用略有减速外，节约用水和公共交通建设方面都在加速中。湖南资源增效排名第二，进步增速最大的是人均汽油生活消费量降低率（110.10%），是因为2014年度大幅退步，而在2015年度退步幅度缩小所致。

资源增效减速最大的地区是甘肃（−57.78%），主要是由于人均汽油生活消费量的快速增长以及人均生活用水量的增长。新疆进步减速（−41.58%）略好于甘肃，情况较为相似：首先也是汽油消耗和水资源消耗的利用效率不断退步影响最大；其次，新疆除公共交通条件提升有进步外，煤炭和可再生能源的利用都有待加强建设。

表 10-6 2014—2015 年各地区资源增效进步变化率及排名

排名	省份	资源增效进步变化率	排名	省份	资源增效进步变化率
1	河南	28.84	17	湖北	0.53
2	湖南	21.71	18	西藏	−0.13
3	广西	21.07	19	海南	−3.20
4	重庆	20.42	20	四川	−7.80
5	云南	18.31	21	北京	−7.93
6	贵州	13.23	22	山东	−9.03
7	宁夏	11.54	23	江西	−9.30
8	辽宁	10.12	24	吉林	−10.56
9	山西	8.50	25	河北	−10.73
10	福建	8.15	26	广东	−13.03
11	天津	6.77	27	黑龙江	−13.09
12	浙江	6.51	28	内蒙古	−26.58
13	青海	4.87	29	安徽	−31.16
14	上海	4.84	30	新疆	−41.58
15	陕西	3.54	31	甘肃	−57.78
16	江苏	2.99			

（4）大部分省份排放优化持续加速，各省间差距惊人，污水排放处理和烟（粉）尘排放控制是重点。

排放优化领域有 18 个省份处于持续加速的状态中。天津进步率最大，为 101.79%；山西进步率排最后，为 −123.45%。两省之间的差距达到惊人的 225.24 个百分点（图 10-5，表 10-7）。

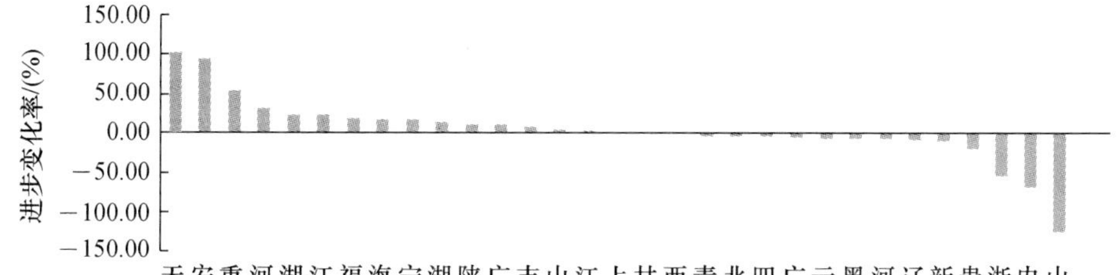

图 10-5 2014—2015 年各省份排放优化进步变化率

表 10-7　2014—2015 年各地区排放优化进步变化率及排名

排名	省份	排放优化进步变化率	排名	省份	排放优化进步变化率
1	天津	101.79	17	甘肃	1.48
2	安徽	94.20	18	西藏	0.76
3	重庆	53.63	19	青海	−1.06
4	河北	31.90	20	北京	−1.67
5	湖北	23.43	21	四川	−1.71
6	江苏	22.96	22	广西	−3.79
7	福建	19.31	23	云南	−5.28
8	海南	17.88	24	黑龙江	−5.58
9	宁夏	16.72	25	河南	−5.63
10	湖南	14.74	26	辽宁	−5.89
11	陕西	11.08	27	新疆	−7.69
12	广东	10.18	28	贵州	−16.93
13	吉林	7.02	29	浙江	−51.42
14	山东	4.23	30	内蒙古	−66.62
15	江西	2.98	31	山西	−123.45
16	上海	1.57			

天津争得排放优化进步变化率排名第一(101.79%),贡献最大的是人均烟(粉)尘排放的控制。但这是经济飞速发展过程中生活源烟(粉)尘排放总量在前一年度陡然猛增后下跌产生的效应,实际上烟(粉)尘总量和人均排放量的控制依然任重道远。安徽的情况也非常相似,在排放总量上,还有待回归前两年的水平。

山西在排放优化领域的软肋主要是水体污染物排放的优化。虽然生活源的化学需氧量和氨氮排放总量近三年在逐年下降。但地表水体质量并没有随着污染物总量的减少而持续改善,相反Ⅰ～Ⅲ类水质河长还出现大幅缩短的情况。这表明生活源的水体污染物控制还需要进一步加大力度,污染物的减排还没有达到真正改善环境质量的拐点。

二、绿色生活发展驱动分析

要促进绿色生活建设的发展,就需要找准着力点。通过对各地区绿色生活的进步变化率的相关性分析,可以找到当前绿色生活发展的主要驱动因素。

1. 当前绿色生活发展主要得到排放优化的驱动

从相关性分析来看，绿色生活的进步变化率与其三个领域的进步变化率之间都呈正相关，其中排放优化与 GLPI 呈高度显著正相关(0.942)，消费升级和资源增效与 GLPI 呈不显著的正相关(表 10-8)。这说明，排放优化的发展状况与绿色生活建设的状况基本上是共进退的，排放优化做得好，绿色生活发展的速度就快，反之，排放优化做得不好，绿色生活的发展就受到限制。同时，消费升级、资源增效的发展尚未能够与绿色生活的发展相契合，还未实现良性互动机制。

表 10-8 GLPI 进步变化率与二级指标进步变化率的相关性

	GLPI 进步率	消费升级	资源增效	排放优化
GLPI 进步率	1	0.127	0.298	**0.942****
消费升级		1	−0.115	0.098
资源增效			1	−0.031
排放优化				1

消费升级、资源增效和排放优化三个二级指标之间的进步变化率都呈不显著相关。这表明各二级指标独立性较好。

2. 观念和方式双管齐下推动消费升级

二级指标消费升级进步变化率与其下的四个三级指标均呈正相关关系[①]。其中，与人均公共教育经费提高率和人均生活垃圾清运量降低率呈显著正相关(表 10-9)。

表 10-9 消费升级进步变化率与三级指标进步变化率的相关性

	消费升级	人均消费水平增长率	人均卫生总费用提高率	人均公共教育经费提高率	人均生活垃圾清运量降低
消费升级	1	0.256	0.133	**0.601****	**0.659****
人均消费水平增长率		1	0.336	0.081	−0.116
人均卫生总费用提高率			1	−0.229	−0.249
人均公共教育经费提高率				1	0.025
人均生活垃圾清运量降低					1

当教育投入增加，通过教育获得关于实现更亲近自然、维护生态生活方式必要性的机会就增加了，更有利于引导人们去实现绿色生活。生活垃圾的减量化，一方面需要加强垃圾分类、回收利用；另一方面也需要文化、娱乐、教育等非物质

① 注：变化率中没有恩格尔系数和收入水平增长，因为无法获取连续数据。

性消费投入的提升，提高非物质消费的比重。

3. 减少化石能源消费，提高水资源利用效率是建立节约高效型生活方式的当前关键

资源增效下的三级指标在进步变化率上与资源增效都呈正相关，其中人均生活用水降低率、人均汽油生活消费降低率与资源增效的进步变化率呈显著正相关，相关性分别为0.797和0.394。三级指标中，相关性排在第三位的是人均煤炭生活消费降低率，达到0.351（表10-10）。

表 10-10　资源增效进步变化率与三级指标进步变化率相关性

	资源增效	人均生活用水降低率	人均煤炭生活消费降低率	人均汽油生活消费降低率	农村可再生能源利用提高率	公共交通条件提高率
资源增效	1	**0.394***	0.351	**0.797****	0.016	0.057
人均生活用水降低率		1	0.122	0.286	−0.244	0.262
人均煤炭生活消费降低率			1	−0.254	−0.047	0.332
人均汽油生活消费降低率				1	−0.104	−0.224
农村可再生能源利用提高率					1	−0.227
公共交通条件提高率						1

水资源匮乏在中国各地区普遍存在，提高生活用水效率，促进水资源的再生利用是绿色生活方式建立的重要内容。

将汽油消费和煤炭消费结合起来看，化石能源的生活消费效率提升，对资源增效影响较大。煤炭在中国能源消费结构中所占比重较大，一些地区仍保留着使用煤炭的生活习惯。汽油的生活消费量在很多地区，随着越来越多人购置传统能源家用汽车而不断上涨，应鼓励和引导新能源汽车的消费，方能更好地提升资源利用效率和改变能源使用结构。

4. 排放优化水污染物控制最为关键，其次是烟（粉）尘排放的控制

与发展态势相一致，排放优化中与水污染控制相关的两个三级指标人均化学需氧量生活排放优化、人均氨氮生活排放效应优化，是与二级指标排放优化相关性最高的（表10-11）。将资源增效二级指标与人均生活用水量降低率三级指标之间的显著相关性相联系，可以发现，水资源的善用在绿色生活方式的普及和建立中有非常重要的地位。在使用过程中应尽可能提高效率，在处理过程中应尽量减少对环境的排放污染。

同时也与发展态势相一致的是，人均烟（粉）尘生活排放效应优化三级指标与排放优化二级指标之间也呈高度正相关关系，成为主要空气污染物减排正向影响

最大的领域。人均 SO_2 排放效应优化对排放优化也有正向影响，但不显著。人均氮氧化物生活排放效应优化则呈不显著的负相关。

表 10-11　排放优化进步变化率与三级指标进步变化率的相关性

	排放优化	人均化学需氧量生活排放效应优化	人均氨氮生活排放效应优化	人均 SO_2 排放效应优化	人均氮氧化物生活排放效应优化	人均烟(粉)尘生活排放效应优化
排放优化	1	**0.841****	**0.844****	0.258	−0.111	**0.709****
人均化学需氧量生活排放效应优化		1	**0.999****	0.149	−0.335	0.346
人均氨氮生活排放效应优化			1	0.160	−0.326	0.346
人均 SO_2 排放效应优化				1	0.080	0.158
人均氮氧化物生活排放效应优化					1	−0.340
人均烟(粉)尘生活排放效应优化						1

5. 排放优化是推动绿色生活建设发展的核心领域

对 GLPI 与三级指标的进步变化率进行相关性分析可见，有四个三级指标的进步变化率与 GLPI 的进步变化率呈显著正相关，分别是资源增效的人均汽油生活消费降低率，排放优化领域的人均化学需氧量生活排放效应优化、人均氨氮生活排放效应优化、人均烟(粉)尘生活排放效应优化(表 10-12)。资源增效领域占 1，排放优化领域占 3。

表 10-12　GLPI 进步变化率与三级指标进步变化率的相关性

	GLPI 进步变化率
人均消费水平增长率	0.251
人均卫生总费用提高率	−0.097
人均公共教育经费提高率	0.091
人均生活垃圾清运量降低	0.092
人均生活用水降低率	0.067

（续表）

	GLPI 进步变化率
人均煤炭生活消费降低率	−0.265
人均汽油生活消费降低率	**0.478****
农村可再生能源利用提高率	0.005
公共交通条件提高率	−0.182
人均化学需氧量生活排放效应优化	**0.818****
人均氨氮生活排放效应优化	**0.821****
人均 SO_2 排放效应优化	0.177
人均氮氧化物生活排放效应优化	−0.108
人均烟(粉)尘生活排放效应优化	**0.638****

事实上，传统能源家用汽车的使用是烟(粉)尘排放的重要来源之一。这表明如何优化资源利用，减少生活污染排放已经成为当前绿色生活建设发展的重要驱动。

三、绿色生活发展态势和驱动分析小结

对全国的绿色生活建设发展态势和驱动分析可见：

(1) 生活质量的提升在短时间内难以快速推动绿色消费方式的成型，中国许多地区还未超越消费不足的阶段。

在绿色生活建设发展整体处于进步加速的过程中，消费升级是唯一未能实现加速度提升的建设领域。虽然人均消费水平稳定地保持了增长的态势，但消费水平增长在当前更多的是直接推动了日常生活的物质消费，对消费结构优化的显著影响还未显现。很多地区还处于从满足基本生活需求走向满足相对富足生活的进程中。

(2) 绿色生活建设的第一推动力并不稳固，未来提速空间存疑。

排放优化是当前绿色生活建设发展加速贡献最大的领域，但不少省份的加速进步实际上建立在前两年巨大退步的基础上，建设水平仍未恢复到退步前的状况。排放优化仍在忙于消减增量。当污染物排放的增量和存量都得到控制时，绿色生活的建设成效或许才能真正显现。

(3) 人民群众日益增长的物质文化需求与粗放的生活方式之间的矛盾，是当前中国绿色生活建设的难点。

随着经济发展，社会福利和收入水平的提升，人们在日常生活领域的各类物质文化需求也不断扩大。例如，人们青睐私家车等更舒适便捷的出行方式，购买

具有各种功能的新型家用电器，对旅游、教育等活动的消费支出增多等。然而，当前的生活方式仍存在诸多粗放之处，致使生活领域的资源约束日益趋紧。例如，公共交通规划、路网建设的合理性还有待提升，绿色交通系统整体性欠佳，新能源车使用的配套设施建设进展缓慢。再如，生活污水再利用率不高，生活垃圾处理系统不配套，垃圾分类收集、分类运输、分类利用相互衔接的环节还不顺畅等。具体体现为私家车保有量迅速上升，汽油消费不断增加，水体污染物减排成效不显著，垃圾清运量上扬等。一方面是需求的快速提升，另一方面是生活方式转型的相对滞后，使得在生活领域中实现人与自然和谐平衡的任务仍然相当艰巨。

附录一　ECPI 2015 指标解释与数据来源

最新完善后的生态文明发展指数(ECPI 2015)评价体系,包括4项二级指标、20项三级指标,各指标具体含义、设置依据、计算公式与数据来源如下。

1. 生态保护考察领域

(1) 森林面积增长率:考察森林覆盖率提高比例。

森林覆盖率是指以行政区域为单位的森林面积占土地总面积比例。国家"十三五"规划提出,要继续开展大规模国土绿化行动,保护培育森林生态系统,森林覆盖率提高到23.04%。

$$\text{森林面积增长率}=\left(\frac{\text{本年度森林覆盖率}}{\text{上年度森林覆盖率}}-1\right)\times 100\%$$

数据来源:国家林业局《第八次全国森林资源清查资料(2009—2013)》,国家统计局《中国统计年鉴》。

(2) 森林质量提高率:评价单位森林面积的蓄积量增长率。

单位森林面积蓄积量是指行政区域内单位森林面积上存在着的林木树干部分的总材积,它是反映该地区森林资源多寡,衡量森林生态环境优劣的重要依据。作为国家"十三五"规划中需要重点落实的约束性指标,森林蓄积量增加14亿立方米。

$$\text{森林质量提高率}=\left(\frac{\text{本年度森林蓄积量/本年度森林面积}}{\text{上年度森林蓄积量/上年度森林面积}}-1\right)\times 100\%$$

数据来源:国家林业局《第八次全国森林资源清查资料(2009—2013)》,国家统计局《中国统计年鉴》。

(3) 自然保护区面积增加率:指辖区内自然保护区面积的年度提高率。

自然保护区作为生物多样性保护的重要载体,是为保护有代表性的自然生态系统、珍稀濒危野生动植物物种,促进国民经济的持续发展,经各级人民政府批准,划定给予特殊保护和管理的区域。国家"十三五"规划提出,要强化自然保护区建设和管理力度,继续实施生物多样性保护重大工程。

$$\text{自然保护区面积增加率}=\left(\frac{\text{本年度自然保护区面积}}{\text{上年度自然保护区面积}}-1\right)\times 100\%$$

数据来源:国家统计局《中国统计年鉴》。

(4) 建成区绿化覆盖增加率:考察行政区域内,在城市建成区中乔木、灌木、草坪等所有植被的垂直投影面积占建成区总面积比例的年度上升率。

国家“十三五”规划指出，要加强城市公园绿地等生态设施建设，打造和谐宜居城市环境。

$$建成区绿化覆盖增加率=\left(\frac{本年度建成区绿化覆盖率}{上年度建成区绿化覆盖率}-1\right)\times 100\%$$

数据来源：住房和城乡建设部《中国城市建设统计年鉴》，国家统计局《中国统计年鉴》。

(5) 湿地资源增长率：评价湿地资源面积的年度增加率。

湿地指天然或人工形成的沼泽地等带有静止或流动水体的成片浅水区，也包括低潮时水深不超过 6 米的水域。湿地被誉为“地球之肾”，具有净化水质等作用，是淡水安全的生态保障，生态功能重要。国家“十三五”规划提出，要完善湿地保护制度，加大湿地生态系统保护、修复力度，全国湿地面积不低于 8 亿亩。

$$湿地资源增长率=\left(\frac{本年度湿地面积}{上年度湿地面积}-1\right)\times 100\%$$

数据来源：国家统计局《中国统计年鉴》。

2. 环境改善考察领域

(1) 空气质量改善：评估环保重点城市空气质量达到及好于二级的平均天数提高比例。

新《环境空气质量标准》综合考虑了 SO_2、NO_2、CO、O_3、PM 10、PM 2.5等污染物的污染程度，自 2013 年开始实施监测以来，最新发布 113 个环保重点城市空气质量达到及好于二级的天数。本指标暂时使用该省环保重点城市空气质量达到及好于二级的平均天数代表全省情况。国家“十三五”规划要求，深入实施大气污染物防治行动计划，加大重点地区 PM 2.5污染治理力度，未达标地级以上城市浓度下降 18%，所有地级以上城市空气质量优良天数比率达 80%以上，重污染天数减少 25%。

$$空气质量改善=\left(\frac{本年度环保重点城市空气质量达到及好于二级的平均天数比例}{上年度环保重点城市空气质量达到及好于二级的平均天数比例}-1\right)\times 100\%$$

数据来源：国家统计局《中国统计年鉴》。

(2) 地表水体质量改善：考察主要河流Ⅰ～Ⅲ类水质河长比例增加率。

现阶段，湖泊、水库等重要水体和地下水的水质情况，没有按省级行政区统计发布的数据。本指标暂时采用行政区域内Ⅰ～Ⅲ类水质的河流长度占评价总河长的比例代替。国家“十三五”规划指出，要加强水体环境保护治理，地表水质量达到或好于Ⅲ类水体比例在 70%以上，劣Ⅴ类水体比例 5%以下。

$$地表水体质量改善=\left(\frac{本年度主要河流Ⅰ\sim Ⅲ类水质河长比例}{上年度主要河流Ⅰ\sim Ⅲ类水质河长比例}-1\right)\times 100\%$$

数据来源：水利部《中国水资源公报》。

(3) 化肥施用合理化：指单位农作物播种面积化肥施用量的下降比例。

目前，中国整体单位农作物播种面积的化肥施用量已远超过国际公认安全使用上限(225 千克/公顷)。国家"十三五"规划继续坚持耕地保有量的约束性指标，要求在 18.65 亿亩以上，并开始认识到化肥、农药过量不合理施用所导致的耕地质量退化、污染等问题，采取措施开展农业面源污染综合防治，实施化肥农药使用量零增长行动，全面推广测土配方施肥、农药精准高效施用。

$$\text{化肥施用合理化}=\left(1-\frac{\text{本年度化肥施用量/本年度农作物总播种面积}}{\text{上年度化肥施用量/上年度农作物总播种面积}}\right)\times100\%$$

数据来源：国家统计局《中国统计年鉴》，环境保护部《中国环境统计年鉴》。

(4) 农药施用合理化：关注单位农作物播种面积农药施用量的下降比例。

当前，由于农药过量不合理使用所导致的土地污染和农产品质量安全隐患有愈演愈烈之势，值得全社会高度重视。国家"十三五"规划提出，要全面推行农业标准化生产，强化农药残留超标治理。

$$\text{农药施用合理化}=\left(1-\frac{\text{本年度农药施用量/本年度农作物总播种面积}}{\text{上年度农药施用量/上年度农作物总播种面积}}\right)\times100\%$$

数据来源：国家统计局《中国统计年鉴》，环境保护部《中国环境统计年鉴》。

(5) 城市生活垃圾无害化提高率：指生活垃圾无害化处理量所占生活垃圾产生量比例的年度提高率。

由于统计中生活垃圾产生量不易取得，可用清运量代替。国家"十三五"规划提出，要加快城镇垃圾处理设施建设，加强生活垃圾分类回收。

$$\text{城市生活垃圾无害化提高率}=\left(\frac{\text{本年度生活垃圾无害化处理率}}{\text{上年度生活垃圾无害化处理率}}-1\right)\times100\%$$

数据来源：国家统计局《中国统计年鉴》。

(6) 农村卫生厕所普及提高率：考察行政区域内使用卫生厕所的农村人口数占辖区内农村人口总数比例的年度增加率。

卫生厕所是指有完整下水道系统的水冲式、三格化粪池式、净化沼气池式、多瓮漏斗式公厕以及粪便及时清理并进行高温堆肥无害化处理的非水冲式公厕。

$$\text{农村卫生厕所普及提高率}=\left(\frac{\text{本年度农村卫生厕所普及率}}{\text{上年度农村卫生厕所普及率}}-1\right)\times100\%$$

数据来源：国家卫生和计划生育委员会，环境保护部《中国环境统计年鉴》。

3. 资源节约考察领域

(1) 万元地区生产总值能源消耗降低率：指每生产 1 万元国内生产总值所消耗能源的下降率。

国家"十三五"规划提出，要大幅提高能源资源开发利用效率，能源消耗总量得到有效控制，推动能源结构优化升级，作为重点控制的约束性指标，单位 GDP 能源消耗降低 15%，非化石能源占一次能源消费比例 15%以上。

万元地区生产总值能源消耗降低率＝万元地区生产总值能耗降低率

数据来源：国家统计局《中国统计年鉴》。

（2）水资源开发强度优化：指行政区域内，用水总量占水资源总量比例的年度降低率。

国家“十三五”规划提出，加强水资源科学开发，合理、节约、高效使用，万元GDP用水量下降23％，用水总量控制在6700亿立方米以内。

$$水资源开发强度优化=\left(1-\frac{本年度用水总量/本年度水资源总量}{上年度用水总量/上年度水资源总量}\right)\times 100\%$$

数据来源：环境保护部《中国环境统计年鉴》。

（3）工业固体废物综合利用提高率：指通过回收、加工、循环、交换等方式，从固体废物中提取或者使其转化为可以利用的资源、能源和其他原材料的固体废物量，占固体废物产生量比例的年度提高率。

国家“十三五”规划提出，要大力发展循环经济，加快废弃物的资源化利用。

$$\begin{aligned}&工业固体废物综合利用提高率\\&=\left(\frac{本年度一般工业固体废物综合利用量/本年度一般工业固体废物产生量}{上年度一般工业固体废物综合利用量/上年度一般工业固体废物产生量}-1\right)\times 100\%\end{aligned}$$

数据来源：国家统计局《中国统计年鉴》。

（4）城市水资源重复利用提高率：指城市水资源重复利用比例的年度上升率。

国家“十三五”规划提出，落实最严格的水资源管理制度，实施再生水利用工程，加快非常规水资源利用，提高资源利用效率。

$$城市水资源重复利用提高率=\left(\frac{本年度城市水资源重复利用率}{上年度城市水资源重复利用率}-1\right)\times 100\%$$

数据来源：环境保护部《中国环境统计年鉴》。

4. 排放优化考察领域

（1）化学需氧量排放效应优化：评价化学需氧量排放量与辖区内Ⅰ～Ⅲ类水质河流长度比值的年度降低率。

该指标的设置体现优化国土空间开发格局，转变经济发展方式，在生态、环境承载能力范围内有条件排放污染物的政策导向。不绝对苛求削减化学需氧量排放，而是以水体环境质量变化为依据，如未引起水体环境恶化，则表明当前排放在环境容量之内，继续排放为合理诉求。国家“十三五”规划提出，要大力推进污染物达标排放和总量减排，作为约束性指标，化学需氧量排放总量减少10％。

$$化学需氧量排放效应优化=\left(1-\frac{本年度化学需氧量排放量/本年度Ⅰ～Ⅲ类水质河长}{上年度化学需氧量排放量/上年度Ⅰ～Ⅲ类水质河长}\right)\times 100\%$$

数据来源：水利部《中国水资源公报》，国家统计局《中国统计年鉴》。

(2) 氨氮排放效应优化:指氨氮排放量与辖区内Ⅰ～Ⅲ类水质河流长度比值的年度下降率。

该指标与化学需氧量排放效应优化类似,均为水体污染物排放效应优化指标,并不绝对禁止各地的氨氮排放,而是以水体质量变化为依据,如未导致水体质量变差,即表明排放量在生态、环境容量之内,继续排放为合理诉求。体现优化国土空间开发格局,转变经济发展方式,在生态、环境承载能力范围内有条件排放污染物的政策导向。国家"十三五"规划提出,要大力推进污染物达标排放和总量减排,作为约束性指标,氨氮排放总量需要减少10%。

$$\text{氨氮排放效应优化}=\left(1-\frac{\text{本年度氨氮排放量}/\text{本年度Ⅰ～Ⅲ类水质河长}}{\text{上年度氨氮排放量}/\text{上年度Ⅰ～Ⅲ类水质河长}}\right)\times 100\%$$

数据来源:水利部《中国水资源公报》,国家统计局《中国统计年鉴》。

(3) SO_2 排放效应优化:考察 SO_2 排放量与辖区面积和空气质量达到及好于二级天数比例的比值年度下降率。

本指标的设置体现优化国土空间开发格局,转变经济发展方式,在生态、环境承载能力范围内有条件排放污染物的政策导向。并非一味强调降低 SO_2 等大气污染物排放量,而是以空气质量变化为依据,如未引起空气质量恶化,则能源消耗产生的 SO_2 等大气污染物排放量上升即为合理诉求。国家"十三五"规划提出,要大力推进污染物达标排放,削减区域污染物排放总量,作为约束性指标,SO_2 排放总量减少15%。

$$SO_2\text{排放效应优化}=\left(1-\frac{\dfrac{\text{本年度}SO_2\text{排放量}}{\left(\text{辖区面积}\times\begin{matrix}\text{本年度环保重点城市空气质量}\\\text{达到及好于二级的平均天数比例}\end{matrix}\right)}}{\dfrac{\text{上年度}SO_2\text{排放量}}{\left(\text{辖区面积}\times\begin{matrix}\text{上年度环保重点城市空气质量}\\\text{达到及好于二级的平均天数比例}\end{matrix}\right)}}\right)\times 100\%$$

数据来源:国家统计局《中国统计年鉴》。

(4) 氮氧化物排放效应优化:指氮氧化物排放量与辖区面积和空气质量达到及好于二级天数比例的比值年度下降率。

该指标也为大气污染物排放效应优化指标,并不绝对要求降低氮氧化物排放量,而是以空气质量变化为依据,如未导致空气质量退化,则表明当前的排放在生态、环境容量内,为合理排放。反映优化国土空间开发格局,转变经济发展方式,在生态、环境承载能力范围内有条件排放污染物的政策导向。国家"十三五"规划提出,要大力推进污染物达标排放,削减区域污染物排放总量,作为约束性指标,氮氧化物排放总量须削减15%。

$$\text{氮氧化物排放效应优化}=\left(1-\frac{\dfrac{\text{本年度氮氧化物排放量}}{\left(\text{辖区面积}\times\begin{matrix}\text{本年度环保重点城市空气质量}\\\text{达到及好于二级的平均天数比例}\end{matrix}\right)}}{\dfrac{\text{上年度氮氧化物排放量}}{\left(\text{辖区面积}\times\begin{matrix}\text{上年度环保重点城市空气质量}\\\text{达到及好于二级的平均天数比例}\end{matrix}\right)}}\right)\times100\%$$

数据来源:国家统计局《中国统计年鉴》。

(5) 烟(粉)尘排放效应优化:指烟(粉)尘排放量与辖区面积和空气质量达到及好于二级天数比例的比值年度下降率。

烟(粉)尘作为当前雾霾主要来源,该指标以空气质量变化情况为依据,判断其排放与当地生态、环境承载能力的关系,如没有引起空气质量恶化,则排放为合理诉求。体现优化国土空间开发格局,转变经济发展方式,在生态、环境承载能力范围内污染物有条件排放的政策导向。国家"十三五"规划提出,要加强大气污染联防联控,大力推进污染物达标排放,削减区域污染物排放总量,细颗粒物浓度下降 25%以上。

$$\text{烟(粉)尘排放效应优化}=\left(1-\frac{\dfrac{\text{本年度烟(粉)尘排放量}}{\left(\text{辖区面积}\times\begin{matrix}\text{本年度环保重点城市空气质量}\\\text{达到及好于二级的平均天数比例}\end{matrix}\right)}}{\dfrac{\text{上年度烟(粉)尘排放量}}{\left(\text{辖区面积}\times\begin{matrix}\text{上年度环保重点城市空气质量}\\\text{达到及好于二级的平均天数比例}\end{matrix}\right)}}\right)\times100\%$$

数据来源:国家统计局《中国统计年鉴》。

附录二　GPPI 2015 指标解释与数据来源

GPPI 2015 评价体系由 3 项二级指标、14 项三级指标构成，各三级指标的具体含义、计算公式与数据来源如下。

1. 产业升级考察领域

（1）第三产业产值占地区生产总值比重增长率：指行政区域内，第三产业产值占地区生产总值比重增长率。

该指标主要用于考察地区产业结构布局。

$$\text{第三产业产值占地区生产总值比重增长率} = \left(\frac{\text{本年第三产业产值/本年地区生产总值}}{\text{上年第三产业产值/上年地区生产总值}} - 1\right) \times 100\%$$

数据来源：国家统计局《中国统计年鉴》。

（2）第三产业就业人数占地区就业总人数比重增长率：指行政区域内，第三产业就业人数占地区就业总人数比重增长率。

第三产业吸纳就业的情况反映了地区就业结构和产业结构布局。

$$\text{第三产业就业人数占地区就业总人数比例增长率} = \left(\frac{\text{本年第三产业就业人数/本年地区就业总人数}}{\text{上年第三产业就业人数/上年地区就业总人数}} - 1\right) \times 100\%$$

数据来源：国家统计局《中国劳动统计年鉴》。

（3）R&D 投入强度增长率：指行政区域内，R&D 经费投入占地区生产总值比例增长率。

R&D 投入强度是衡量国家和地区科技投入水平、科技创新能力的最为重要的指标。2%投入强度是创新型国家的门槛性标志。R&D 投入强度的差异，同样与各国、地区的经济发展阶段关系密切。

$$\text{R\&D 投入强度增长率} = \left(\frac{\text{本年 R\&D 经费支出/本年地区生产总值}}{\text{上年 R\&D 经费支出/上年地区生产总值}} - 1\right) \times 100\%$$

数据来源：科技部《中国科技统计年鉴》。

（4）万人专利授权数增长率：指行政区域内，每万人拥有专利授权数的增长率。

该指标主要用于考察地区发明专利情况。专利是保护知识产权的一种体现。科技创新是国家与地区经济增长和生产率提升的引擎，其中起关键作用的一直是知识产权的力量，在历史上，增强和扩展知识产权所有者的权利，为他们的企业增加了价值。这又让风险投资者看到了更多的潜在投资利润，从而在市场上引发了更多的创新与增长。地区万人专利授权数增长率既体现了科技创新对经济发展的价值，又反映了该地区科技创新发展的环境建设。

$$\text{万人专利授权数增长率}=\left(\frac{\text{本年专利授权数/本年地区人口数}}{\text{上年专利授权数/上年地区人口数}}-1\right)\times 100\%$$

数据来源：国家统计局《中国统计年鉴》。

(5) 高技术产值占地区生产总值比重增长率：指行政区域内，高新技术产业产值占地区生产总值比重增长率。

该指标主要用于考察地区科技创新对经济的贡献。

$$\text{高技术产值占地区生产总值比重增长率}=\left(\frac{\text{本年高新技术产值/本年地区生产总值}}{\text{上年高新技术产值/上年地区生产总值}}-1\right)\times 100\%$$

数据来源：科技部《中国科技统计年鉴》、国家统计局《中国统计年鉴》。

2. 资源增效考察领域

(1) 单位产值工业能源消耗降低率：指一定时期，该行政区域内每万元工业生产总值所需消耗能源的降低率。

$$\text{单位产值工业能源消耗降低率}=\left(1-\frac{\text{本年工业能耗量/本年地区工业生产总值}}{\text{上年工业能耗量/上年地区工业生产总值}}\right)\times 100\%$$

数据来源：各省份的地方统计年鉴、国家统计局《中国统计年鉴》。

(2) 单位产值工业用水消耗降低率：指行政区域内，每万元工业生产总值所需消耗水资源量的降低率。

$$\text{单位产值工业用水消耗降低率}=\left(1-\frac{\text{本年工业用水消耗量/本年地区工业生产总值}}{\text{上年工业用水消耗量/上年地区工业生产总值}}\right)\times 100\%$$

数据来源：环境保护部《中国环境统计年鉴》、国家统计局《中国统计年鉴》。

(3) 单位产值农业用水消耗降低率：指行政区域内，每万元农业生产总值所需消耗水资源量的降低率。

$$\text{单位产值农业用水消耗降低率}=\left(1-\frac{\text{本年农业用水消耗量/本年地区农业生产总值}}{\text{上年农业用水消耗量/上年地区农业生产总值}}\right)\times 100\%$$

数据来源：环境保护部《中国环境统计年鉴》、国家统计局《中国统计年鉴》。

(4) 工业固体废物综合利用提高率：指行政区域内，企业通过回收、加工、循环、交换等方式，从固体废物中提取或者使其转化为可以利用的资源、能源和其他原材料的固体废物量，占固体废物产生量比例的年度提高率。

工业固体废物综合利用提高率

$$=\left(\frac{\text{本年一般工业固体废物综合利用量/本年一般工业固体废物产生量}}{\text{上年一般工业固体废物综合利用量/上年一般工业固体废物产生量}}-1\right)\times 100\%$$

数据来源：国家统计局《中国统计年鉴》。

3. 排放优化考察领域

(1) 工业化学需氧量排放效应优化：指行政区域内，工业化学需氧量排放量与辖区内Ⅰ～Ⅲ类水质河流长度比值的年度下降率。

该指标考察环境承载力之内，即没有引起水体环境污染与恶化的工业化学需氧量排放总量，体现降低工业化学需氧量排放总量，改善水体质量，在生态、环境承载能力范围内有条件排放的政策导向。

工业化学需氧量排放效应优化

$$=\left(1-\frac{\text{本年工业化学需氧量排放量/本年Ⅰ～Ⅲ类水质河长}}{\text{上年工业化学需氧量排放量/上年Ⅰ～Ⅲ类水质河长}}\right)\times 100\%$$

数据来源：环境保护部《中国环境统计年鉴》、水利部《中国水资源公报》。

(2) 工业氨氮排放效应优化：指行政区域内，氨氮排放量与辖区内Ⅰ～Ⅲ类水质河流长度比值的年度降低率。

与工业化学需氧量排放效应指标设计思路一致，本指标考察环境承载力之内，即没有引起水体环境污染与恶化的工业氨氮排放总量，体现降低工业氨氮排放总量，改善水体质量，在生态、环境承载能力范围内有条件排放的政策导向。

工业氨氮排放效应优化

$$=\left(1-\frac{\text{本年工业氨氮排放量/本年Ⅰ～Ⅲ类水质河长}}{\text{上年工业氨氮排放量/上年Ⅰ～Ⅲ类水质河长}}\right)\times 100\%$$

数据来源：环境保护部《中国环境统计年鉴》、水利部《中国水资源公报》。

(3) SO_2 排放效应优化：指行政区域内，工业 SO_2 排放量与辖区面积和空气质量达到及好于二级天数比例的比值年度下降率。

本指标以空气质量变化情况为依据，考察未引起空气质量恶化的工业 SO_2 排放量，体现合理利用资源能源，优化能源消费结构，改善空气质量，在生态、环境承载能力范围内有条件排放的政策导向。

工业 SO_2 排放效应优化

$$=\left(1-\frac{\dfrac{\text{本年工业 }SO_2\text{ 排放量}}{\text{辖区面积}}\times\begin{array}{c}\text{本年省会空气质量达到}\\\text{及好于二级的天数比例}\end{array}}{\dfrac{\text{上年工业 }SO_2\text{ 排放量}}{\text{辖区面积}}\times\begin{array}{c}\text{上年省会空气质量达到}\\\text{及好于二级的天数比例}\end{array}}\right)\times 100\%$$

数据来源：环境保护部《中国环境统计年鉴》、国家统计局《中国统计年鉴》。

(4) 工业氮氧化物排放效应优化：指行政区域内，工业氮氧化物排放量与辖区面积和空气质量达到及好于二级天数比例的比值年度下降率。

该指标以空气质量变化情况为依据，考察未引起空气质量恶化的工业氮氧化物排放量，体现合理利用资源能源，优化能源消费结构，改善空气质量，在生态、环境承载能力范围内有条件排放的政策导向。

工业工业氮氧化物排放效应优化

$$=\left(1-\frac{\dfrac{\text{本年工业工业氮氧化物排放量}}{\text{辖区面积}}\times\dfrac{\text{本年省会空气质量达到}}{\text{及好于二级的天数比例}}}{\dfrac{\text{上年工业工业氮氧化物排放量}}{\text{辖区面积}}\times\dfrac{\text{上年省会空气质量达到}}{\text{及好于二级的天数比例}}}\right)\times 100\%$$

数据来源：环境保护部《中国环境统计年鉴》、国家统计局《中国统计年鉴》。

(5) 工业烟(粉)尘排放效应优化：指行政区域内，工业烟(粉)尘排放量与辖区面积和空气质量达到及好于二级天数比例的比值年度下降率。

该指标以空气质量变化情况为依据，考察未引起空气质量恶化的工业烟(粉)尘排放量，体现合理利用资源能源，优化能源消费结构，改善空气质量，在生态、环境承载能力范围内有条件排放的政策导向。

工业烟(粉)尘排放效应优化

$$=\left(1-\frac{\dfrac{\text{本年工业烟(粉)尘排放量}}{\text{辖区面积}}\times\dfrac{\text{本年省会空气质量达到}}{\text{及好于二级的天数比例}}}{\dfrac{\text{上年工业烟(粉)尘排放量}}{\text{辖区面积}}\times\dfrac{\text{上年省会空气质量达到}}{\text{及好于二级的天数比例}}}\right)\times 100\%$$

数据来源：环境保护部《中国环境统计年鉴》、国家统计局《中国统计年鉴》。

附录三　GLPI 2015 指标解释、数据来源及指标权重

在 GLPI 2014 的基础上，课题组设计了绿色生活发展指数评价指标体系（GLPI 2015）。

一、GLPI 2015 的指标解释和数据来源

GLPI 2015 各三级指标的具体含义、计算公式与数据来源如下。

1. *消费升级考察领域*

（1）人均可支配收入增长率：居民人均可用于自由支配的收入的年度增长率。

可支配收入指居民可用于最终消费支出和储蓄的总和，包括现金收入和实物收入。

$$人均可支配收入增长率=\left(\frac{本年人均可支配收入}{上年人均可支配收入}-1\right)\times 100\%$$

数据来源：国家统计局《中国统计年鉴》。

（2）人均消费水平增长率：人均日常生活全部现金支出的年增长率。

全部现金支出包括食品、烟酒、衣着、居住、家庭用品及服务、交通通信、文教娱乐、医疗保健以及其他等八大类支出。

$$人均消费水平增长率=\left(\frac{本年人均消费支出}{上年人均消费支出}-1\right)\times 100\%$$

数据来源：国家统计局《中国统计年鉴》。

（3）人均卫生总费用增长率：行政区内居民人均卫生总费用年增长率。

卫生总费用指为开展卫生服务活动，从全社会筹集的卫生资源的货币总额，由政府卫生支出、社会卫生支出和个人卫生支出三大部分构成。卫生总费用反映了一定经济条件下，政府、社会和居民对卫生保健的重视程度和费用负担水平，以及卫生筹资模式的主要特征，卫生筹资的公平合理性。

$$人均卫生总费用增长率=\left(\frac{本年人均卫生总费用}{上年人均卫生总费用}-1\right)\times 100\%$$

数据来源：国家卫生和计划生育委员会《中国卫生和计划生育统计年鉴》。

（4）人均公共教育经费增长率：行政区内居民人均公共财政教育经费年增长率。

此数据反映了中央和地方财政部门的预算中实际用于教育的人均费用变化

情况。公共财政教育支出包括教育事业费、基建经费和教育费附加。

$$人均公共教育经费增长率=\left(\frac{本年公共教育经费总数/本年人口总数}{上年公共教育经费总数/上年人口总数}-1\right)\times 100\%$$

数据来源：教育部、国家统计局、财政部“全国教育经费执行情况统计公报”，中华人民共和国国家统计局《中国统计年鉴》。

(5) 人均生活垃圾清运量降低率：城镇居民人均生活垃圾清运量年降低率。

生活垃圾指日常生活或为日常生活提供服务的活动中产生的固体废物，包括居民生活垃圾、商业垃圾、集市贸易市场垃圾、街道清扫垃圾、公共场所垃圾和机关、学校、厂矿等单位的生活垃圾。年生活垃圾清运量指年度收集和运送到生活垃圾处理厂(场)和生活垃圾最终消纳点的生活垃圾数量。

$$人均生活垃圾清运量降低率=\left(1-\frac{本年城市生活垃圾清运量/本年城镇人口总数}{上年城市生活垃圾清运量/上年城镇人口总数}\right)\times 100\%$$

数据来源：中华人民共和国国家统计局《中国统计年鉴》。

2. 资源增效考察领域

(1) 人均生活用水量降低率：居民人均生活用水量年降低率。

生活用水包括城镇生活用水和农村生活用水。城镇生活用水包括居民用水和公共用水(包括第三产业和建筑业等用水)，农村生活用水即农村居民生活用水。

$$人均生活用水量降低率=\left(1-\frac{本年生活用水总量/本年人口总数}{上年生活用水总量/上年人口总数}\right)\times 100\%$$

数据来源：国家统计局《中国统计年鉴》。

(2) 人均煤炭生活消费量降低率：居民日常生活中人均煤炭消费数量年降低率。

$$人均煤炭生活消费量降低率=\left(1-\frac{本年煤炭生活消费总量/本年人口总数}{上年煤炭生活消费总量/上年人口总数}\right)\times 100\%$$

数据来源：国家统计局《中国能源统计年鉴》、《中国统计年鉴》。

(3) 人均汽油生活消费量降低率：居民日常生活中人均汽油消费数量年降低率。

$$人均汽油生活消费量降低率=\left(1-\frac{本年汽油生活消费总量/本年人口总数}{上年汽油生活消费总量/上年人口总数}\right)\times 100\%$$

数据来源：国家统计局《中国能源统计年鉴》《中国统计年鉴》。

(4) 农村可再生能源利用提高率：农村人口中每万人平均拥有的太阳能热水器面积年提高率。

$$农村可再生能源利用提高率=\left(\frac{本年农村太阳能热水器总面积/本年农村人口总数}{上年农村太阳能热水器总面积/上年农村人口总数}-1\right)\times 100\%$$

数据来源：国家统计局《中国环境统计年鉴》。

(5) 公共交通条件提高率：城镇居民中每万人拥有的公共交通车辆数目年提高率。

$$公共交通条件提高率=\left(\frac{本年城市每万人拥有公交车辆数}{上年城市每万人拥有公交车辆数}-1\right)\times 100\%$$

数据来源：国家统计局《中国环境统计年鉴》。

3. 排放优化考察领域

该考察领域的指标均强调生活污染物的排放应控制在环境承载力的范围内，不引起环境质量的退化。

(1) 人均化学需氧量生活排放效应优化：城镇居民人均生活源化学需氧量与辖区内Ⅰ～Ⅲ类水质河流长度比值的年下降值。

$$人均化学需氧量生活排放效应优化=\left(1-\frac{\left(\frac{本年城镇生活源化学需氧量排放量}{本年城镇人口数}\right)\Big/本年Ⅰ\sim Ⅲ类水河长}{\left(\frac{上年城镇生活源化学需氧量排放量}{上年城镇人口数}\right)\Big/上年Ⅰ\sim Ⅲ类水河长}\right)\times 100\%$$

数据来源：国家统计局《中国环境统计年鉴》《中国统计年鉴》。

(2) 人均氨氮生活排放效应优化：城镇居民人均生活源氨氮排放量与辖区内Ⅰ～Ⅲ类水质河流长度比值的年下降值。

$$人均氨氮生活排放效应优化=\left(1-\frac{\left(\frac{本年城镇生活源氨氮排放量}{本年城镇人口数}\right)\Big/本年Ⅰ\sim Ⅲ类水河长}{\left(\frac{上年城镇生活源氨氮排放量}{上年城镇人口数}\right)\Big/上年Ⅰ\sim Ⅲ类水河长}\right)\times 100\%$$

数据来源：《中国环境统计年鉴》《中国统计年鉴》。

(3) 人均 SO_2 生活排放效应优化：城镇居民人均生活源 SO_2 排放量与辖区面积和空气质量达到及好于二级天数比例的比值的年下降值。

$$人均SO_2生活排放效应优化=\left(1-\frac{\left(\frac{本年城镇生活源SO_2排放量}{本年城镇人口数}\right)\Big/\left(本年辖区面积\times\begin{matrix}本年好于二级\\天气天数比例\end{matrix}\right)}{\left(\frac{上年城镇生活源SO_2排放量}{上年城镇人口数}\right)\Big/\left(上年辖区面积\times\begin{matrix}上年好于二级\\天气天数比例\end{matrix}\right)}\right)\times 100\%$$

数据来源：国家统计局《中国环境统计年鉴》《中国统计年鉴》。

(4) 人均氮氧化物生活排放效应优化：城镇居民人均生活源氮氧化物排放量与辖区面积和空气质量达到及好于二级天数比例的比值的年下降值。

$$人均氮氧化物生活排放效应优化=\left(1-\frac{\left(\frac{本年城镇生活源氮氧化物排放量}{本年城镇人口数}\right)\Big/\left(本年辖区面积\times\begin{matrix}本年好于二级\\天气天数比例\end{matrix}\right)}{\left(\frac{上年城镇生活源氮氧化物排放量}{上年城镇人口数}\right)\Big/\left(上年辖区面积\times\begin{matrix}上年好于二级\\天气天数比例\end{matrix}\right)}\right)\times 100\%$$

数据来源：国家统计局《中国环境统计年鉴》《中国统计年鉴》。

(5) 人均烟(粉)尘生活排放效应优化：城镇居民人均生活源烟(粉)尘排放量与辖区面积和空气质量达到及好于二级天数比例的比值的年下降值。

人均烟(粉)尘生活排放效应优化

$$=\left(1-\frac{\left(\dfrac{\text{本年城镇生活源烟(粉)尘排放量}}{\text{本年城镇人口数}}\right)\Big/\left(\text{本年辖区面积}\times\dfrac{\text{本年好于二级}}{\text{天气天数比例}}\right)}{\left(\dfrac{\text{上年城镇生活源烟(粉)尘排放量}}{\text{上年城镇人口数}}\right)\Big/\left(\text{上年辖区面积}\times\dfrac{\text{上年好于二级}}{\text{天气天数比例}}\right)}\right)\times 100\%$$

数据来源：国家统计局《中国环境统计年鉴》《中国统计年鉴》。

二、绿色生活发展评价指标体系权重分和权重值

与 ECPI 及 GPPI 一致，在算法方面，GLPI 采用相对评价算法；在分析方法上，GLPI 也采取进步率分析、相关性分析和聚类分析的方法（算法和分析方法详见本书第一章）。

在各二级指标和三级指标的权重方面，采用德尔菲法，确定了绿色生活发展评价指标体系各三级指标的权重分和权重值，见附表 1。

附表 1　GLPI 2015 评价体系指标权重

一级指标	二级指标	二级指标权重/(%)	三级指标	三级指标权重分	三级指标权重值/(%)
绿色生活发展指数(GLPI)	消费升级	30	人均可支配收入增长率	5	8.82
			人均消费水平增长率	2	3.53
			人均卫生总费用提高率	3	5.29
			人均公共教育经费提高率	3	5.29
			人均生活垃圾清运量降低率	4	7.06
绿色生活发展指数(GLPI)	资源增效	30	人均生活用水降低率	3	4.50
			人均煤炭生活消费降低率	5	7.50
			人均汽油生活消费量降低率	4	6.00
			农村可再生能源利用提高率	3	4.50
			公共交通条件提高率	5	7.50
	排放优化	40	人均化学需氧量生活排放效应优化	4	9.41
			人均氨氮生活排放效应优化	4	9.41
			人均 SO_2 生活排放效应优化	3	7.06
			人均氮氧化物生活排放效应优化	3	7.06
			人均烟(粉)尘生活排放效应优化	3	7.06

参考文献

Bob Hall, Mary Lee Kerr. 1991—1992 green index: a state-by-state guide to the nation's environmental health[M]. Island Press,1991.

Michael Common, Sigrid Stagl. 生态经济学引论[M]. 北京:高等教育出版社,2012.

OECD. OECD Work on Sustainable Development[EB/OL]. 2011. http://www.oecd.org/greengrowth/47445613.pdf.

United Nations Department of Economic and Social Affairs. Indicators of Sustainable Development: Framework and Methodologies[EB/OL]. 2001. http://www.un.org/esa/sustdev/csd/csd9_indi_bp3.pdf.

北京师范大学科学发展观与经济可持续发展研究基地等. 2010中国绿色发展指数年度报告——省际比较[M]. 北京:北京师范大学出版社,2010.

本书编写组. 中共中央关于全面深化改革若干重大问题的决定辅导读本[M]. 北京:人民出版社,2013.

陈佳贵,等. 中国工业化进程报告(1995—2005年):中国省域工业化水平评价与研究[M]. 北京:中国社会科学出版社,2007.

陈宗兴主编. 生态文明建设(理论卷/实践卷)[M]. 北京:学习出版社,2014.

谷树忠,谢美娥,张新华. 绿色转型发展[M]. 杭州:浙江大学出版社,2016.

国家林业局. 推进生态文明建设规划纲要(2013—2020年)[EB/OL]. 2013. http://www.forestry.gov.cn/portal/xby/s/1277/content-636413.html.

国家林业局. 中国荒漠化和沙化状况公报[EB/OL]. 2015. http://www.forestry.gov.cn/main/69/content-831684.html.

国家林业局. 中国湿地资源(2009—2013年)[EB/OL]. http://www.forestry.gov.cn/main/58/content-661210.html,2014.

国家林业局经济发展研究中心,国家林业局发展规划与资金管理司. 国家林业重点工程社会经济效益监测报告2013[M]. 北京:中国林业出版社,2014.

国务院发展研究中心,施耐德电气. 以创新和绿色引领新常态:新一轮产业革命背景下中国经济发展新战略[M]. 北京:中国发展出版社,2015.

解振华主编. 中国环境执法全书[M]. 北京:红旗出版社,1997.

金瑞林. 环境法——大自然的护卫者[M]. 北京：时事出版社，1985.

经济合作组织统计数据库. http://data.oecd.org/.

李建平，李闽榕，王金南. 全球环境竞争力报告(2015)[M]. 北京：社会科学文献出版社. 2015.

李士，方虹，刘春平. 中国低碳经济发展研究报告[M]. 北京：科学出版社，2011.

联合国统计数据库. http://data.un.org/.

厉以宁，吴敬琏，周其仁，等. 读懂中国改革 3：新常态下的变革与决策[M]. 北京：中信出版社，2015.

廖福霖. 生态文明建设理论与实践[M]. 北京：中国林业出版社，2001.

林黎. 中国生态补偿宏观政策研究[M]. 成都：西南财经大学出版社，2012.

刘思华. 理论生态经济学若干问题研究[M]. 南宁：广西人民出版社，1989.

刘湘溶. 生态文明论[M]. 长沙：湖南教育出版社，1999.

卢风，等著. 生态文明新论[M]. 北京：中国科学技术出版社，2013.

吕薇，等. 绿色发展：体制机制与政策[M]. 北京：中国发展出版社，2015.

美国人口普查局统计数据库. http://www.census.gov/data.html.

牛文元. 2015 世界可持续发展年度报告[M]. 北京：科学出版社. 2015.

农业部. 全国草原保护建设利用总体规划[EB/OL]. 2007. http://www.moa.gov.cn/govpublic/XMYS/201006/t20100606_1534928.htm.

潘家华. 中国的环境治理与生态建设[M]. 北京：中国社会科学出版社，2015.

清华大学气候政策研究中心. 中国低碳发展报告(2014)[M]. 北京：社会科学文献出版社，2014.

曲格平. 中国环境问题及对策[M]. 北京：中国环境科学出版社，1989.

世界银行统计数据库. http://data.worldbank.org/.

世界自然基金会(WWF). 中国生态足迹报告 2012：消费、生产与可持续发展. http://www.wwfchina.org/wwfpress/publication/.

谭崇台主编. 发展经济学的新发展[M]. 武汉：武汉大学出版社，1999.

滕泰，范必. 供给侧改革[M]. 北京：东方出版社，2015.

郇庆治主编. 重建现代文明的根基——生态社会主义研究[M]. 北京：北京大学出版社，2010.

亚里士多德. 政治学[M]. 吴寿彭，译. 北京：商务印书馆，1965.

严耕，等. 中国省域生态文明建设评价报告(ECI 2010)[M]. 北京：社会科学文献出版社，2010.

严耕，等. 中国省域生态文明建设评价报告(ECI 2011)[M]. 北京：社会科学文献出版社,2011.

严耕,等.中国省域生态文明建设评价报告(ECI 2012)[M].北京:社会科学文献出版社,2012.

严耕,等.中国省域生态文明建设评价报告(ECI 2013)[M].北京:社会科学文献出版社,2013.

严耕,等.中国省域生态文明建设评价报告(ECI 2014)[M].北京:社会科学文献出版社,2014.

严耕,等.中国生态文明建设发展报告 2014[M].北京:北京大学出版社,2015.

严耕,等.中国省域生态文明建设评价报告(ECI 2015)[M].北京:社会科学文献出版社,2015.

严耕,王景福主编.中国生态文明建设[M].北京:国家行政学院出版社,2013.

严耕,杨志华.生态文明的理论与系统建构[M].北京:中央编译出版社,2009.

英国国家统计局数据库.https://www.gov.uk/government/statistics.

余谋昌.生态文明论[M].北京:中央编译出版社,2009.

臧洪,丰超,等.绿色生产技术、规模、管理与能源利用效率——基于全局 DEA 的实证研究[J].工业技术经济,2015(01).

中共中央宣传部编.习近平总书记系列重要讲话读本[M].北京:学习出版社,人民出版社,2014.

中国科学院可持续发展战略研究组.2010 中国可持续发展战略报告:绿色发展与创新[M].北京:科学出版社,2010.

中国科学院可持续发展战略研究组.2015 中国可持续发展报告:重塑生态环境治理体系[M].北京:科学出版社,2015.

中国人民大学气候变化与低碳经济研究所.中国低碳经济年度发展报告(2011)[M].北京:石油工业出版社,2011.

中国社会科学院工业经济研究所.2014 中国工业发展报告——全面深化改革背景下的中国工业[M].北京:经济管理出版社,2014.

中华人民共和国环境保护部.关于加快推动生活方式绿色化的实施意见[E].环发[215]135 号.

后　记

《中国生态文明建设发展报告 2015》是课题组从动态视角，评价分析中国生态文明建设最新进步态势的第二本年度报告。本年度，重点完善了生态文明建设与绿色生产、绿色生活三套发展评价指标体系，检验全国整体生态文明建设推进成效，及其在生产、生活方式绿色转型方面的具体落实情况。

本书是课题组集体研究的成果。课题研究、全书谋篇布局及统稿润色均在严耕主持下完成，吴明红、樊阳程、陈佳、杨智辉、金灿灿、杨昌军、杨志华等参与了研究与撰写工作。

全书共包括三个部分，课题组成员分工协作完成撰写。第一部分生态文明建设发展评价报告，由第一至四章组成：第一章中国生态文明建设发展年度评价报告，吴明红撰写；第二章各省份生态文明发展的类型分析，金灿灿撰写；第三章中国生态文明发展态势和驱动分析，杨智辉撰写；第四章中国生态文明建设的国际比较，杨昌军、吴明红撰写。第二部分绿色生产发展评价报告，由第五章绿色生产发展年度评价报告、第六章绿色生产建设发展类型分析、第七章绿色生产发展态势和驱动分析三章组成，陈佳撰写。第三部分绿色生活发展评价报告，由第八章绿色生活建设发展评价总报告、第九章绿色生活建设发展类型分析、第十章绿色生活发展态势和驱动分析三章组成，樊阳程撰写。

研究生刘阳、王腾、陈天楠、史月田、孙亭亭、黄春桥、胡仲琪、符雯雯、薄梦秋等同学，参与了部分资料搜集和数据整理的研究工作，谨此致谢！本书的完成，他们功不可没。

由于国家生态环境监测网络尚不健全，部分生态文明相关的重要指标缺乏权威数据支撑，仍未能纳入目前的量化评价分析中。加之作者水平所限，书中仍有不足之处，恳请读者批评指正！

本书课题组

2016 年 5 月